中西部历史名城历史街区空间保护与再造的交通运输规划设计理论与方法研究
（项目编号：51278396）

历史街区

慢行交通规划理论与方法

王秋平　著

中国建筑工业出版社

图书在版编目（CIP）数据

历史街区慢行交通规划理论与方法／王秋平著. —北京：
中国建筑工业出版社，2020.5
ISBN 978-7-112-24967-1

Ⅰ. ①历… Ⅱ. ①王… Ⅲ. ①城市道路－交通运输规则－
研究－中国 Ⅳ. ①TU984.191

中国版本图书馆CIP数据核字（2020）第043793号

责任编辑：刘　静
整体设计：锋尚设计
责任校对：王　烨

历史街区慢行交通规划理论与方法
王秋平 著

＊

中国建筑工业出版社出版、发行（北京海淀三里河路9号）
各地新华书店、建筑书店经销
北京锋尚制版有限公司制版
北京建筑工业印刷厂印刷

＊

开本：787×1092毫米　1/16　印张：19¾　字数：490千字
2020年5月第一版　2020年5月第一次印刷
定价：89.00元
ISBN 978 - 7 - 112 - 24967 - 1
　　　（35719）

前　言

　　中国五千年的历史孕育出一些因深厚的文化底蕴和发生过重大历史事件而青史留名的城市。历史文化街区是指经省、自治区、直辖市人民政府核定公布的保存文物特别丰富、历史建筑集中成片、能够较完整和真实地体现传统格局和历史风貌，并具有一定规模的区域。我国拥有众多的历史文化名城，历史街区作为历史文化名城的一部分，是历史文化名城中最具有价值的地段，也是历史文化名城发展至今的重要见证，它体现出一座城市深厚的文化底蕴，反映一座历史文化名城的历史文化价值的核心所在。

　　我国中西部历史名城众多，如西安、洛阳、开封、榆林、延安、韩城、张掖、武威、安阳等。这些城市内的历史街区除承担交通功能外，还承担着旅游、商业、历史教育、建筑风貌保护等多种功能；但人口聚集、街道狭窄、设施陈旧、空间有限，严重影响了这些功能的发挥。由于历史街区的特殊性，规划和改造难度大，这成为制约城市交通发展的瓶颈。

　　历史街区主要存在以下几方面问题。

　　（1）交通供给与交通需求的矛盾

　　历史街区作为重要的公共资源，公共活动中心、人文旅游、创意产业、特色居住是历史街区功能发展的重点，但由于历史街区路网容量有限，交通供给与交通需求矛盾突出，成为城市交通的瓶颈。交通功能薄弱，制约了街区功能的实现。

　　（2）交通运输线路建设与风貌保护的矛盾

　　街区普遍存在交通基础设施建设对历史风貌保护的影响和破坏，地面道路拓宽、交叉口改造及交通设施设置等都受到限制，市政工程管线的穿越与历史风貌保护发生矛盾。

　　（3）交通工具、交通设施与历史街区相适应的矛盾

　　各种交通工具的使用虽带来交通便利，但交通噪声、振动、尾气污染严重，对街区的环境保护造成不利影响。

　　（4）再造历史街区与现有路网的衔接配合和交通组织

　　一些历史名城在恢复历史原貌的基础上再造历史街区，道路空间设计与交通运输组织管理是历史街区保护规划的重要问题。

　　针对存在的问题，对历史街区的交通运输进行研究，使其交通组织更加顺畅，街区多种功能和空间历史风貌得到更好的发挥与保护，提升历史街区的品位和价值。研究成果对提高城市路网通达性、促进历史文化名城发展具有重要的推动作用，为我国中西部历史名城历史街区保护与再造及城市交通规划提供重要的借鉴与

指导。笔者申请的国家自然科学基金面上项目"中西部历史名城历史街区空间保护与再造的交通运输规划设计理论与方法研究"（项目编号：51278396）所研究的历史街区为：保存一定数量和规模的历史建筑物、构筑物，且风貌相对完整的地段，以及历史保护区再造的历史街区。

通过大量历史名城历史街区的调查、分析和研究，取得了一定的研究成果，本书内容是项目组主要研究成果的一部分，主要内容有：第1章历史名城与历史街区；第2章部分历史名城历史街区现状及交通调查与分析，对已调查的历史名城历史街区的街区现状、道路交通条件、交通流特点、交通存在的问题等方面进行了分析、研究，提出相应的改善建议，本书仅列出其中的六座城市，即西安市、开封市、银川市、汉中市、张掖市和天水市；第3章历史街区慢行交通特性研究，对行人和自行车交通特性进行了研究；第4章历史街区慢行交通需求预测，提出了基于承载力的历史街区慢行交通预测模型、历史街区出行方式选择模型和无桩共享单车系统需求预测的理论和方法；第5章历史街区慢行交通系统规划，包括历史街区道路横断面规划、历史街区的公共自行车系统规划、历史街区交通线路布局及改善。希望本书的出版能够为历史街区保护和再造以及城市交通规划提供帮助。

参与本项目分析研究的有笔者的研究生，他们是韩霞、张译、杨茜、华震、李博峰、刘佳、李微、马静怡、陈璐、延月宏等，进行调研、资料整理与分析的有孙晧、朱安驹、周帅旗、李巍、阮珂、陈彦希、史琼杰、郭鑫豫、刘静辉、胡世鹏等，限于篇幅，还有许多学生在此便不再一一列出，王肇飞老师参与后期整理、编排等工作，项目组张琦老师、王肇飞老师也协助做了许多指导、调研和研究工作，在此对他们的辛勤付出表示衷心的感谢！

在本书撰写过程中，引用和参考了他人的研文成果，在此向这些作者们表示诚挚的感谢和崇高的敬意。

王秋平

2019年10月

于西安建筑科技大学教学大楼

目 录

第 3 章　历史街区慢行交通特性研究

第4章 历史街区慢行交通需求预测

第5章 历史街区慢行交通系统规划

第 **1** 章

历史名城
与历史街区

1.1　历史文化名城与历史街区

1.1.1　国家历史文化名城简介

中国五千年的历史孕育出一些因深厚的文化底蕴和发生过重大历史事件而青史留名的城市。这些城市，有的曾是王朝都城，有的曾是当时的政治、经济重镇，有的曾是重大历史事件的发生地，有的因为拥有珍贵的文物遗迹而享有盛名，有的则因为出产精美的工艺品而著称于世。它们的留存，为今天的人们回顾中国历史打开了一扇窗。

1982年2月，为了保护那些曾经是古代政治、经济、文化中心或近代革命运动和重大历史事件发生地的重要城市及其文物古迹，"历史文化名城"的概念被正式提出。根据《中华人民共和国文物保护法》（简称《文物保护法》），"历史文化名城"是指保存文物特别丰富、具有重大历史文化价值和革命意义的城市。从行政区划看，历史文化名城并非一定是"市"，也可能是"县"或"区"。

截至2018年5月2日，国务院已将134座城市列为国家历史文化名城，并对这些城市的文化遗迹进行了重点保护。

国家历史文化名城是1982年根据北京大学侯仁之、原建设部郑孝燮和故宫博物院单士元三位先生提议而建立的一种文物保护机制。由中华人民共和国国务院确定并公布的国家历史文化名城均为保存文物特别丰富、具有重大历史价值或者纪念意义且正在延续使用的城市。党和政府历来高度重视历史文化名城、名镇、名村的保护工作，《文物保护法》《城乡规划法》确立了历史文化名城、名镇、名村保护制度，并明确规定由国务院制定保护办法。

2005年10月1日，《历史文化名城保护规划规范》（GB 50357—2005）正式施行，确定了保护原则、措施、内容和重点。

2008年7月1日，《历史文化名城名镇名村保护条例》正式施行，规范了历史文化名城、名镇、名村的申报与批准。如果国家历史文化名城的布局、环境、历史风貌等遭到严重破坏，由国务院撤销其历史文化名城称号。

国务院于1982年、1986年和1994年先后公布了三批国家历史文化名城，共99座。此后，分别于2001～2018年增补36座，截至2018年5月2日，总计134座国家历史文化名城（注：琼山和海口视作一处）。

国务院2008年4月公布的《历史文化名城名镇名村保护条例》中提出了申报国家历史文化名城的五项条件。

第一，保存文物特别丰富；第二，历史建筑集中成片；第三，保留着传统格局和历史风貌；第四，历史上曾经作为政治、经济、文化、交通中心或军事要地，或发生过重要历史事件，或其传统产业、历史上建设的重大工程对本地区的发展产生过重要影响，或能够集中反映本地区建筑的文化特色、民族特色；第五，在所申报的历史文化名城保护范围内还应当有2个以上的历史文化街区。

　　国家历史文化名城按照其特点主要分为七类。历史古都型：以都城时代的历史遗存物、古都风貌为特点的城市；传统风貌型：保留了一个或几个历史时期积淀的完整建筑群的城市；一般史迹型：分散在全城各处的文物古迹为历史传统主要体现方式的城市；风景名胜型：因建筑与山水环境的叠加而显示出鲜明个性特征的城市；地域特色型：地域特色或独自的个性特征、民族风情、地方文化构成城市风貌主体的城市；近代史迹型：以反映历史上某一事件或某个阶段的建筑物或建筑群为其显著特色的城市；特殊职能型：某种职能在历史上占有极突出地位的城市。

　　西安、开封、郑州、洛阳、成都、遵义、张掖、天水、银川、汉中、韩城等属于中西部的国家历史名城赫然在列。

　　我国对历史文化遗产保护起步较晚，与其他国家也有所不同，我国历史文化遗产保护历程如表1-1所示。

我国历史文化遗产保护历程　　　　　　　　　　　　　　　　表1-1

时间（年）	部门	内容
1961	国务院	确定对文物古迹进行保护
1982	国务院	提出保护历史文化名城和"传统风貌"
1986	国务院	正式明确历史文化保护区的概念
1991	都江堰会议	建议将历史地段列入规划范围
1997	原建设部	明确历史文化保护区的特征、保护原则及方法

　　前后历经30多年，我国历史文化遗产保护的概念从最早以文物建筑、建筑群为中心的保护扩展到城市中的某个地区，再到整个城市的保护，直至最终形成了由"历史文化名城—历史文化保护区—文物古迹"所构成的较完善的中国历史文化遗产保护框架。

　　国外对历史文化遗产保护起步较早，国外历史文化遗产保护历程如表1-2所示。

国外历史文化遗产保护历程　　　　　　　　　　　　　　　　表1-2

时间	部门	章程	内容
1933年8月	国际现代建筑协会	《雅典宪章》	保护有历史价值的建筑和地区
1964年5月	联合国教科文组织	《威尼斯宪章》	明确了保护历史环境的重要性，指出："文物古迹不仅包括单个建筑物，而且包括能够从中找出一种独特的文明、一种有意义的发展或一个历史事件见证的城市或乡村环境。"
1976年11月	联合国教科文组织	《内罗毕建议》	拓展了"保护"的内涵，即鉴定、防护、保存、修缮、再生，维持历史或传统地区环境，并使它们重新获得活力，把保护与振兴活动结合起来
1977年12月	国际建筑师协会	《马丘比丘宪章》	指出不仅要保护和维护好城市的历史遗址与古迹，而且还要继承一般的文化传统
1987年10月	国际古迹遗址理事会	《华盛顿宪章》	对历史地段的概念进行了重要补充，定义为"城镇中具有历史意义的大小地区，包括城镇的古老中心区或其他保存着历史风貌的地区"

法国对城市街区传统风貌保护非常重视，政府很早就结合民意建立了一套相对完善的管理体制，其保护工作做得十分全面细致。巴黎政府主要通过两个方面对城市局部街区进行了改造：一是重新改造建设新的现代化城市街区中心，包括新的居住建筑、新的城市公共服务设施及商业办公空间；二是在对城市局部街区进行综合改造的同时完整地保留城市街区原有的传统风貌，对许多重要的历史建筑甚至街区进行大规模抢救并修缮。同时，在街区改造过程中尽可能地增加城市绿化用地，使得绿化空间渗透进传统的封闭街区空间中。

意大利在19世纪50年代便形成了比较系统的古城区及历史遗迹保护法规，1990年再次颁布了古城区保护新管理法。此外，意大利的民众对历史遗迹的保护有着强烈的参与意识，政府从1997年开始，在每年5月的最后一周举行"文化与遗产周"活动，免费开放所有国家级文化和自然遗产地。由于民众参与文化遗产保护的氛围浓厚，使得许多民间团体成为历史遗产保护的重要力量，为政府决策部门提供了许多建设性的建议。

日本在1975年修改了《文化财保护法》，增加了保护传统建筑群的内容。该法律规定，"传统建筑集中，与周围环境一体、形成历史风貌的地区"，先由地方城市规划部门确定保护范围，再由国家选择部分价值较高者作为"重要的传统建筑群保护地区"。日本的街区保护是以地方政府为实施保护的主体，以街区中的街道建设为中心轴，街道两侧能看到的范围作为保护的对象，进行修缮、修景等工作。在《文化财保护法》中划定街区的保护范围为"在保存对象地区主要道路上行走的人们所能看到的方位，而对建筑物内部是不太考虑的"。因此，日本在历史街区改造过程中大多都只保留建筑的外观，对内部的生活空间进行改造，以满足现代生活需要。

1.1.2 历史街区简介

我国历史悠久，拥有众多的历史文化名城，而历史街区作为历史文化名城的一部分，是历史文化名城中最具有价值的地段，也是历史文化名城发展至今的重要见证，它体现出一座城市深厚的文化底蕴，反映一座历史文化名城的历史文化价值的核心所在。

最早提出历史街区概念的是1933年8月在国际现代建筑协会通过的《雅典宪章》，它指出历史街区为："由历史建筑群及历史文化遗址所组成的区域为历史地区，对有历史价值的建筑和街区均应妥善保存，不可加以破坏。"而1987年通过的《保护历史城镇与城区宪章》(即《华盛顿宪章》)，补充和修正了历史地段的概念，该宪章所涉及的历史街区，不论大小，既包括城市、城镇以及历史中心或居住区，也包括其自然的和人造的环境。它们不仅可以作为历史的见证，而且体现了对城镇传统文化的传承价值。同时，该宪章还列举出历史街区中应该保护的内容：街道和地段的空间格局形式；建筑物、绿化及旷地的空间关系；历史性建筑的内外面貌，包括建筑风格、材料、装饰、体量、格局形式等；地段与周边环境的关系，包括与自然和人造环境的关系；地段的历史功能。

1982年国务院公布第一批国家级历史文化名城时，列出了成为历史文化名城的条件：保存文物特别丰富、具有重大历史价值或者纪念意义、有较多有特色的传统文化内容并且还正在延续使用。1986年国务院公布第二批国家级历史文化名城时，正式提出了"历史街区"的概念。作为历史文化名城，不仅要看城市的历史及其现存的文物古迹，还要看其现状格局和风貌是否依旧具有历史特色，且具有一定的城市传统风貌的代表性街区。其基础是1985年由原建设部提出（设立）的"历史性传统街区"：对文物古迹比较集中，或能较完整地体现出某一历史时期传统风貌和民族地方特色的街区等也予以保护，核定公布为地方各级"历史文化保护区"。

2002年10月《中华人民共和国文物保护法》正式将历史街区列入不可移动文物范畴，该保护法第十四条规定：保存文物特别丰富并且具有重大历史价值或者革命意义的城镇、街道、村庄，由省、自治区、直辖市人民政府核定公布为历史文化街区、村镇，并报国务院备案。

关于历史街区概念及含义，有如下论述。

中国城市规划学会历史文化名城规划学术委员会发表在《城市规划》杂志上的《关于历史地段保护的几点建议》中写道：历史保护地段是指那些需要保护好的具有重要文化、艺术和科研价值，并有一定的规模和用地范围，尚存真实的历史文化物质载体及相应内涵的地段。

国务院颁布的《历史文化名城名镇名村保护条例》中规定：历史文化街区是指经省、自治区、直辖市人民政府核定公布的保存文物特别丰富、历史建筑集中成片、能够较完整和真实地体现传统格局和历史风貌，并具有一定规模的区域。

吴良镛发表在《城市规划》杂志上的《关于北京市旧城区控制性详细规划的几点意见》中写道：历史街区是指在某一地区（主要是指城市）历史文化上占有重要地位，代表这一地区文化脉络和集中反映地区特色的建筑群，其中或许每一幢建筑都不是文化保护建筑。

丁承朴、朱宇恒发表在《浙江大学学报（人文社会科学版）》上的《保护历史街区延续古城文脉——以杭州市吴山地区的保护研究为例》中写道：历史街区是指在某一地区（城市或村镇）历史文化上占有重要地位，代表这一地区历史脉络和集中反映地区经济、社会和文化等方面价值的建筑群及周围的环境。

陆翔、王蓬发表在《北京规划建设》杂志上的《北京25片历史文化保护区保护方法初探》中写道：历史文化区（又称历史地段或历史街区），指反映一定历史阶段的社会、经济、文化、生活方式、传统风貌和地方特色的城市或乡村的地段、街区、建筑群。

李德华在《城市规划原理》一书中写道：历史地段通常也称作历史街区，它是保存有一定数量和规模的历史建筑群、构筑物，且风貌相对完整的地段。

阮仪三、王景慧、王林在《历史文化名城保护理论与规划》一书中写道：历史街区（historic districts）是历史城市中仅存的能够较完整、真实地体现传统格局和历史风貌，并具有真实生活内容和一定规模的地区。

杨钊、陆林、王莉发表在《安徽师范大学学报（社会科学版）》上的《历史文化街区的旅游开发——安徽屯溪老街实例》中写道：历史文化街区指能显示一定历史阶段的传统风貌、社会、经济、文化、生活方式及地方特色的街区。

杨新海发表在《人文地理学》杂志上的《历史街区的基本特性及其保护原则》中写道：历史街区是保存有一定数量和规模的历史遗存，具有比较典型和相对完整的历史风貌、融合一定的城市功能和生活内容的城市地段。

戴湘毅、王晓文等发表在《云南地理环境研究》杂志上的《历史街区定义探析》中写道：历史街区是指基于一定规模的历史遗存之上，具有完整的历史风貌，并具有延续的社会结构和功能结构的生活街区。

朱永杰在《北京历史文化街区保护现状与对策研究》一文中写道："历史街区"应具有一定的基本内涵，即有一定规模的历史遗存、有延续的社会结构、有延续的功能结构。

林翔在《城市化进程中居住性历史街区保护与更新研究》一文中写道：历史街区是保存着一定数量和规模的历史遗存且历史风貌较为完整的城市（镇）生活街区。

综上所述，历史街区表述为：经省、自治区、直辖市人民政府核定公布的保存文物特别丰富、历史建筑集中成片、能够较完整和真实地体现传统格局和历史风貌，并具有一定规模和延续的社会、经济、文化、生活特色或民族特色的城市特殊区域或者村镇。

历史街区是历史留下来的因社会、文化因素集结在一起的有一定空间界限的城市地域，它以整体环境风貌体现着街区的历史文化价值，展示着某个历史时期城市的典型风貌特色，反映了城市历史发展的脉络。在《历史文化名城保护规划标准》（GB/T 50357—2018）中有对这些术语的定义。

"历史街区"是目前国内外历史城市保护中最常用的划定保护范围的概念之一。在不同国家、不同时期和不同场合使用的相关概念名词还有很多，如历史城区（historic urban area）、历史地段（historic area）、地方历史地段（local historic district，美）、传统建造物保存区（日）等，《中华人民共和国文物保护法》修订后将历史街区更改为"历史文化街区"，不过大部分地方性法规仍使用"历史街区"作为法定名词。它强调城镇具有生活内容的局部地段，因此，我国学术界通常将小型的历史城镇也纳入历史文化街区的范畴。

历史文化街区应具备以下条件（保护规划规范）：①有比较完整的历史风貌；②构成历史风貌的历史建筑和历史环境要素基本上是历史存留的原物；③历史文化街区核心保护范围面积不应小于1hm²；④历史文化街区核心保护范围内的文物保护单位、历史建筑、传统风貌建筑的总用地面积不应小于核心保护范围内建筑总用地的60%。

历史文化街区应包含以下几点要素：①保存一定规模和数量的历史建（构）筑物，风貌相对完整，有较丰富的生活信息量；②有完整的道路格局和区域空间形态，自然和人工并存的环境关系；③历史建筑保存有较完整的体量、风格、材料、装饰及形式等，建筑物与绿地、设施等形成良好的空间协调关系。

阮仪三、董鉴泓等在《名城文化鉴赏与保护》一书中也提出了历史文化街区的特征：

①有一定规模的片区，并具有较完整或可整治的景观风貌；②有一定比例的真实历史遗存，携带真实的历史信息；③历史街区应在城市（镇）生活中仍起着重要作用，是新陈代谢、生生不息的具有活力的地段。

历史文化街区以其积淀千年的文化底蕴散发出属于该地区独有的历史文化氛围，独特的人文景观形成了丰富多样的空间肌理和层次感，街巷、胡同将这些历史场景和人、物的流动连接起来。历史文化街区承担着居住、商业、游憩、文化传播、交通等多种城市职能。

1.1.3 历史名城与历史街区

走进一座城市，你若想触摸到这座城市的灵魂，感受它最真切的气质，必须走进它最富代表性的、纵横交错于城市中的古老街巷，在那些老旧和沧桑的建筑与街区间，沉淀着一座城市的历史文化，蕴藏着浓郁的民俗风情。行走间，你会徜徉在那时光流转的小巷，仿佛穿越历史的长河。历史街区像树的年轮，记载着城市的历史；像厚重的书籍，积淀着城市的文化。它是人类文明的标志和历史的见证，是一座城市灵魂及文化底蕴的彰显，无数传说、无数历史凝结在浩如烟海的历史街区中，随着时光的远去却越来越清晰……历史街区作为一部实物的历史，展现的是历史的时空、轨迹，蕴含了很多当时社会的文化艺术精华。有效保护和组织历史街区的交通网络，才能延续城市历史传统与人文精神，留住城市的根。

历史文化名城保存有丰富的文物、集中成片的历史建筑，保留着传统格局和历史风貌，它们在历史上曾经是重要的政治、经济、文化、交通中心或军事要地，或发生过重要历史事件，或其传统产业、历史上建设的重大工程对本地区的发展产生过重要影响，或能够集中反映本地区建筑的文化特色、民族特色，包含两个以上的历史文化街区。作为历史文化名城，不仅要看城市的历史、保存的文物古迹，还要看其现状格局和风貌是否保留着历史特色，并具有一定的代表城市传统风貌的街区。历史文化名城的历史记忆、遗存、建筑、风貌、文脉、民族文化特色等，是通过多个不同的历史街区来彰显的。历史街区有显著的反映历史延续的信息，真实且保存较好的历史遗存，较为完善的历史风貌，突出的文化特征，浓厚的历史或传统文化氛围，一定的环境容量。历史街区是历史文化名城的重要承载区。

历史街区作为城市交通网络中的重要组成部分，在城市中扮演着重要角色。作为城市中仅存的能够较完整、真实地体现传统文化格局和历史风貌的地区，它不仅仅代表着逝去的历史，而且是现代城市居民生活的延续。作为历史文化名城的一部分，它是历史文化名城中最具有价值的地段，也是历史文化名城发展至今的重要见证，可体现出一座城市深厚的文化底蕴，是反映一座历史文化名城的历史文化价值的核心所在。

作为一座城市曾经存在的证明，历史街区充满了文化气息，各种古代建筑和民俗风貌具有很高的美学价值和历史存在感，同时还是一座城市居民心中的标志，是城市的精神象征。

历史文化是城市的灵魂，历史文化名城不仅是对城市历史文脉的延续，更是对中华民族优秀传统文化的传承与弘扬。

1.1.4 历史街区道路概述

1. 历史街区的历史沿革

《考工记·匠人》中记载："匠人营国，方九里，旁三门。国中九经九纬，经涂九轨；左祖右社，面朝后市；市朝一夫。"其意思大概为：匠人造王城为方形，一面九里，各开三座城门，城内九横九纵；城中央是宫城，宫城左边为宗庙，祭祀周王祖先，右边设祭坛，祭祀"社稷"，"社"和"稷"分别指土地之神和五谷之神；前临外朝，后通宫市；二者面积各方一百步。

有关道路的记载还有："经涂九轨，环涂七轨，野涂五轨""环涂以为诸侯经涂，野涂以为都经涂"。由此可见，王城道路分为三级。第一级是经纬涂，道宽九轨，合周尺约七十二尺。第二级是环涂，道宽七轨，约五十六尺。第三级为野涂，道宽五轨，约四十尺，野涂为城郭外干道，王城内只分经纬涂和环涂两级道路。且"一道三涂"：中央一涂是车道，左、右为人行道。王城道路网规划中，以宫城为交汇中心的南北和东西的两条主干道作为城市路网的规划轴线，按"九分其国"的思想，确定了平行与规划轴线的两个主干道，两两交会，井字状将城市分为九个部分。在各主干道之间另辟若干次干道与主干道平行设置，加上顺城设置的环涂，形成了完整的城内道路网。

春秋战国时期道路分为"五涂"，即五个等级：一为"径"，即田间小路；二为"畛"，即乡间道路；三为"涂"，即井田大路；四为"道"，即间隔更大的宽平车道；五为"路"，即比道更高级的车道，宽8～12m。

秦汉时期随着经济的发展、疆域的扩大以及政治中心的转移，都城在已有的道路网基础上扩建，形成以京都为中心的道路交通网，城内建筑鳞次栉比，交通四通八达。"长安城中八街九陌"，即八条南北向纵向街道，九条东西向横向街道。汉长安城各城门都有一条通往城内的大街，如霸城门大街、西安门大街等，全街呈一条线，毫无曲折。汉长安城"披三条之广路，立十二之通门"，道路均为一街三道，中间的称为"驰道"，为皇帝所用，是城内路网的主干道。道路修筑有严格的规则要求。西汉的贾山有这样的记述："道广五十步，三丈而树，后筑其外，隐以金椎，树以青松。"其意思是驰道宽五十步（约69m），中道宽三丈，以青松为界标使其与旁道分隔开，道路两旁用金属锥夯筑厚实，道路中间专供皇帝出巡车行。可以说这是中国历史上最早的正式的"国道"。各条道路延伸至各城门，各城门也为"一门三道"与其对应。城内除了宫殿区，还有商业区和居民生活区，道路网众多。《汉宫阁疏》有记载："长安九市，其六在道西，三在道东。"

北宋时期的城市交通空间形态在《清明上河图》中有了很好的体现。道路两侧的房屋多为一层，主要功能为店铺、住宅、邸店等。城市街区内的元素还包括水井、商贩摊位、市招旗帜、树木等。建筑与道路之间多存在半封闭性质的凹进空间，在街区整体空间中形成了若干个小型空间节点，提供不受干扰的区域进行不同活动。道路路面平整，层次清晰，道路分三个等级，一级叫御路，宽约40m，是主要干道；二级道路宽25m，相当于次干道；三级相当于支路，宽度没有明确界定。

到了清代，京城内外道路均为黄土铺设，路高且狭窄，道路两旁多有商贩售货，马车和行人混行，常拥堵不畅。直到清末有所缓解，陆续修建了石渣铺砌的路面，道路两旁种植行道树，景观得到美化。到了民国时期，由于汽车的出现，道路管理也逐渐完善，如设置交通标志、单行道及停车场等，管理道路内马车、汽车、人力车、行人混行的局面。

中华人民共和国成立后，城市道路随着城市的发展和扩张有新的变化。道路的交通功能随着交通工具的变化也有了飞跃式发展，交通空间依据道路功能需求和街道性质呈现多样化发展。机动车通行路面多为混凝土、沥青路面，慢行交通空间道路路面材料有砖石、瓷砖、石板、木材、石灰石、砂岩等，形式丰富多样。道路两侧建（构）筑物由过去的低层发展为多层、高层、超高层建筑，道路红线宽与两侧建筑物高度比值域范围扩大，不同街区带来的视觉效果、日照采光均有不同感受。加之多种多样的景观要素、绿化在交通空间中的不同布置方式，为交通空间带来多样的表现效果。

历史街区彰显着时间的厚度，张扬着城市的个性，这里每一条街巷都是一定时期城市居民的生活写照。如西安历史文化街区的变迁就是最好的例证。

西安湘子庙历史街区因"八仙"中的韩湘子出家之地——湘子庙而得名。湘子庙创建于宋代，经历了从香火鼎盛到被损毁的各时期，20世纪90年代初期在碑林区政府的支持下，完成了对湘子庙街区的原貌修复。

西安市竹笆市街区在唐代是长安城皇城内的"吏部选院"所在地。唐末，韩建将长安城改造为新城后，这一地区便逐渐演变为居民坊巷。竹笆市街区大约从明代起逐渐形成，在清代便已成为一条颇为繁华的商业街，从明清一直到今天，竹笆市成为商铺林立的商业街，以经营木器、竹器闻名（图1-1）。随着时光的流逝，竹笆市已经成为西安的城市符号。

图1-1　竹笆市的传统商业形式

德福巷历史街区位于南门湘子庙街的北侧，隋唐时期曾经为皇城的一部分。1995年3月，德福巷改建为古色古香的旅游文化一条街，如图1-2所示。

图1-2　德福巷

正学街得名于古时此处的正学书院，经过几百年的发展，今天的正学街发展为西安制作锦旗牌匾一条街，街巷很窄，由青石板铺砌（图1-3），作家贾平凹曾在《废都》中描述过这条街："小街原是专门制造锦旗的，平日街上不过车，挂满着各色锦旗。"

图1-3　正学街

南院门曾是西安繁华的商业中心，汇集了当时最著名的时尚潮店，有文记载："绸缎布匹老九章，钟表眼镜大大洋，世界五洲大药房。"辛亥革命以前，南院门正好位于人口密集地区的中心部位，附近有双仁府、夏家什字、太阳庙门、车家巷等居民区，又先后有清陕甘总督行署、陕西巡抚部院设立于此，经长期发展逐渐成为西安城内最大的老商业区。

2. 历史街区道路分类

道路：从词义上来说就是供各种无轨车辆和行人通行的基础设施；按其使用特点分为公路、城市道路、乡村道路、厂矿道路、林业道路、考试道路、竞赛道路、汽车试验道路、车间通道以及学校道路等，古代中国还有驿道；另外，还指达到某种目标的途径，事物发展、变化的途径。

街：居民区、城镇中交通功能较完善、两边有房屋、比较宽阔的道路，通常指开设商店的地方，如街道、大街小巷。

巷：城中的胡同，人们共同使用的道路，可与城市干道相连。

胡同：也叫"里弄（lòng）""巷弄""巷"，是指城镇或乡村里主要街道之间、比较小的街道，一直通向居民区的内部。

城市道路分为快速路、主干路、次干路、支路。历史街区作为城市路网的一部分，其街区内的道路等级应遵循城市道路的分类，同时考虑街区内的小街小巷，故历史街区道路可划分为干路、街、巷和胡同。

历史街区作为城市交通网络的重要组成部分，其路网格局和道路空间受到城市发展带来的冲击越来越大，加之历史街区道路等级低、道路窄、交通管理设施匮乏，已经很难满足日益增长的交通需求，制约街区功能实现及城市路网总体效率。

3. 发展历史街区的紧迫性与重要性

历史街区与城市其他区域存在较大差异，街区历史文化风貌突出，同时承担着交通功能、历史文化传播及旅游功能、景观美化功能。而现状空间尺度不尽合理，街区空间与赋予的功能不适应，影响了街区的功能实现及街区的风貌与形象。

作为城市文脉的延续，历史街区历经风雨，经历了由兴盛到衰败的演变过程。而在当下，我国经济快速发展，城市面貌日新月异，振兴与发展历史街区便成为历史名城保护、规划、改造的紧迫及重要任务。

紧迫性体现在：交通供给与交通需求不平衡，交通运输线路建设、风貌保护、交通设施等与历史街区不相适应，再造历史街区与现有路网的衔接配合和交通组织之间的矛盾也日益突出。随着经济的快速发展，城市发展及交通对历史街区的冲击越来越大，历史街区又受到土地利用、区域环境、历史文化保护、社会经济影响因素的制约，历史街区交通供给难以满足快速增长的交通需求。

重要性体现在：随着从人文、人居视角对城市规划与建设的关注，历史街区的良性发展开始受到重视，"恢复城市记忆，维护历史风貌"成为历史古城建设篇章中不可忽略的旋律。只有不断完善历史街区的规划和发展路径，才能逐步解决历史街区发展与交通供需平衡的矛盾、交通基础设施建设与历史风貌保护的矛盾。一座有历史的城市往往能吸引更多的游人前往，有故事的场景常常能勾起人们对过去的追忆、想象和回味。人们不仅能看到保留至今的历史建筑，还能感受到它过去的故事，它保留了历史的痕迹，是城市发展的见证。承载历史的事物就像在诉说着一段回忆，串联着过去的人物和事件，令人们忆古思今，极具感染力。

历史街区设计应体现其与众不同：街区断面应强调人性化的设计，配备足够宽度的人行道、行人休憩的场所、行人服务设施等。街道景观应体现当地历史文化特色，将人、车、路、景统一起来构造安全、通达、舒适、美观的道路交通环境，并体现出历史文化、地方特色与人文景观。组成道路的各要素要与沿街建筑的空间尺度以及街区景观相协调，也可布置一些体现当地人文故事的雕塑和小品，丰富街区景观，保护街区内的古树名木。

1.2　历史街区保护与发展

历史街区交通空间可定义为：在历史街区范围内，联系历史街区主要和辅助使用空间、满足人和物按交通规则流通的交通实体及与道路交通直接相关的设施、建（构）筑物外部空间的总和。例如，建筑体外部构造及色彩、道路路面、艺术景观、市政设施、休憩设施、绿化等。交通空间的研究要求把流动的要素与周边环境之间的关系作为重心，顺应要素的移动、形态和需求来确定和形成空间的韵律与节奏。不能仅考虑人、车流通过的需求，在历史街区这个自成一体的大环境中，应充分考虑人的各种需求的变化。人们可能希望驻足停留，或许希望快速通过；人们希望明确目的地，或者希望偶遇的美景；人们希望多变，多重选择，还是希望简明扼要，这将是历史街区中交通空间规划和改善中所要深思的问题。

1.2.1　历史街区交通空间风貌

"风貌"在《辞海》中的解释为："风采容貌，也指事物的面貌格调。"就一座城市而言，风貌是通过自然、人造和人文景观要素体现出的城市发展过程中所形成的城市传统、文化和生活的环境特征。城市风貌按照文化背景可划分为传统风貌、多元风貌和现代风貌。我国现阶段存在大量的城市是包含历史街区的多元性风貌城市，这类城市以现代建筑为主体展示现代风貌，城市中所保留的一定数量的不同历史时期和文化范畴的历史街区则完整清晰地展示着城市的历史风貌。

历史风貌主要是指能够展现历史信息和历史记忆的城市空间格局、建筑形态、城市肌理、道路设施和景观等。历史风貌是人和自然之间彼此作用、相互协调的产物，是人类创造力和文明发展的体现。在我国各城市的历史街区中保留了重要的历史人文环境和信息，对城市氛围的塑造影响很大。

历史街区的交通空间是历史风貌的主要展示区域，历史风貌由物质实体和传统人文要素构成。物质实体风貌主要包含的要素有沿街历史空间布局、街区内的水系和道路骨架、有序的街区底面形态（道路铺装、建筑地脚线、水系形态等）、建筑结构和材料、屋顶形式、树木植被、石碑、雕塑、招牌等。传统人文要素是人类社会活动的传承，如传统曲艺、手工艺、风俗习惯等，二者紧密联系，构成了历史风貌的整体。

历史街区的保护和发展主要是历史街区空间历史风貌的保护与发展，要使现代城市发展和交通需求与历史风貌相协调，共生共荣，相得益彰。

1.2.2　历史街区交通空间风貌特征

1. 历史记录的完整性

体现历史风貌的各元素需要一定的时间积累。历史元素是某个历史时期生活的一部分，历史建筑和空间格局甚至成为特定历史时期城市意象的重要组成部分，是历史风貌体现的主导力量。而街区内的各条巷道也真实记录着不同时期的生活气息。历史街区内丰富的物质要素都在一定程度上反映和表达着历史特点，相互协调，完整地记录了城市的历史风貌。

2. 文化价值性

历史风貌所体现的时代特征和文脉的继承特性在城市的发展中具有不可替代的作用。它较为具体地承载着城市历史发展特定时期的政治、艺术、文化、经济等多方面的信息，为人类社会文明进步服务。

3. 多种表现方式

历史风貌的载体多种多样，可以是物质载体，也可以是精神载体；可以存在于建筑结构、景观小品中，也可以在民俗风情中展示；可以是部分文物的遗迹，也可以是大范围的民居群落等。

1.2.3 历史街区交通空间风貌保护和发展

我国对历史文化遗产的保护经历了"文物建筑—历史文化名城—历史街区"三个阶段的发展，形成了多层次的历史文化遗产保护体系。针对大批历史街区消失、历史风貌遭到严重破坏的现象，我国正式提出保护历史街区的概念。1985年国务院提出核定地方各级"历史文化保护区"，标志着历史街区保护政策得到政府的确认，并确定了保护方法和原则等。历史街区的保护已经成为保护历史文化遗产的重要一环。历史街区风貌主要包括历史建筑形体、街区空间及尺度、街道家具、民俗文化及生活，主要体现在人文环境及城市建成环境两个层面。

对于国内主要街区风貌保护，以北京菊儿胡同改造为例，其改造的主要原则为：已有房屋，质量较好的予以保留；现存较好的四合院，经修缮加以利用；破旧危房需拆除重建。上海新天地保留老上海"石库门"传统弄堂民居风貌，并在旧城改造过程中重现活力。其主导原则为，充分保留原建筑的实体风格，但将其内部功能进行彻底更换，即将其居住功能更换为休闲娱乐功能，最终充分提升其在城市建成环境中的活力。南京夫子庙地区的保留符号式原则及相关方法为，新建住宅充分保留了低层高密度、坡顶、白墙黑瓦等特征。在规划中对街区风貌的认知和理解，使得交通组织、河道整治、绿化系统、古建筑的建设恢复、旧建筑更新遵循符号的原则，进行综合规划，维护原有街道格局和空间形态，重现明清时期江南街市的风貌景观。以新疆"阿霍街区"重建为例，喀什老城区是一处以维吾尔族地域文化为特色的迷宫式城市街区，规划时提出了"原址拆除翻建的方法与设想"。在保持老城区的现状道路与肌理的前提下，分块、分段实施，减少大规模拆迁；在每户设计与建造过程中，充分表达老城区中有保存价值的空间构成与装饰的优秀传统风貌。主要遵循真实性、系统性和延续性原则。在道路系统保护与调整中，尽量保存和保护原有道路网络结构，尽量减少对现有风貌的影响。

这些都是我国在历史街区风貌保护和发展中比较著名的成功案例，得到了社会普遍认可，其经验和做法被其他历史街区风貌保护所借鉴。

第 **2** 章

部分历史名城历史街区
现状及交通调查与分析

笔者团队对中西部6座历史名城的历史街区
进行了交通调查，了解它们的交通现状及存
在的问题，提出进一步完善的建议。

2.1 西安市历史街区

西安，古称长安，是世界四大文明古都之一。自西周丰镐开始（公元前11世纪），历经秦、汉、隋、唐（公元960年以前）等，至今有着3100多年的建城史、1100多年的建都史，先后有周、秦、汉、唐等13个王朝在此建都。西安与雅典、罗马、开罗并称世界四大文明古都，是中华文明和中华民族重要发祥地，丝绸之路的起点。西安作为曾经的中国的政治、经济和文化中心以及最早对外开放的城市，对中国城市发展有着不可磨灭的影响。特别是汉长安城和隋唐长安城，是中国古代都城规划的典型。宋代以后西安降格为地方城市，元代奉元城就是在隋唐长安城的皇城基础上改建的，明初扩建为西安府城，仍保留着隋唐皇城的格局（图2-1、图2-2）。

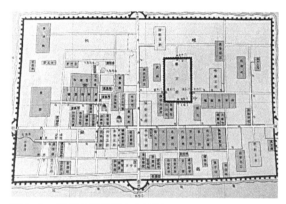

图 2-1　1542 年明代西安府城图

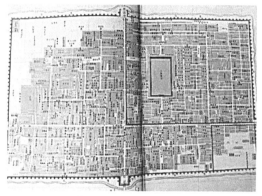

图 2-2　1735 年清代西安府城图

1981年联合国教科文组织把西安确定为"世界历史名城"。西安这座历史文化名城囊括了中国古代城市发展的主要内容，有着极高的历史文化价值。因此，在《西安城市总体规划（2008—2020年）》中，特别注重对历史文化遗产的保护，加强对历史文化资源的整体保护，弘扬优秀传统文化，重点保护传统空间格局与风貌、文物古迹、大遗址、河湖水系等，体现西安古都特色，妥善处理好城市建设与历史文化名城保护的关系。

西安市对历史文化名城的保护十分重视，先后制定了相关保护与控制规划。城市总体规划注重从整体空间结构出发，延续传统的"棋盘式"城市道路系统，在明城墙界定的老城区范围内，保持以北门—北大街—钟楼—南大街—南门为中轴线的空间格局，划定了北院门、三学街、七贤庄和湘子庙街—德福巷—竹笆市等具有传统风格和地方建筑特色的历史文化街区，具体位置如图2-3所示，并确定了这些街区以传统民居保护、传统商业及步行旅游为主要功能，保持和恢复原有建筑风貌与空间环境，要求控制范围内新建与改扩建项目的体量、造型和色彩应当体现传统建筑风格和特色，主要体现明清时期的历史风貌。

北院门、三学街、七贤庄和湘子庙街—德福巷—竹笆市等历史文化街区都位于西安市古城区明城墙内。西安明城墙位于市中心区，属于国家5A级景区，墙高12m，顶宽12～14m，底宽15～18m，轮廓呈封闭的长方形，周长13.74km。城墙内人们习惯称为古城区，面积11.32km²，著名的钟鼓楼就位于古城区。城墙有主城门四座，即长乐门（东门）、永宁门（南门）、安定门（西门）、安远门（北门），这四座城门也是古城墙的原有城门。为方便出入古城区，从民国时期开始先后新辟了十余座城门，现西安城墙已有城门18座。西安城墙1961年被列入全国第一批重点文物保护单位。

········ 明代城墙范围

图 2-3　明代城墙内历史街区区位

2.1.1　湘子庙历史街区

1. 街区道路组成

湘子庙历史街区位于西安市明城墙内南大街西侧，与东侧的书院门相对。该片区主要由湘子庙街、德福巷和竹笆市这三条街组成，如图2-4所示。

图 2-4　湘子庙街、德福巷和竹笆市区位

（1）湘子庙街

湘子庙街是以湘子庙为名。传说湘子庙是"八仙"中的韩湘子出家之地，创建于宋，道教界认为创建于五代，金元时毁于战火，湘子庙的格局定于明代。自明末到民国初，湘子庙一直香火鼎盛，后经战乱，其殿堂或被占或遭毁。湘子庙后院在民国时期被借用，新中国成立后为清洁队办公处。20世纪90年代，热心人士和相关部门积极倡议与组织，经过十多年的筹备，在碑林区政府的支持下，湘子庙于2005年2月开始动工清理搬迁，同年5月1日，八仙庵出资百万余元，湘子庙开始正式动工修葺。此次修葺完全按照湘子庙原貌进行，全部采用传统工法并使用砖木结构修建，充分展示出中国传统寺庙的建筑风格和西安当地的文化特色（图2-5、图2-6）。

图2-5　湘子庙门口

图2-6　湘子庙内部环境

（2）德福巷

德福巷位于湘子庙以北，南面与湘子庙街相连，北面通至粉巷。最早这里是一片老房子，因街巷又窄又黑，所以老人们都说它像一只蛰伏的黑虎。故新中国成立前，这里不叫德福巷，而叫"黑虎巷"。1993年8月，德福巷开始全面实施拆迁改建，1995年3月，德福巷已改建成旅游文化一条街。改建一新的德福巷青石铺路，沿街皆是仿古建筑，巷口两端各设立了一座石牌坊。300多米长的街道上，开满了各种装修风格的很有情调的咖啡屋、酒吧和茶馆，使得整个街巷充满了小资情调，德福巷也因此注入新的活力，成为古城西安的一道新景观（图2-7、图2-8）。

图2-7　德福巷路口

（3）竹笆市

竹笆市正对着鼓楼的南门洞，西南方向有清代的巡抚部院——南院门，东北方向有鼓楼、钟楼，处于西安最繁华热闹的地段。整条街南起粉巷，北至西大街，总长417m。路北端西侧与马坊门小巷相接，路南端东侧通往西木头市。竹笆市所在地，在唐代是长安城皇城内的"吏部选院"所在地，唐末，韩建将长安城改造为新城后，这一地区便逐渐演变为居民坊巷。到了明代，竹笆市便逐渐形成，发展到清代已成为商铺集市集中的商业街。据记载，当时的竹笆市街道内有

图 2-9　竹笆市路牌

图 2-8　德福巷内场景

图 2-10　竹笆市路边场景

瓷器市、鞭子市、竹笆市、书店、金店，而其中又以竹笆市最具规模、最有名，所以人们便以竹笆市命名这条街道。1966年，竹笆市街曾一度改名为"革命街"，到了1972年，又恢复了竹笆市这个老名字。现在的竹笆市已没有以前那么繁华，商铺大多以卖竹器为主（图2-9、图2-10）。

2. 街区现状交通情况

笔者在湘子庙街片区选取了南大街、西大街、南广济街和顺城巷围合的区域进行交通调查（图2-11）。调查路段有顺城南路东段、湘子庙街、五岳庙门、德福巷、大车家巷、芦荡巷、粉巷、竹笆市、西木头市、南院门、马坊门和正学街。调查内容包括交通流量、公共交通现状、道路现状、交通信号、标志及标线、停车设施等方面。

（1）道路网

湘子庙街片区延续了西安市道路网的整体格局，整个区域内道路布局基本都呈方格网式，布局整齐。片区内粉巷承担着内部交通的重任，其余各条街主要是生活性道路，其中德福巷与正学街为步行街，道路现状具体如表2-1所示。

（2）路段交通量

进行路段交通量调查的有湘子庙街、大车家巷、粉巷和竹笆市这四条街。早晚高峰小时交通量见表2-2所示。

图 2-11　湘子庙街片区交通调查范围

湘子庙街片区道路现状一览表　　　　　　　　　　　　　　　　　表 2-1

序号	道路名称	走向	道路长度（m）	红线宽度（m）	机动车道宽（m）	人行道宽（m）	断面形式	道路等级
1	顺城南路东段	东西	651	10.5	6.0	2.0	单幅路	支路
2	湘子庙街	东西	459	18.5	5.5	6.0	单幅路	支路
3	五岳庙门	东西	266	18.5	5.5	6.0	单幅路	支路
4	德福巷	南北	327	11.5	6.0	4.0	单幅路	小巷
5	大车家巷	南北	345	18.0	12.0	3.0	单幅路	支路
6	芦荡巷	南北	352	8.5	4.0	2.0	单幅路	支路
7	粉巷	东西	703	25.0	14.0	5.0	单幅路	次干路
8	竹笆市	南北	417	22.0	6.0	3.5	三幅路	支路
9	西木头市	东西	322	17.5	6.5	3.5	单幅路	支路
10	南院门	东西	95	9.5	5.0	2.0	单幅路	支路
11	马坊门	南北	162	12.0	5.0	3.5	单幅路	支路
12	正学街	南北	198	9.0	3.0	3.0	单幅路	小巷

湘子庙街片区早晚高峰时段路段交通量调查表　　　　　表 2-2

道路名称	调查方向	机动车				非机动车（辆/h）	行人（人/h）
		大型车（辆/h）	中型车（辆/h）	小型车（辆/h）	标准车合计（辆/h）		
湘子庙街	东—西	0/0	16/20	290/292	314/322	101/156	220/264
	西—东	0/0	2/4	136/208	139/214	56/120	336/420
大车家巷	南—北	0/0	0/2	98/121	98/124	112/172	256/268
	北—南	0/0	8/18	169/204	181/231	116/164	232/328
粉巷	东—西	0/0	28/46	394/408	436/477	360/556	416/852
	西—东	0/0	9/8	359/584	373/596	424/560	780/864
竹笆市	南—北	0/0	4/6	102/140	108/149	124/180	804/884
	北—南	0/0	0/0	226/292	226/292	120/104	842/1020

注：表内数值为：早高峰交通量/晚高峰交通量。

由表2-2可以看出，晚高峰时段内，机动车、非机动车和行人的路段交通量都大于早高峰时段。湘子庙街机动车早、晚高峰期路段交通量都是由东向西方向多于由西向东方向，大车家巷和竹笆市机动车早、晚高峰期交通量由北向南多于由南向北方向，粉巷早高峰时段机动车交通量由东向西多于由西向东，晚高峰时段则相反。

由图2-12和图2-13可以看出，机动车交通量早、晚高峰时段由大到小依次为粉巷、湘子庙街、竹笆市和大车家巷。非机动车交通量由大到小早高峰时段为粉巷、竹笆市、大车家巷和湘子庙街，晚高峰时段为粉巷、大车家巷、竹笆市和湘子庙街。行人交通量早、晚高峰时段由大到小依次为竹笆市、粉巷、湘子庙街和大车家巷。竹笆市的行人路段交通量较大是由于直接与人流量大的西大街相通，是连接粉巷与西大街的主要通道。

（3）停车设施

随着机动车拥有量的持续增长，停车难的现象越来越普遍。公共停车场是城市道路系统中不可缺少的组成部分，为社会车辆提供服务。如果不在正规的停车地点停放而是随意停放，会极大

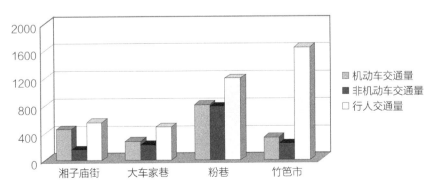

图 2-12　湘子庙街片区早高峰时段各交通量分布

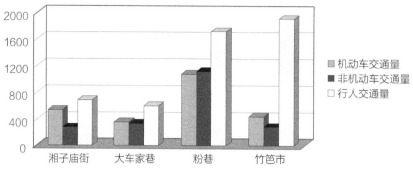

图 2-13　湘子庙街片区晚高峰时段各交通量分布

地占用道路资源，甚至造成交通拥堵。在调查范围内，有3个地下停车场、14个较集中的机动车停车场、3个非机动车停车场，具体情况如表2-3所示。

湘子庙街片区调查范围停车状况　　　　　　　　　表 2-3

序号	停车地点	停放位置	面积（m²）	停车数量（辆）				车位数量（个）		管理方式	备注
				大型车	中型车	小型车	非机动车	机动车	非机动车		
1	竹笆市北口	地面停放	26	0	0	0	48	0	50	收费	非机动车
2	中环地下停车场	地下停放	2800	0	0	65	0	80	0	免费	
3	竹笆市与马坊门交叉口处	路边停放	230	0	0	17	0	20	0	收费	
4	竹笆市路边	路边停放	26	0	0	0	41	0	50	免费	非机动车
5	西木头市	路边停放	460	0	0	35	0	40	0	收费	
6	粉巷东段	路边停放	690	0	0	48	0	60	0	免费	
7	王子饭店地下停车场	地下停放	5300	0	0	102	0	150	0	收费	
8	德福巷	路边停放	460	0	0	30	0	40	0	免费	
9	正学街	人行道	0	0	0	17	23	0	0	无人	乱停
10	马坊门	人行道	0	0	3	80	22	0	0	无人	乱停
11	南院门	人行道	0	3	0	82	8	0	0	无人	乱停
12	南院门前广场	地面停放	1265	6	0	103	0	110	0	收费	

续表

序号	停车地点	停放位置	面积（m²）	停车数量（辆）				车位数量（个）		管理方式	备注
				大型车	中型车	小型车	非机动车	机动车	非机动车		
13	大车家巷	路边停放	851	0	3	43	27	74	0	收费	
14	粉巷中段	路边停放	552	4	0	47	20	48	0	收费	
15	粉巷西段	路边停放	506	0	0	38	0	44	0	收费	
16	芦荡巷	人行道	0	0	0	39	0	0	0	无人	乱停
17	五岳庙门	人行道	0	0	0	57	10	0	0	无人	乱停
18	五岳庙门与大车家巷交叉口处	地面停放	196	0	0	13	1	17	0	收费	
19	湘子庙街	人行道	0	0	0	73	8	0	4	无人	乱停
20	汉庭酒店门口	地面停放	260	0	0	18	0	20	0	收费	
21	华都妇科医院门口	地面停放	140	0	0	8	0	10	0	免费	
22	顺城南路西口	地下停放	280	0	0	10	0	20	0	收费	
23	顺城南路与南门交叉口处	地面停放	320	0	0	21	0	25	0	收费	
24	广济街信访接待处对面	地面停放	54	0	0	0	28	0	35	收费	非机动车
25	南广济街南段	地面停放	485	0	0	29	0	42	0	免费	
26	南广济街北段	路边停放	360	0	0	6	0	31	0	收费	
合计				13	6	981	236	831	139		

调查数据显示，该片区主要停车方式还是地面及路边停放，小型机动车停放981辆，实际车位数只有831个；非机动车停放236辆，提供的停车场地仅能停放139辆。现有停车位数量不能满足停车需求，路边随意停放现象严重；由于非机动车占地面积小，经常有随意停放在商铺门前的现象（图2-14～图2-18）。

（4）交通信号灯、标志及标线

街区内部多属丁字交叉口，目前没有配置

图2-14　路面随意停放现象

图 2-15　路面规划停车位

图 2-16　禁停路段随意停放

图 2-17　非机动车停车点

图 2-18　路边停车

交通信号灯，仅在粉巷与南广济街交叉口处有信号灯。湘子庙街、竹笆市与西木头市道路两侧设有全线禁停标志，西木头市还设有由东向西单向行驶的标志，如图2-19所示。

街区外围道路南广济街、西大街和南大街标志、标线较完整，内部除湘子庙街、五岳庙门、大车家巷、粉巷和竹笆市有基本的交通标志、标线，其他支路、小巷均无交通标志、标线（图2-20、图2-21）。

2.1.2　三学街历史文化街区

三学街街区位于西安市钟楼以南，西临南大街，东接柏树林街，北与东木头市相连，南与南门古城墙毗邻，明代的关中书院和宋代碑林分别位于街的中段和东段。

唐代这一带为太庙，唐末太学迁至此。前院为孔庙，门前数株古槐为当时所栽。宋金时唐太学改为京兆府学，此街名南城巷。元代府学和管理考试的机构贡院及管理人事的机构提举司相邻，表明府学明确的目的性。县学是县级学府，始于宋金。明代前长安县学在西关，明洪武三年移往西大街县衙西侧，明成化七年移府学东侧，万历九年移于府学西侧（今县坡巷）。后来门前

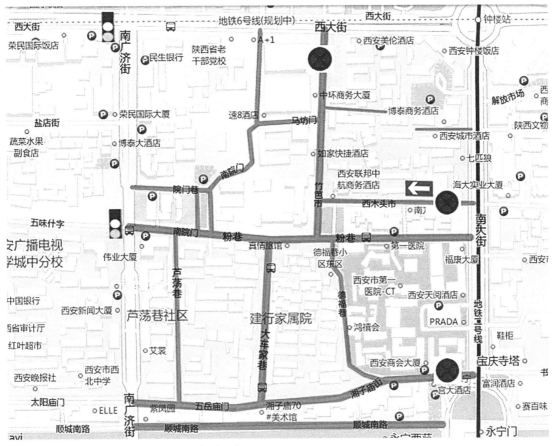

图 2-19　湘子庙街片区交通信号灯、交通标志现状

图 2-20　大车家巷交通标线

图 2-21　湘子庙街交通标志

形成三条南北小街，称为府学巷、长安学巷、咸宁学巷。此街因北侧有此三学，改称三学街。唐代的孔庙即现在的碑林。

　　三学街街区因其浓厚的历史文化气息而吸引了大量国内外游客，最著名的文化传袭地标景点便是关中书院和碑林博物馆，此外还有宝庆寺华塔和经营具有浓郁文化气息的文房四宝的商业街（图2-22）。

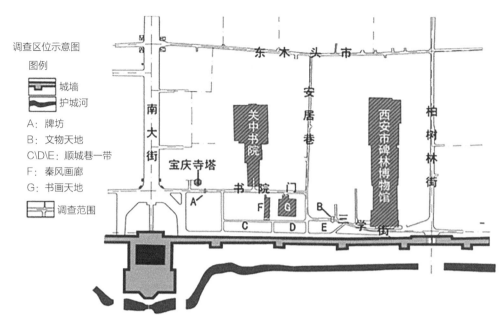

图 2-22　三学街街区内景点图

关中书院（图2-23）：从西安钟楼南行，将至南门往东拐，便是书院门古文化街，街口有一座突兀而起、古韵十足的高大牌楼，牌楼上方是"书院门"三个金灿灿的颜体大字，两旁是"碑林藏国宝，书院育人杰"的醒目对联，街道两旁为清一色的仿古建筑，街道为青石铺砌。

碑林博物馆：西安碑林以其独有的特色成为中华民族历史文物宝库中的一个重要组成部分，碑林博物馆是一座以收藏、研究和陈列历代碑刻、墓志及石刻作品为主的，中国独树一帜的艺术博物馆，被誉为"中国最大的石质书库"。

1. 街区交通分析

三学街街区附近公交线路、站点覆盖较为全面。对于外地游客和距离较远的市民选择公共交通出行十分方便；但非机动车交通条件有待改善，只有南大街设有非机动车道，给选择非机动车出行的人们带来不便和交通安全隐患。

三学街街区作为购物旅游的商业步行街区，街区由一条城市主干路、两条次干路及一条支路围合而成，街区内主要有以慢行交通为主的街巷和胡同。具体街区路网现状如图2-24所示。

通过对西安市已有历史街区和再造历史街区的调查，各历史街区行人年龄构成如图2-25所示。街区观光旅游人数较多，行人出行目的多为工作上班、观光旅游以及消费，所

图 2-23　关中书院

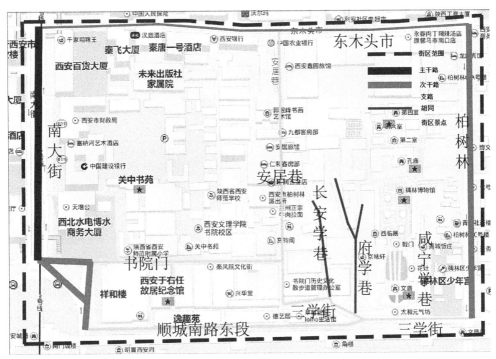

图 2-24　三学街街区道路路网现状

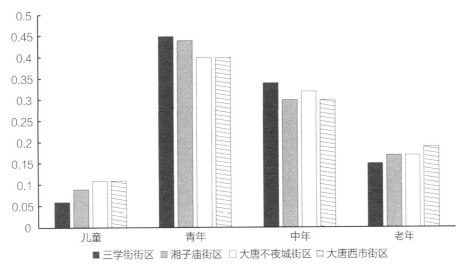

图 2-25　三学街街区行人年龄构成比例图

以青年人和中年人是行人的主要构成部分。

　　行人到达历史街区的交通方式包括公共交通（包括地铁）、私家车、步行、自行车（包括电动自行车）、出租车等方式，行人到达街区的主要方式如图2-26所示。

　　已有历史街区和再造历史街区行人出行方式结构大致相似。出行方式结构中都是公共交通（包括地铁）比例最高，均达到30%以上，随着西安市轨道交通的大力发展和公共交通设施的不

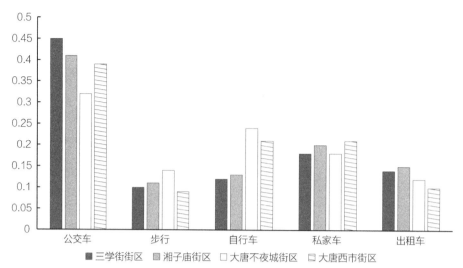

图 2-26 三学街街区行人到达的交通方式比例图

断完善，街区对外公共交通已十分便利。街区内以步行和自行车出行为主。

已有历史街区受限于老城区的交通条件，道路较窄，没有单独的自行车道，而再造历史街区绿色交通、慢行交通设施比较完善，所以采用自行车交通方式到达再造历史街区的人比已有历史街区的人多。

对三学街各类交通设施如照明、交通标志、休憩座椅等进行调查，结果如表2-4所示。

三学街街区交通设施调查   表2-4

道路名称	交通标志	人行道	机非分离	道路绿化	照明设施	路名标志	休憩设施	垃圾箱	电缆、管网布置
南大街	有	有	有	有	有	有	有	有	无
柏树林街	有	有	无	有	有	有	无	有	无
书院门	有	有	无	有	有	有	无	有	管网外露
顺城南路东	有	有	无	有	无	有	无	有	无
三学街	有	有	无	有	有	有	无	有	无
东木头市	有	有	无	有	有	有	无	有	电缆架空

2. 街区空间尺度分析

街道D/H值是决定街道空间尺度的重要指标，D表示街道宽度，H表示沿街建筑高度。D/H值关系着身处其中的人的心理感受，尺度适当会给人带来安全与庇护感，尺度过小会产生压迫感，而尺度过大又会使人感到不安。有研究证明，街道宽度D和围合建筑高度H关系如下。

D/H<1时，建筑之间相互干扰，使人容易产生压迫封闭之感。

D/H=1时，街道空间亲和宜人，均衡感良好，有利于聚集人气形成热闹的商业氛围。

D/H=2时，空间边界尚可感知，但封闭性较弱，构成类似节点的空间。

D/H=3时，空间的围合感开始减弱，而当D/H值继续增大时空间尺度感渐渐消失，取而代之的是空旷感。

因此，空间应做到张弛有度，街道的D/H值介于1～2的空间最为紧凑，在这种尺度下人们会感到亲切舒适；若在局部出现小于1的狭小线性空间，可以为使用者提供近距离体会微妙细节的机会；而个别处大于2的开阔空间又使人有豁然开朗之感，各种尺度的空间交相呼应、相得益彰。

历史街区中的街道空间比例尺度对空间的氛围、形态和界面特点等各方面都有很大影响。要使街区的空间舒适宜人，必须使空间界面之间关系符合人的视域习惯，按最佳的视域要求确定空间关系。

一般情况下，现代视角理解下的街区尺度应保持在1<D/H<2。不同时期的城市建设因为建筑群落的差异，形成了不同风格的街区感受。通过调查计算，三学街街区街道空间比例尺度如表2-5所示。

三学街街区街道空间比例尺度　表2-5

道路名称	宽D（m）	高H（m）	D/H	空间感受
南大街	35.6	18～21	1.69～1.98	紧凑平衡、有匀称感
柏树林街	18	6～9	2～3	疏离感，围合感低
书院门	10	6～9	1.11～1.67	紧凑平衡、有匀称感
顺城南路东	9	6	1.5	紧凑平衡、有匀称感
三学街	9	6～9	1～1.5	紧凑平衡、有匀称感
东木头市	12	18～21	0.57～0.67	空间封闭感强、压抑

3. 街区存在问题分析与改善建议

街区存在的问题如下。

（1）市政设施陈旧

街区内电缆线路架空铺设陈旧凌乱，且与历史文化街区空间氛围不协调；热力燃气管线外露，有极大的安全隐患；排水设施破旧，影响街区环境（图2-27）。

（2）道路设施条件较差

道路狭窄，大多数道路无非机动车道，机非混行容易造成交通安全问题；道路绿化及商业摊位占用人行道，影响行人慢行的舒适性（图2-28）。

（3）舒适度较低

街区内绿化较少，基本为行道树及少量灌木，绿化景观较欠缺；缺少相应数量的公共服务设施，如座椅、公共厕所等。

街区改善建议如下。

图 2-27 外露破旧的架空管线

图 2-28 机非混行、道路较窄

（1）改善基础设施

对旧的市政设施进行改造，将电力电缆管线、热力燃气管线进行地下综合布置，补充座椅、公共厕所、服务标志等并进行合理分布，更换新的生活设施。

（2）改善交通条件

在人行街出入口设置限制机动车辆通行的障碍物，禁止在街区内停车，禁止商业活动占用道路及人行道等。

（3）绿化街区环境

绿化街区道路空间，与历史文化街区特色结合，如可将休憩设施布置为仿古凉亭，照明设施如路灯杆上可布置诗书绘画，增添街区的文化气息等。

2.1.3 北院门历史街区

北院门历史街区是西安明代城区内仅存的两片传统居住区之一，街区内现存多处明末清初的传统院落，保存状况良好，其中大部分院落中居住着原来的居民，社会结构相对完整。街区位于西安古城中心中西地段，东接西安钟楼和大型地下商场，西邻城隍庙，南到化觉巷清真寺，北接莲湖公园，它属于西安回民区的一部分（图2-29）。

1. 街区概况

北院门街区是中国传统文化与伊斯兰文化的融会点，面积11.45hm^2，现状人均居住用地面积为24.35m^2，人口约4168人。街区以鼓楼为制高点、化觉巷大清真寺为中心，大皮院清真寺为次中心，襟带左右。北院门街区地处西安繁华的商业中心地段，集传统商业文化与典型的穆斯林居住文化于一体，是西安城市历史文化街区的代表之一（图2-30）。

北院门街区内主要有如下景点。

（1）钟楼

钟楼位于西安城东、西、南、北大街交叉口处，创建于明太祖洪武十七年（1384年），以悬

图 2-29　北院门历史街区方位

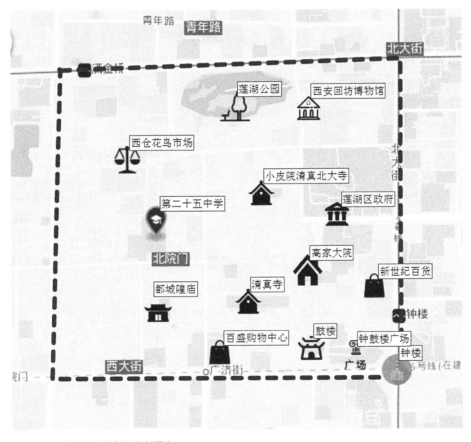

图 2-30　北院门历史街区内部景点

钟报时得名。钟楼楼体通高36m，砖木结构，重檐攒尖顶，雕梁画栋，是一座具有浓厚民族形式的明代建筑。1996年国务院公布西安钟楼为全国重点文物保护单位。

（2）鼓楼

鼓楼位于西大街稍偏北，距离钟楼较近，与钟楼遥遥相望，建于明太祖洪武十三年（1380年），因楼上有巨鼓一面，傍晚击鼓向全城报时，故名"鼓楼"。

（3）都城隍庙

都城隍庙是市内仅存的两座道观之一，也是国家级重点文物保护单位，始建于明太祖洪武二十年（1387年），原址在东门内九曜街，明宣德八年（1432年）移建现址，是当时天下三大城隍庙之一，统辖西北数省城隍，故称"都城隍庙"。

（4）清真寺

清真寺是聚居区内宗教文化的集中体现，在一定程度上反映了特定的民俗文化，是宗教、民俗活动的中心，是区内主要的集中活动场所及管辖中心，对聚居区的文化属性有较强的标志性。

（5）莲湖公园

莲湖公园建在唐代长安城的"承天门"遗址上。明代朱元璋的次子朱樉依这里低洼地势引水成池，广种莲花，故名"莲花池"；1916年辟为公园，称"莲湖公园"，是西安历史最悠久的公园。

北院门街区位于西安市中心钟楼附近，西安城市中轴线上，街区由北大街、莲湖路、西大街和大麦市街四条城市主干路围合而成，并且街区内有众多旅游景点、特色商业街以及新世纪百货等大型购物广场，吸引众多客流，因此街区吸引交通量大。

北院门街区有地铁1号线洒金桥站、地铁2号线钟楼站以及1、2号线换乘站北大街站，街区周围有9个地面公交站点，公共交通十分便利。

2. 街区交通现状分析

北院门历史街区主要定位为商业步行街，街区由三条主干路和一条次干路围合而成，街区内部主要以慢行交通为主。街区路网如图2-31所示，调研结果如表2-6所示。

大皮院街交通组成情况如图2-32所示，各时段的高峰小时人流空间分布特征如图2-33所示，路网饱和度如图2-34所示。

对于沿街建筑距离D和高度H比值D/H，人们所喜爱的空间有封闭感但无建筑压迫感的D/H值是大于1且小于2的比值。通过对街区内道路宽度和道路两边建筑物高度进行调查统计，计算出街区内主要道路上D/H值如图2-35所示。

由图2-35可知街区内大部分道路中D/H值处于合理范围内，但仍存在部分区域D/H值大于2，如北院门大街处D/H值为2.5，街道空间尺度过大，围合感较弱，使人不安定；部分区域D/H值偏小，如庙后街、小皮院街、北广济街等，在中部某节点给人一种高度包围的感觉，较为局促，且日照不好，略显压抑。

通过街区调查可知，在路网方面，历史街区内部街巷形式多样，功能划分不明确，在漫长的历史积淀中，形成了以支路为主，丁字路、断头路较多，路网密度低、路网通达性较差的路网格局。

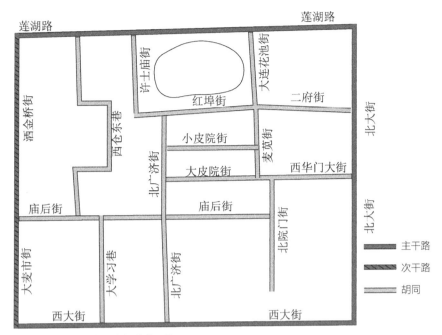

图 2-31　北院门街区内部道路网络

北院门街区道路现状及横断面（单位：m）　　　　表 2-6

街道名称	道路走向	车道数	道路横断面	道路现状
北广济街	南北	双向两车道	1.5　6.0　1.5　9.0	
莲湖路	东西	双向八车道	5.0　30　5.0　40	
许士庙街	南北	双向两车道	5.0　30　5.0　40	

续表

街道名称	道路走向	车道数	道路横断面	道路现状
红埠街	东西	双向两车道	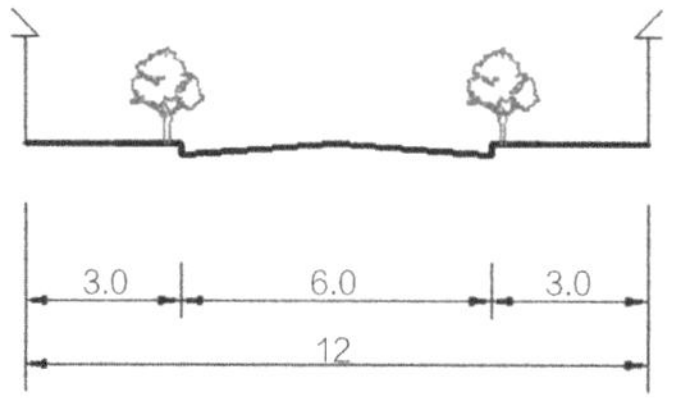	
小皮院街	东西	双向两车道	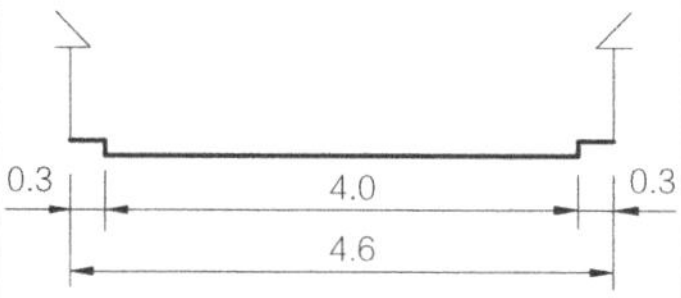	
大皮院街	东西	双向两车道	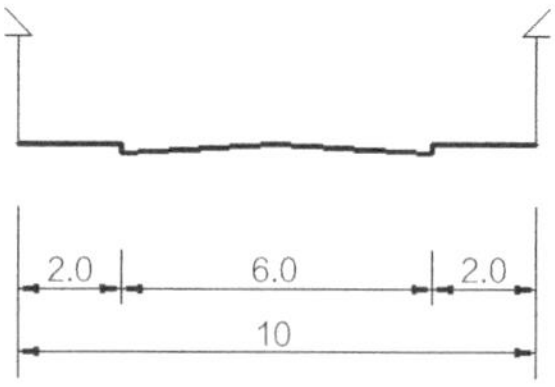	
西华门大街	东西	双向四车道	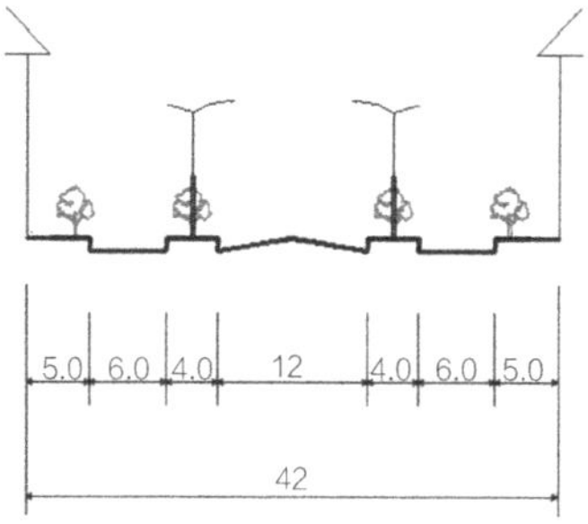	
庙后街	东西	双向两车道	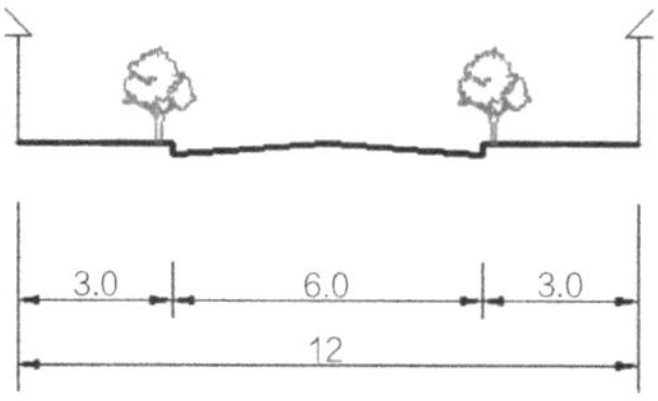	
大麦市街	南北	双向两车道	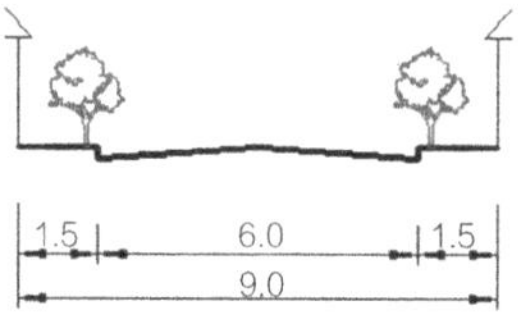	

续表

街道名称	道路走向	车道数	道路横断面	道路现状
大学习巷	南北	双向两车道	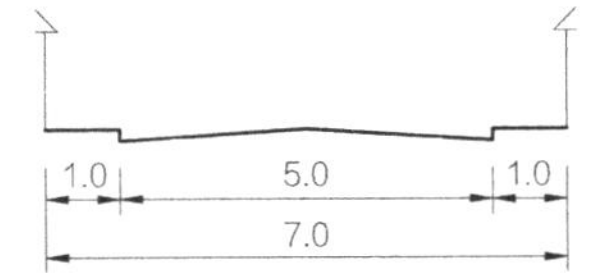 1.0　5.0　1.0　7.0	
西大街	东西	双向六车道	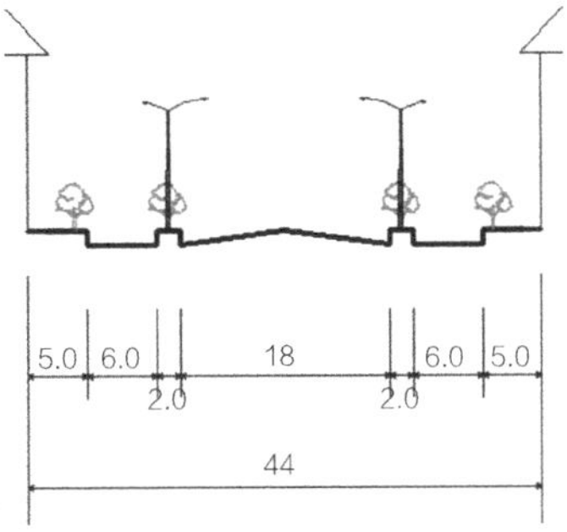 5.0 6.0 18 6.0 5.0　2.0　2.0　44	
北大街	南北	双向六车道	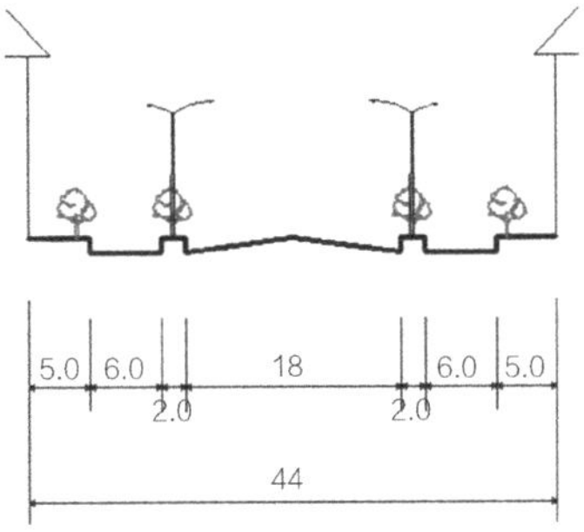 5.0 6.0 18 6.0 5.0　2.0　2.0　44	
二府街	东西	双向两车道	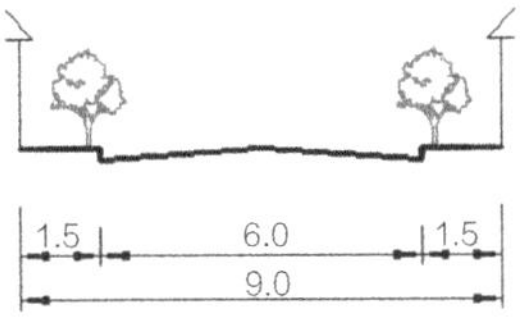 1.5　6.0　1.5　9.0	
麦苋街	南北	双向两车道	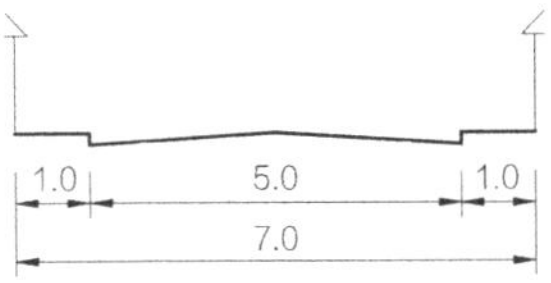 1.0　5.0　1.0　7.0	
大莲花池街	南北	双向两车道	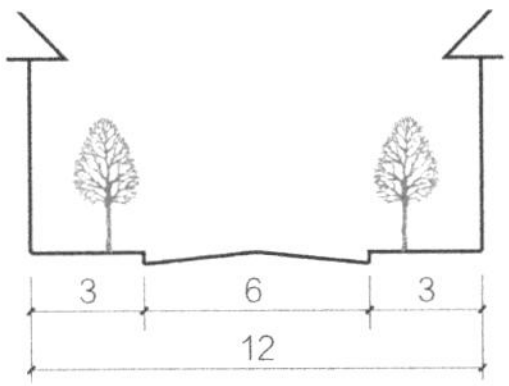 3　6　3　12	

续表

街道名称	道路走向	车道数	道路横断面	道路现状
四府街	南北	双向两车道	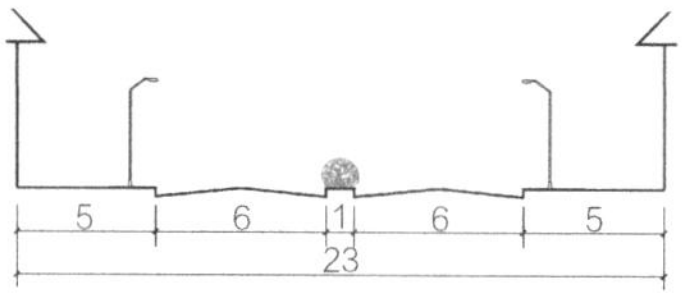	
顺城南路西段	东西	双向两车道	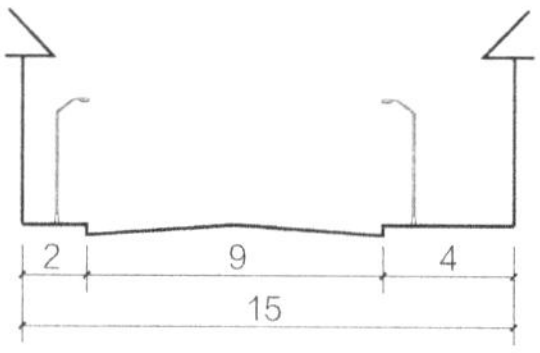	
顺城南路东段	东西	双向两车道	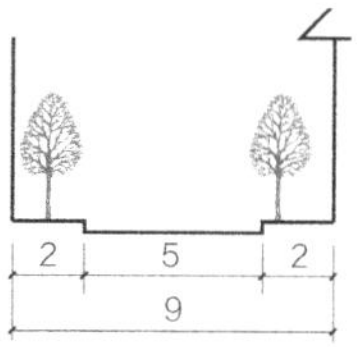	
三学街	东西	双向两车道	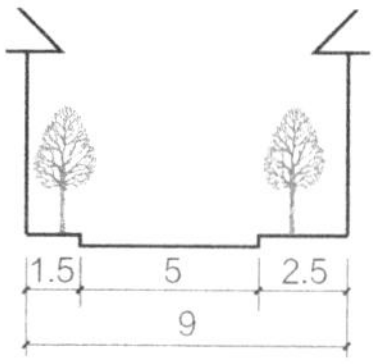	
书院门	东西	双向四车道	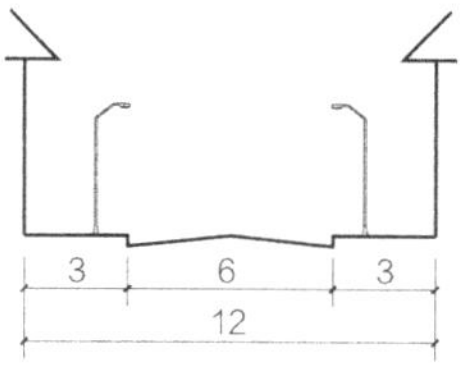	
南大街	南北	双向八车道	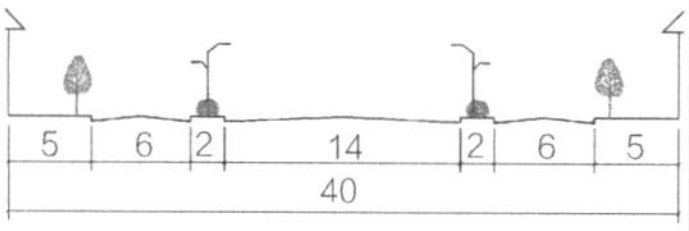	
柏树林街	南北	双向两车道	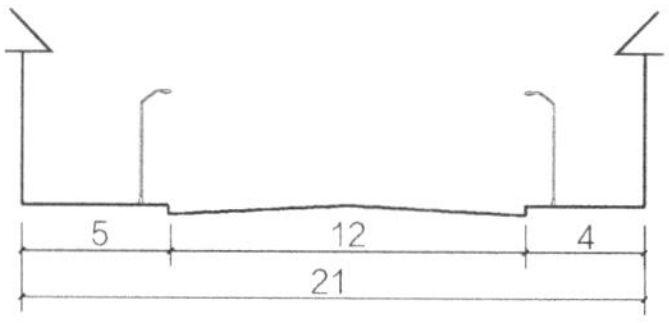	

续表

街道名称	道路走向	车道数	道路横断面	道路现状
东木头市	东西	双向两车道	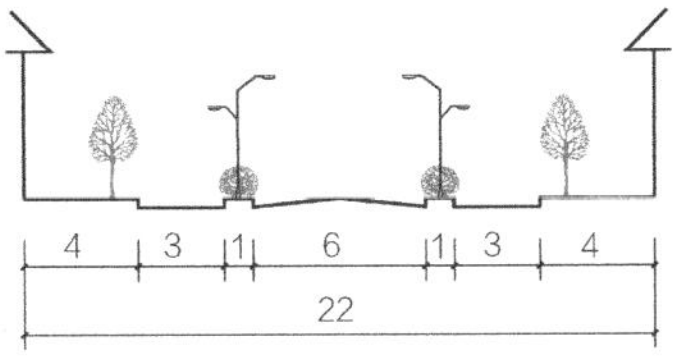 4　3　1　6　1　3　4 22	
甜水街	南北	双向八车道	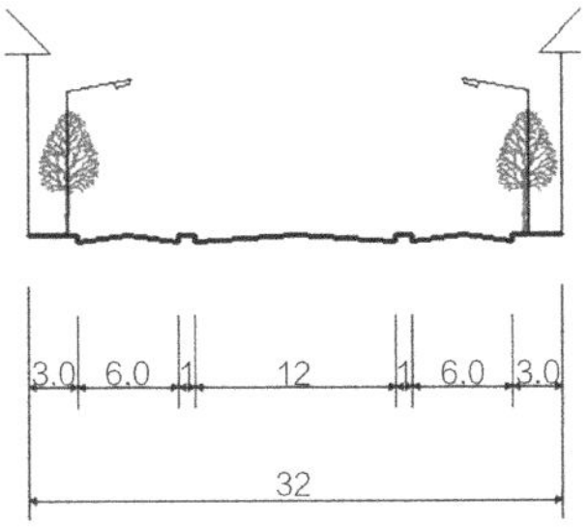 3.0　6.0　1　12　1　6.0　3.0 32	
湘子庙街	东西	双向两车道	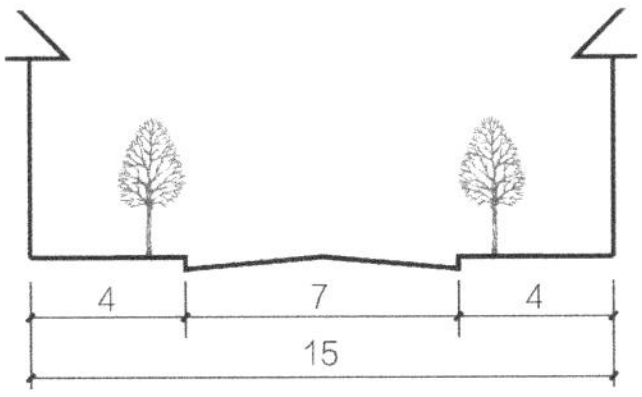 4　7　4 15	
五岳庙门	东西	双向两车道	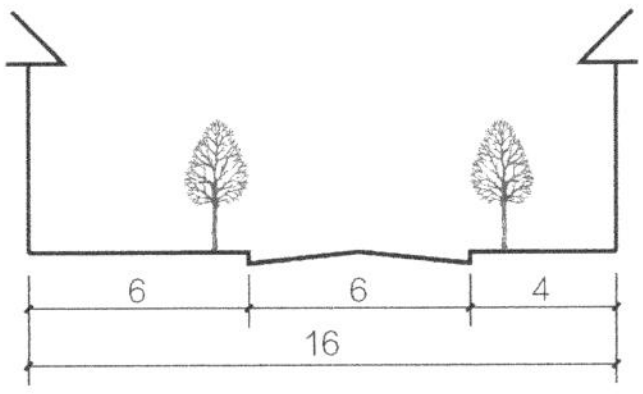 6　6　4 16	
五星街	东西	双向两车道	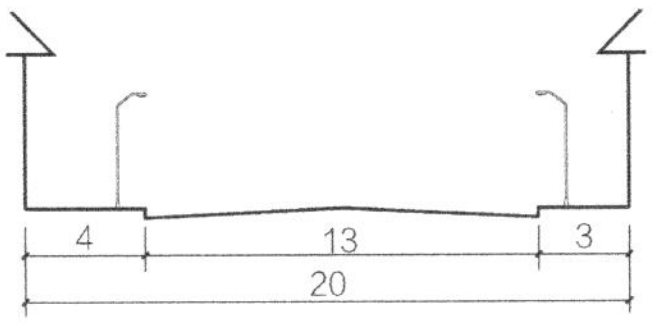 4　13　3 20	
五味十字	东西	双向两车道	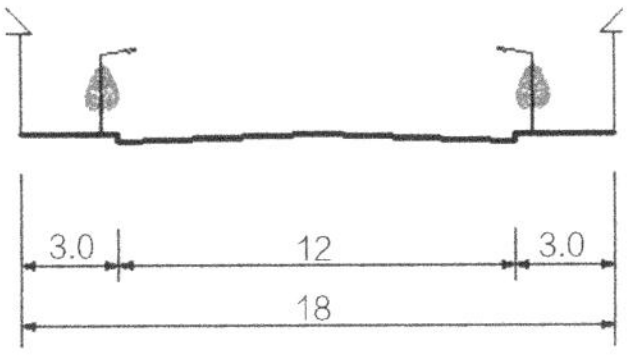 3.0　12　3.0 18	
粉巷	东西	双向两车道	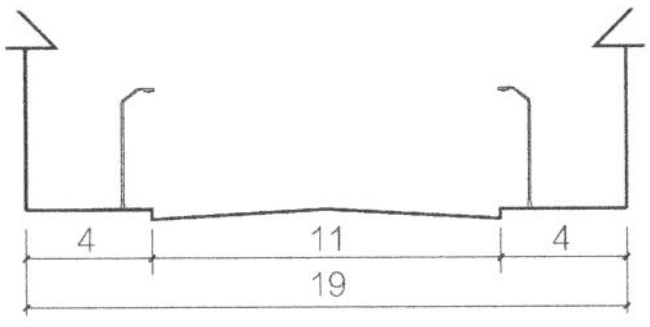 4　11　4 19	

续表

街道名称	道路走向	车道数	道路横断面	道路现状
南广济街	南北	双向八车道	4 6 2 12 2 6 4 / 36	
南院门	东西	双向两车道	3.0 12 3.0 / 18	
大车家巷	南北	双向两车道	3.0 12 3.0 / 18	
太阳庙	东西	双向四车道	2.5 5.0 1.5 5.0 2.5 / 16.5	
报恩寺街	东西	双向两车道	3 9 4 / 16	

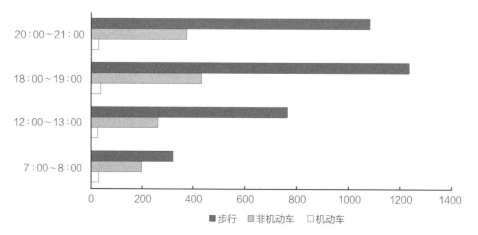

图 2-32　大皮院街交通流量组成情况

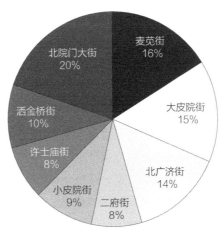

图 2-33　北院门街区内高峰小时人流空间分布特征

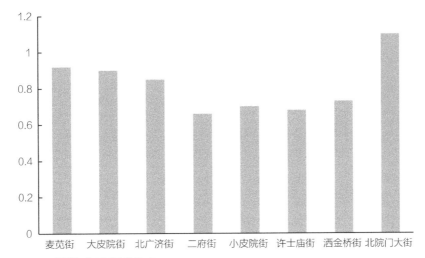

图 2-34　北院门街区道路饱和度

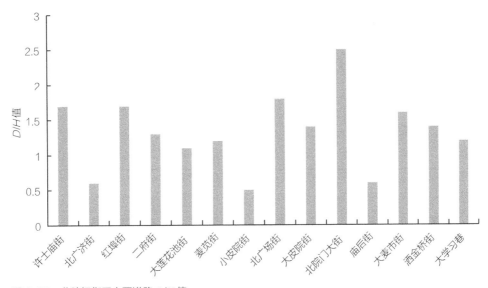

图 2-35　北院门街区主要道路 D/H 值

在道路横断面方面，历史街区道路空间狭小，道路横断面形式丰富，路幅窄且路况差的单幅路比较常见，多为机非混行、通行能力不足；还有很多道路由于空间限制或缺乏管理，甚至区分不出来基本的人行道，人机非混行，慢行安全性差。

在道路设施方面，历史街区很多道路缺少必要的隔离设施。慢行过街设施匮乏且安全性低；交通指示标志、标线不明显；围绕人行道周边的服务性设施缺少或设计不合理，如垃圾箱过少、休息椅位置不合理等；很多机动车停车位设置不合理，干扰了慢行交通的安全出行；部分道路也未进行非机动车停车位划分，街区内乱停乱放现象严重。且市政管线布置不合理，街区内随处可见高空电缆且错综复杂，紧贴临街建筑屋面，安全隐患较大（表2-7）。

在路面形式方面，街区内路面主要以沥青路面和普通水泥混凝土路面为主，但是道路较为老旧，部分道路面层破损，且并无及时修复，对出行的人流产生不利影响。

北院门街区内主要道路设施   表2-7

街巷名称	路名标志	监控设施	交通标志、标线	照明设施	电线电缆
北大街	有	有	完好	双侧	无
西大街	有	有	完好	双侧	无
莲湖路	有	有	完好	双侧	无
北院门大街	有	有	完好	双侧	外露
大麦市街	标志破损	无	标志、标线不明显	单侧	外露杂乱
二府街	有	有	标志、标线不明显	单侧	外露
大莲花池街	有	有	标志、标线不明显	单侧	外露
麦苋街	有	有	标志、标线不明显	单侧	外露
小皮院街	无	无	无标志、标线	单侧	外露
大皮院街	有	有	标志、标线不明显	单侧	外露
庙后街	有	有	完好	单侧	外露
大学习巷	标志破损	有	标志、标线破损严重	单侧	外露杂乱

历史街区内各条道路在历史文化内涵、功能、设施完善程度、景观绿化的美观性、可达性等方面存在差异，使得各道路慢行交通流分布不均衡，部分道路人满为患，部分道路却人流稀疏。

历史街区部分道路缺乏隔离设施、道路交通管理标志和安全监控措施，机动车侵占非机动车道，行人、非机动车随意穿行，人机非混行干扰严重。目前仍有大量电动车、电动三轮车、送货面包车以及私家车和出租车驶入街区，导致街区内交通拥堵、混乱，机动车、非机动车以及行人抢路现象增加了很多人车冲突点且易造成交通事故。根据图2-34可知，街区内道路饱和度较高，而部分机动车或非机动车停车占用道路，降低了道路的服务水平，在节假日旅客人流剧增时，机动车难以通行。商贩经营占用部分慢行道，在吸引慢行交通量的同时，也带来慢行交通问题。

3. 改善意见

北院门街区位于西安城市中心区钟楼附近，对外交通便利，街区内包含三个地铁站、多个公交站点，三十多条公交线路经过街区，街区与城市各大商圈通达性较高，但由于街区中包含旅游景点和回坊商业街，吸引客流量较大，因此在早、晚高峰期，街区周围交通拥堵现象较为严重，且停车场等基础设施配备不足。主要原因如下。

①用地条件有限，人行道宽度不足，造成行走困难。

②行人过街设施不足，设置位置不合理；行人标识设施不完善，对于游客辨别方向较为困难。

③休憩设施较少，行人连续行走会感到乏味。

④公共设施配置不完善，垃圾箱、报刊亭、公共厕所等设施间距较大，不能及时满足人的需求。

⑤架空管线杂乱无章，历史街区市政管线敷设已久，街区内电力、电信管线大多架空敷设。长时间疏于管理使得电信架空管线搅成一团，杂乱无章，十分有碍道路美观，安全隐患较大。

针对以上问题，提出如下改善意见。

①高峰时段限制机动车通行，保护慢行交通的路权。

②通过路面材质、移动护栏等方式合理划定步行与非机动车走行区域，加强交通管制，必要时也可限制非机动车通行。

③合理规划适量非机动车停车位，禁止乱停乱放，清除违规停放占道。

④合理进行绿化景观设计，尽量少占慢行交通用地。

⑤进行路面改善、环境卫生整治，合理布设垃圾箱等。

⑥空间位置容许的情况下，设置一些休息长椅等休憩设施。

⑦做好盲道及无障碍设计。

⑧与主要道路相交时，要完善交叉口行人过街设施和信号灯设置。

⑨在路口处，清理一些违规建筑或障碍物，以保证交通视距充足。

⑩历史街区道路横断面设计时应当结合道路红线宽度，考虑将架空管线引入地下，美化道路空间。条件允许的情况下可以考虑设置综合管沟，便于维修和管理地下管线，减少路面的二次开挖。

2.2 开封市历史街区

开封地处河南省中东部，西与省会郑州市毗邻，东与商丘市相连，南接许昌市和周口市，北隔黄河与新乡市相望，是国务院公布的首批国家历史文化名城，为中国五大古都之一。

开封迄今已有4100余年的建城史和建都史，先后有夏朝、战国时期的魏国、后梁、后晋、辽朝、后汉、后周、宋朝、金朝等朝代在此定都，被誉为八朝古都。

图2-36　开封市历史街区及景点示意

2.2.1 历史街区及景点

迄今在开封城内尚留存180余处历史文物，形成以宋代龙亭—东京御街为轴线的棋盘式街道，大量明清建筑和传统街区构成了开封的历史风貌（图2-36）。

2.2.2 历史街区重要景点

1. 中国翰园

中国翰园集山水艺术景观和古典园林建筑于一体，在园中还有碑林和中国书法名园。其中的碑林是中国三大碑林之一，有刻碑3700多块，是一座集古今诗、书、画、印精华之大成、具有多功能多层次旅游观赏价值的大型文化旅游胜地。在书法名园中可以欣赏到文字的起源发展，让到来的游客领悟中国文化源远流长的历史（图2-37）。

2. 天波杨府

八朝古都开封，自北宋以来素有"文包武杨"的美称，杨家将的英雄故事在北宋中叶已在民间广泛流传。而天波杨府则是北宋抗辽民族英雄杨业的府邸，依据《宋东京考》《如梦录》《祥符县志》等记载，府邸建于开封市城内西北隅，杨家西湖北岸，东靠北宋皇宫遗址龙亭公园，西邻清明上河园、翰园碑林，建筑规格按当时正一品武官级别修成，是一座典型的仿宋式古典园林建筑（图2-38）。

图 2-37　中国翰园

3. 龙亭景区

龙亭公园的古建筑，有史可据的可上溯到唐德宗李适在位（780—805年）时所建的永平军节度使治所——藩镇衙署。之后，五代中的后梁、后晋、后汉、后周相继将其改建为皇宫。北宋时的皇城（包括皇宫）也在此，称为大内。金代后期，也以此为皇宫。康熙三十一年（1692年），曾在原周王府煤山上修建了一座万寿亭，亭内供奉皇帝万岁牌位，每逢节日大典或皇帝诞辰，地方官员来此遥拜朝贺。于是煤山改为龙亭山，简称"龙亭"（图2-39）。

图 2-38　天波杨府

4. 铁塔公园

铁塔公园位于开封市城区的东北隅，是以现存的铁塔（开宝寺塔）而命名的名胜古迹公园。据史料记载，开封铁塔的前身是座木塔，位于开宝寺福胜院内，始建于宋太平兴国七年（982年），建成于宋太宗端拱二年（989年），谓之福胜塔（图2-40）。

图 2-39　龙亭景区

5. 城墙

开封城墙，即清代开封府城墙，全长14.4km，是中国现存的仅次于南京城墙的第二大古代城垣建筑。历经战乱和黄河泛滥，如今的城墙之下叠压着5层古城墙，虽历经多个朝代修复，其规模、格局乃至重要坐标都未改变（图2-41）。

图 2-40　铁塔公园

6. 宝珠寺

宝珠寺位于开封市东华门街西头路北。宝珠寺坐北朝南,为三进二重院落,飞檐挑角的古建筑表现出宋、清结合的营造风格(图2-42)。

7. 古观音寺

古观音寺,又名白衣阁,因阁内供白衣观音而得名。据资料记载,白衣阁大约初建于五代梁朝,元朝被毁后于明代洪武二十年(1378年)由僧尼义果重修;明末又毁于水患,清初邑人刘昌又予以重修(图2-43)。

8. 包公湖

包公湖是开封市城内湖,位于宋朝古城墙内,处于古城的西南角。整个湖泊呈现西北—东南走向,像一个斜躺的葫芦,中部偏西有跨越该湖的南北路——迎宾路,西南为包公湖南路(图2-44)。

图 2-41　开封城墙北门(安远门)

图 2-42　宝珠寺

图 2-43　古观音寺

图 2-44　包公湖

9. 开封府

开封府，又称南衙，初建于五代后梁开平元年（907年），已有1000多年的历史。开封府题名记碑记载了200余名开封府府尹的任职情况。其中，宋太宗、宋真宗、宋钦宗三位皇帝都曾潜龙在此，先后有寇准、包拯、欧阳修、范仲淹、苏轼、司马光、苏颂、蔡襄、宗泽等一大批杰出政治家、思想家、文学家、军事家在此任职（图2-45）。

图 2-45　开封府

图2-46 大相国寺

图2-47 东大寺

10. 大相国寺

大相国寺位于古城开封的闹市区，曾是战国四公子之一的信陵君的宅院旧址，后来成为佛教圣地，北宋时期作为皇家寺院，更是达到了辉煌的顶峰，与登封少林寺、洛阳白马寺、汝州风穴寺齐名，并称中原四大名寺（图2-46）。

11. 东大寺

据东大寺寺内《重修东大寺碑记》记载，开封东大寺始建于唐天宝年间，是河南地区最古老的清真寺之一。其历史悠久、文化灿烂，一直盛行三学，即经学、武学、女学。其中，女学的形成最早就出现于开封地区，据考证东大寺老女学是中国现存最早的清真女学（图2-47）。

12. 清明上河园

清明上河园是按照1：1的比例将宋代著名画家张择端的代表作《清明上河图》复原再现的大型宋代历史文化主题公园。它是以《营造法式》为建设标准，以宋朝市井文化、民俗风情、皇家园林和古代娱乐为题材，以游客参与体验为特点的文化主题公园。它是集中再现原图风物景观的大型宋代民俗风情游乐园，再现了古都汴京千年繁华的胜景（图2-48）。

图2-48 清明上河园

13. 万岁山·大宋武侠城

开封万岁山原是北宋著名的一座皇家园林。万岁山·大宋武侠城是2003年10月在原国家森林公园的基础上建立起来的以大宋武侠文化为核心的主题景区，占地500余亩，地处开封城西北部，是一座以宋文化、城墙文化和七朝文化为景观核心、以大宋武侠文化为旅游特色、以森林自然为格调、兼具休闲功能的多主题、多景观大型游览区（图2-49）。

图2-49　万岁山·大宋武侠城

2.2.3 历史街区的重要道路

1. 仁义胡同

在开封市区西部，南北走向，南起西门大街北侧，北起开封市明胶厂，长300m，宽3～7m。相传，清代有张、李两家邻居，在修墙时，你占我一寸，我挤你一尺，针锋相对，互不相让，一次李家向那边挤了几尺，把整个胡同都占了，张家无奈，就给在京做官的儿子写了一封信，想用权势压倒对方。不久，张家接到儿子的回信，拆信一看，却是一首诗："千里捎书为一墙，让他几尺又何妨；而今只见城墙在，不见当年秦始皇。"张家看了儿子的来信后，深思良久，终于幡然悔悟，接着主动把墙让了几尺。李家为此深表感动，也主动向里挪了几尺，胡同又变宽了，两家重归于好。人们为了赞美张、李两家知过能改、互谅互让的精神，便把这条胡同改称"仁义胡同"（图2-50）。

2. 宋都御街

新御街系在原御街遗址上修建，南起新街口，北至午朝门，全长400多米；两侧角楼对称而立，楼阁店铺鳞次栉比，其匾额、楹联、幌子、字号均取自宋史记载，古色古香。

北宋时期，东京御街北起皇宫宣德门，经州桥和朱雀门，直达外城南熏门。长达十余里，宽200步，东京城南北中轴线上的一条通关大道是皇帝祭祖、举行南郊大礼和出宫游幸往返经过的主要道路，所以称其为"御街"，也称御路、天街或宋端礼街（图2-51）。

3. 文庙街

据史书记载，开封府文庙是1652年开封知府朱之瑶主持建造，东为文庙、西为儒学，故又称府儒文庙。当时，文庙大门坐北朝南，庙内建筑物均为黄绿琉璃瓦歇山硬顶覆盖，根据历史资料记载，从南向北依次为泮池、牌坊、棂星门、东西廊庑、启圣殿、大成殿，建筑宏丽，作为府衙一级的教育机构治所盛极一时（图2-52）。

图 2-50　仁义胡同

图 2-51　宋都御街

图 2-52　文庙街棂星门

图 2-53　双龙巷杜孟模故居大门

4. 双龙巷

位于开封市东北部的双龙巷，因走出过赵匡胤、赵光义两位"真龙天子"而声名远播，明代《如梦录》记载："双龙巷，宋太祖、太宗旧居之地。"因小巷出了宋朝两位皇帝，后人在巷中立了两尊龙头石雕，以示纪念。

民国时期，这里更是达官贵人、社会名流的聚集地，杜孟模（著名数学家，曾任河南省副省长）、罗章龙（早期中共领导人之一，政治家、社会活动家）等都曾居于此地（图2-53）。

2.2.4　历史街区区位及路网分析

开封有中国翰园、天波杨府、古观音寺、包公湖、开封府、大相国寺等著名的历史文化遗迹和景点，依它们的分布便有了现在的历史街区及范围，从而实施规划、建设、保护和游览，如图2-54所示。

街区道路网如图2-55所示。

街区位置东至东环城路和公园路，西至西关北街，北至东京大道，南至滨河路。街区内部道路信息如表2-8所示。

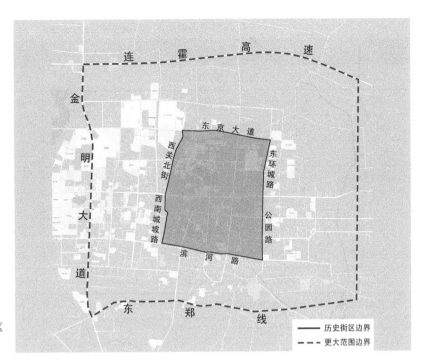

图 2-54 开封市历史街区
位置示意

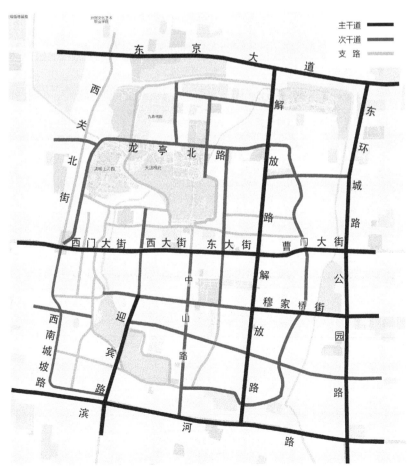

图 2-55 开封市历史
街区路网

开封市历史街区内部道路信息汇总表　　　　表2-8

道路名称	道路起始端	道路方向	车道数	红线宽度（m）
东京大道	金明大道北段—东环北路北段	东西	双向四车道	45
解放路	东京大道东段—滨河路中段	南北	双向四车道	35
西门大街	西关北街南段—东环北路南段	东西	双向四车道	30
西关北街	东京大道西段—西门大街西段	南北	双向两车道	20
铁塔西街	体育路北段—解放路北段	东西	双向四车道	25
龙亭北路	西关北街南段—解放路北段	东西	双向四车道	30
体育路	铁塔西街中段—龙亭东路北段	南北	双向两车道	15
龙亭西街	龙亭北路西段—宋都御街北段	南北	双向四车道	20
北西后街	铁塔西路东段—龙亭北路东段	南北	双向两车道	10
法院街	内顺城路中段—龙亭西路南段	东西	双向两车道	10
内顺城路	龙亭北路西段—西门大街西段	南北	双向两车道	20
大兴街	法院街东段—西门大街中段	南北	双向两车道	10
宋都御街	龙亭西路东段—西门大街东段	南北	双向两车道	25
龙亭东路	龙亭北路中段—龙亭西路东段	南北	双向两车道	20
东环北路	东京大道中段—曹门大街东段	南北	双向四车道	30
曹门大街	解放路中段—东环北路南段	东西	双向四车道	35
铁塔四街	解放路中段—内环东路北段	东西	单车道	10
铁塔五街	铁塔四街西段—龙亭北路东延伸段	南北	单车道	10
内环东路	铁塔四街南段—曹门大街中段	南北	双向四车道	25
塔云路	铁塔公园南侧—东辰路西段	南北	双向两车道	15
西月路	内环东路北段—博雅路北段	东西	步行街	10
博雅路	西月路东段—明伦街中段	南北	双向两车道	10
铁塔二街	解放路中段—内环东路南段	东西	单车道	6
明伦街	解放路中段—东环北路中段	东西	双向三车道	25
延寿寺街	解放路中段—内环东路中段	东西	双向两车道	10
东棚板街	解放路南段—内环东路南段	东西	双向两车道	10
双龙巷	解放路南段—内环东路南段	东西	双向两车道	6
文华北街	明伦街西段—内环东路南段	南北	单车道	6
东四道街	内环东路南段—东三道街北段	东西	单车道	6
公园路	东环北路南段—铁路北沿街东段	南北	双向四车道	40

续表

道路名称	道路起始端	道路方向	车道数	红线宽度（m）
南仁义胡同	西门大街西段—板桥街西延伸段	南北	双向两车道	10
板桥街	南仁义胡同南段—成功街西延伸段	南北	单车道	10
成功街	板桥街东延伸段—林荫胡同南段	东西	双向两车道	10
省府后街	大坑沿街北段—中山路北段中部	东西	双向两车道	10
大坑沿街	省府后街西段—省府前街西段	南北	双向两车道	10
中山路北段	宋都御街南段—中山路中段北部	南北	双向四车道	30
中山路中段	中山路北段南侧—滨河路中段	南北	双向四车道	30
省府前街	省府前街南延伸段—中山路中段	东西	双向四车道	20
迎宾路	省府前街西延伸段—滨河路中段	南北	双向四车道	30
自由路	中山路中段—解放路南段	东西	双向两车道	20
包公湖北路	包公湖西路北段—包公湖南路东段	西南-东北	双向两车道	15
包公湖南路	包公湖西路南段—包公湖北路南段	西南-东北	双向两车道	15
包公湖西路	包公湖北路西段—包公湖南路西段	南北	双向两车道	15
弓箭西街	西门大街西延伸段—向阳路西段	南北	双向四车道	20
向阳路	黄汴河南街中段—包公湖西路南段	东西	双向四车道	25
滨河路中段	滨河路西段—滨河路东段	东西	双向四车道	40
前新华街	自由路西段—勤龙街西段	南北	双向两车道	10
内环南路	中山路中段—解放路南段	东西	双向四车道	25
西南城坡路	西坡南路南段—迎宾路南延伸段	东西	双向两车道	25
穆家桥街	解放路中段—汴京路西延伸段	东西	双向四车道	30
顺城南街	曹门大街东段—汴京路西延伸段	南北	双向两车道	10
北顺城街	汴京路西延伸段—自由路东段	南北	双向两车道	10
宋都市场街	汴京路西延伸段—自由路东段	南北	步行街	10
护城路	自由路东段—滨河路中段	南北	双向两车道	10
宋门关南街	宋门关大街中段—滨河路中段	南北	双向两车道	10
宋门关中街	宋门关南街北延伸段—滨河路中段	东西	步行街	6
内环东路南段	自由路东段—解放路南段	南北	双向两车道	25
草市街	曹门大街西延伸段—纬中前街西段	南北	双向两车道	10
纬中前街	草市街南延伸段—内环东路中段	东西	双向两车道	10
理事厅街	解放路北段—草市街南段	东西	双向两车道	10
丁角街	向阳路中段—包公湖西路北段	东西	双向四车道	20

典型道路断面图如表2-9所示。

开封市历史街区道路现状及横断面（单位：m）　　　　表2-9

道路名称	道路走向	车道数	道路横断面	道路现状
双龙巷	东西	双向两车道	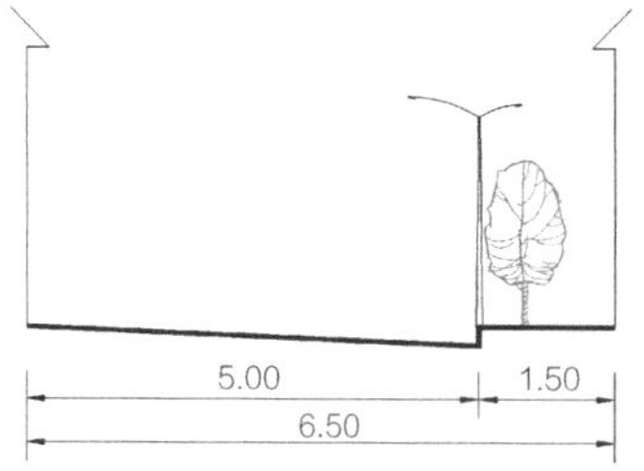 5.00　1.50 6.50	
铁塔四街	东西	单车道	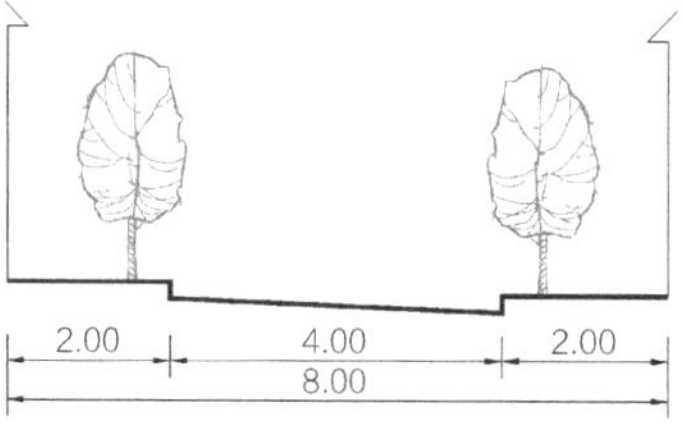 2.00　4.00　2.00 8.00	
塔云路	南北	双向两车道	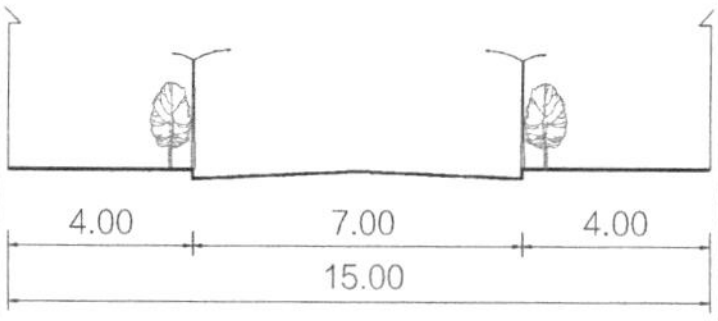 4.00　7.00　4.00 15.00	
省府前街	东西	双向四车道	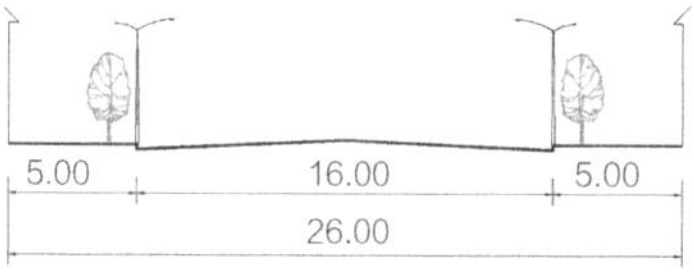 5.00　16.00　5.00 26.00	
内环南路	东西	双向四车道	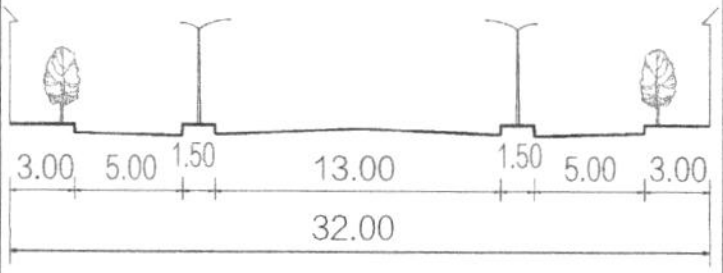 3.00　5.00　1.50　13.00　1.50　5.00　3.00 32.00	
迎宾路	南北	双向四车道	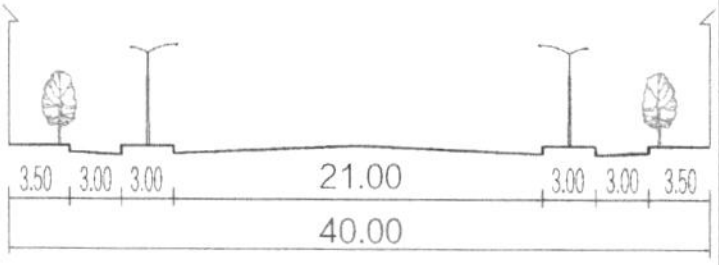 3.50　3.00　3.00　21.00　3.00　3.00　3.50 40.00	
曹门大街	东西	双向四车道	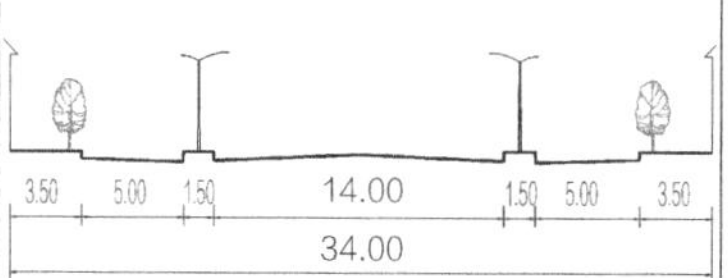 3.50　5.00　1.50　14.00　1.50　5.00　3.50 34.00	

续表

道路名称	道路走向	车道数	道路横断面	道路现状
公园路	南北	双向四车道	3.00 5.00 2.00 14.00 2.00 5.00 3.00 / 34.00	
东京大道	东西	双向四车道	4.00 6.00 3.00 14.00 3.00 6.00 4.00 / 40.00	

根据调查结果，开封市历史街区道路红线宽度及所占比例如表2-10所示。

历史街区道路红线宽度及所占比例　　　　表2-10

道路红线宽度（m）	（0~5]	（5~10]	（10~15]	（15~20]	（20~25]	（25~30]	（30~35]	（35~40]	（40~45]
所占比例（%）	8.1	37.1	8.1	14.5	12.9	11.3	3.2	3.2	1.6

2.2.5 历史街区交通特性分析

1. 慢行交通出行特性

（1）交通出行方式选择

对开封市历史街区进行交通调查，可以发现出行方式中慢行交通所占比例较大，为70%，如图2-56所示。慢行交通作为机动车交通的补充，承担着大部分历史街区居民的出行。历史街区慢行交通网络完善与否，是能否满足居民慢行出行需求的关键，因此完善历史街区的慢行交通网络应作为改善历史街区慢行交通的重点。

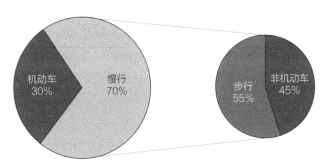

图2-56　不同交通方式出行比例

从街区交通量调查结果看，机动车、非机动车、行人流量一般，高峰时机动车流量较大，周末及节假日慢行交通量大。

（2）行人出行特征

①出行目的。

历史街区行人出行一般包括旅游、购物、娱乐、工作、回家等目的，可将其概括为文化旅游、通勤出行、商业购物、休闲娱乐等。文化旅游以旅游为目的，进行游览观光、适当购物消费活动；通勤出行主要指街区内居民日常的上班、上学、回家或一些以通勤为目的的过境穿越等；商业购物是街区内居民或其他外来人员以购物或其他一些商业性消费为目的的出行活动；休闲娱乐主要是以散步、锻炼身体等为目的的出行活动。

通过对开封市历史街区的行人出行目的问卷调查，发现历史街区不同的历史风貌和文化氛围对步行出行的目的也有较大影响，如图2-57所示。由于鼓楼街区内设有商业城类的购物中心、大众剧院类的休闲娱乐场所、鼓楼广场、大相国寺类的文化景点，故其商业购物、休闲娱乐占比较高；而草市街片区学校、医院等建筑类型较多，其通勤出行所占比例较大，开封市特有的历史文化以及其相应的配套设施对步行交通具有较大的吸引力，文化旅游占比也较大。

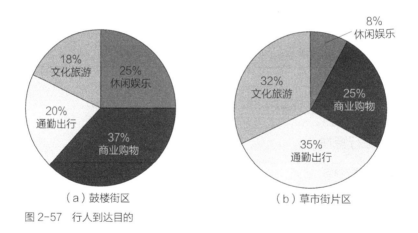

图2-57　行人到达目的

②出行时空分布特性。

A. 时间分布规律：历史街区行人交通量的时间分布相对于非历史街区略微复杂，主要因为历史街区旅游高峰、通勤高峰及商业购物高峰各有差异又相互交错。通过对历史街区工作日及非工作日（即周末或节假日）行人交通量的实地调查，发现其步行交通具有典型的向心性和潮汐性。一般在工作日主要表现为通勤的潮汐性和商业购物、休闲娱乐的向心性，体现出两个主高峰和一个次高峰，分别是7：00～9：00的早通勤高峰、17：00～21：00的晚通勤高峰、商业购物高峰和休闲娱乐高峰的累加，以及12：00～13：00的次通勤高峰；在非工作日主要表现为文化旅游、商业购物、休闲娱乐所产生的向心性，体现为一个主高峰和一个次高峰，次高峰为10：00～13：00的商业购物、文化旅游叠加高峰，主高峰为16：00～22：00的文化旅游、商业购物、休闲娱乐累加高峰，可持续达6个小时。

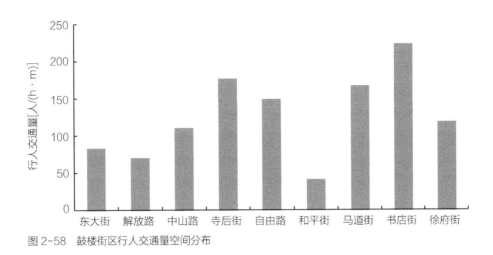

图 2-58 鼓楼街区行人交通量空间分布

B. 空间分布不均衡：通过调查发现，历史街区内因道路等级、道路条件、商业配套、设施配套、景观绿化等的优劣差别，不同道路在同一时间内的行人交通量分布差别显著，如图2-58所示，图中行人交通量为实测每米宽高峰小时交通量。

③步行距离。

对历史街区内步行者的出行距离进行调查，得到出行距离在0.5～1.5km的步行者所占比例为73%，表明0.5～1.5km为大多数人可以接受的步行距离。而步行距离2km以上的仅占2.2%。因此，可以认为历史街区步行出行主要分布在2km以内的距离（图2-59）。

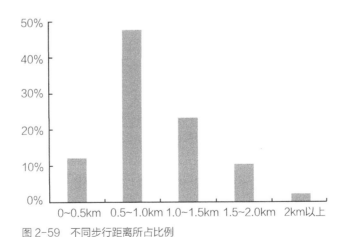

图 2-59 不同步行距离所占比例

（3）非机动车出行特征

①骑行速度。

根据相关文献研究，城市非机动车道上自行车平均速度约为16.79km/h，电动自行车平均速度约为23.31km/h。历史街区空间尺度小、慢行基础设施条件差、非机动车出行干扰多，历史街区的骑行速度更低一些。

②时空分布特性。

A. 时间分布规律：相对于步行交通，历史街区非机动车出行规律性更强，仍是潮汐性与向心性并存，但前者明显强于后者，这是因为历史街区的骑行者主要出行目的是上学、上班、回家或购物。所以工作日的高峰时段为7：00～9：00、17：00～19：00，主要是通勤出行和部分商业购物出行；非工作日的高峰时段一般在16：30～19：30，主要是商业购物出行。

B. 空间分布不均衡：与步行交通类似，非机动车也是择优而行，根据对开封市鼓楼历史街区道路每米宽高峰小时交通量的统计（图2-60），街区外围条件较好的城市道路上非机动车交通量普遍较大，街区内条件较差的道路非机动车通行数量明显下降。

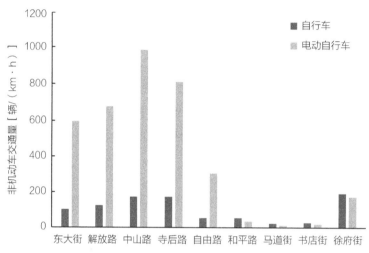

图2-60　鼓楼街区非机动车交通量空间分布

2. 历史街区慢行交通存在的问题

（1）慢行交通服务水平偏低

慢行交通服务水平偏低主要因为较狭窄的慢行空间、较落后的慢行设施以及较为混乱的慢行管理秩序所决定的低慢行交通容量，难以更好地满足历史街区较高的慢行出行需求，不能很好地提供较为安全和舒适的慢行环境。

由于慢行交通出行目的多样，历史街区需具备生活、文化旅游、商业消费等功能，满足通勤出行与非通勤出行需求。许多历史街区满足各种出行目的的功能需求还不够。

（2）慢行交通出行特征复杂

慢行交通出行特征主要指出行的距离、时间、速度。相对于非机动车交通，步行交通由于出行目的多样、非通勤出行所占比重较大，导致其出行距离、时间、速度更为纷繁复杂。非机动车交通出行目的相对简单，但因为历史街区所提供的非机动车出行环境好坏不一，导致其出行速度差别较大，但相对于城市其他区域整体偏低。

（3）慢行交通时空分布不均衡

历史街区的慢行交通在时变性方面，具有典型的潮汐性和向心性；在空间分布方面，相对于城市其他区域均衡性更差，主要是因为历史街区内基础设施配套、商业配套，以及慢行道有效宽度、通达性、景观绿化等方面差异较大。

3. 历史街区慢行交通改善建议

街区与外围联系紧密，道路、交通无缝衔接。

历史街区范围内的慢行交通出行主要以文化旅游、通勤出行、商业购物、休闲娱乐为主，它们对街区环境和交通条件要求有：慢行环境的安全性，绿化景观的美观性，道路遮阴情况，街道卫生条件及路面条件，交通标志的人性化和完善性、停车设施条件、休息设施便利性、换乘、出行可达性、街道两侧商业、街景、文化价值，休息设施便利性，无障碍设计的合理性等。文化旅游和休闲娱乐对环境要求更高，通勤出行和商业购物对交通便利性要求更高。根据不同出行目的和选择要求，有针对性地进行环境及道路规划。

（1）出行的安全性

①要做好快慢分离，有条件时进行人流、非机动车分离，分隔措施有增设绿化带、设置防护栏、采用不同标高等。

②因为道路宽度有限，不能进行快慢物理隔离时，可以考虑在通勤时间和周末及节假日的高峰时间限制通行机动车，以保障慢行安全。

③交叉口要完善行人过街设施，根据行人流量大小决定是否设置行人过街信号灯。

④在进行道路设计和改造时，为降低车辆转弯速度、保障慢行安全，在满足设计规范要求的条件下，适当减小路缘石转弯半径。

在路口处，清理一些违规建筑或障碍物，以保证交通视距充足。

（2）出行的舒适性与便利性

①做好绿化景观规划，选择合适的树种做好道路遮阴防晒，既要美观，又不遮挡视线。

②慢行道的路面材料选择要合理，既要符合历史街区空间规划，又要满足各类人群的使用要求，并及时修复破损路面。

③合理设置舒适的休息设施和无障碍设施，布设间距合理的垃圾箱，样式符合街区整体空间规划，保持街道卫生干净。

④在街区外围做好机动车停车规划，合理设置街区路内机动车停车位；在街区合理布设非机动车停车位、公共自行车停车点。

（3）出行可达性

①完善街区路网，提高街区路网的连通性。

②对一些道路断面进行优化设计，慢行道要宽度合理。

③街区要合理规划公共交通换乘点和换乘设施，做好公交站点附近的非机动车和机动车停车设施规划；适当开通小型公交车，合理布设公交站点，方便慢行者出行和换乘。

（4）文化旅游方面

①做好街区的交通指示标志设计，内容要全面、清晰、准确、有多种语言。

②在街区一些交叉口处设置问讯处，方便外来人员旅游出行。

③结合历史街区文化，做好道路景观设计、道路设施设计、街道两侧外立面改造设计。

（5）商业购物与休闲娱乐方面

①在慢行交通环境压力较低的道路两侧，设置一些需求量大的商业或特色商业，如超市、口碑产品经营店、特色小吃售卖等。

②适当鼓励一些流动摊贩售卖物品，但须合理规划其位置和售卖时间，避开通勤出行时间。

③做好道路及商业进出口的无障碍设计。

2.3 银川市历史街区

2.3.1 银川市历史文化沿革

银川市，简称"银"，是宁夏回族自治区的首府，位于宁夏平原中部，东踞鄂尔多斯西缘，西依贺兰山，黄河从市境穿过，是宁蒙陕甘毗邻地区中心城市，是"丝绸之路"的节点城市。漫长的岁月中，银川市保留下来相当丰富的历史建筑和文化古迹等遗存，具有鲜明的地方特色，1986年，银川市被国务院公布为国家历史文化名城（图2-61）。

早在3万年前就有人类在水洞沟遗址繁衍生息，银川是历史上西夏王朝的首都，民间传说中又称"凤凰城"，古称"兴庆府""宁夏城"，素有"塞上江南、鱼米之乡"的美誉。从旧石器时

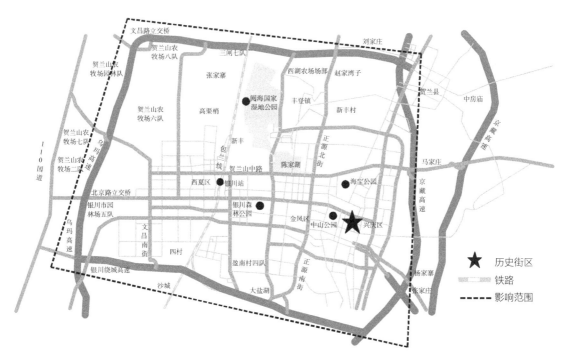

图 2-61　银川市市域

代至今，不同朝代在银川这片土地上留下深深的印记。银川市最为著名的就是鼓楼—玉皇阁片区，鼓楼商业步行街、玉皇阁文化生活街、解放街、中山街四条街连续串联起整个街区，塑造特色旅游商业街区，并且重点打造玉皇阁南旅游文化区。这一片区定位为银川古城内集旅游、展示、商业、文化于一体的特色旅游商业街区，街区风貌呈现明清、民国时期的灰砖、灰瓦现代中式风格，成为银川古城旅游接待的"客厅"。

2.3.2　历史街区位置及范围

根据新版《银川市历史文化名城保护规划》，银川历史城区为清代宁夏府城与南关所构成的范围。历史城区保护范围的具体边界为：北至北京东路、南到南熏西路与长城东路、东至清和南北街、西到凤凰南北街，总面积5.1km^2。

其中，银川历史城区的保护结构为"一环、一关、两轴、众遗存"："一环"指清代宁夏府城的城郭轮廓，现为北京东路、南熏西路、清和南北街与凤凰南北街四条城市道路；"一关"指清代宁夏府城南关厢；"两轴"指解放西街—解放东街与中山南街—玉皇阁北街；"众遗存"指承天寺塔、鼓楼、玉皇阁、南薰门、民国宁夏政府旧址等众多文物保护单位与历史建筑。作为银川市的老城区，历史文化街区基本分布在此区域（图2-62）。

本书调查范围主要为鼓楼—玉皇阁特色商业街区（东至清和北街，西至民族北街，北至北京东路，南至解放东街）。鼓楼—玉皇阁街区是银川市古城面貌保留最为完整、城市建设最具特色、商业发展最为繁荣的街区，临近步行街及著名商业区——新华街，其所在的解放东街街道两

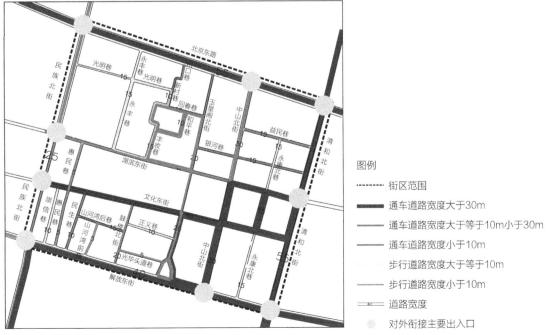

图 2-62　历史街区道路详细分布

侧各类商店、旅馆、饭馆等建筑物林立。在玉皇阁前是宁夏第一座以清代仿古建筑群为主体的小型园林——宁园。在展现现代繁荣商业的同时，玉皇阁、钟鼓楼、宁园的身上透射出城市昔日的繁华身影，历史的沧桑感让城市的魂更加厚重。

2.3.3　街区内的景点遗迹

街区内的景点遗迹见图2-63。

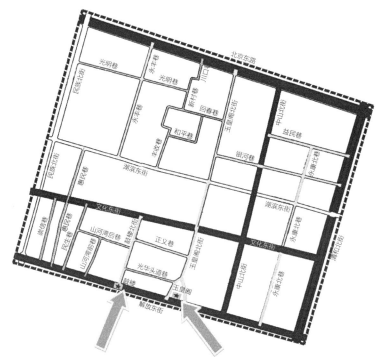

（a）鼓楼
银川鼓楼坐落在银川市解放东西街和鼓楼南北街十字路交叉处，又称"十字鼓楼""四鼓楼"，俗称"鼓楼"。鼓楼总高36m，占地576m²，始建于清道光元年（1821年），为宁夏知府赵宜喧主持建造，并手书了洞额石刻题记

（b）玉皇阁
清乾隆三年（1739年）玉皇阁毁于地震，重修后，称为"玉皇阁"。玉皇阁通高22m，占地约1040m²。在一座长36m、宽28m、高8m的台座下，正中辟有南北向的拱形门洞。玉皇阁是银川市仅存的古代木结构高层楼阁，其独特的建筑风格、高超的建筑技巧，充分体现了银川古代能工巧匠的精湛技术

图 2-63　历史街区范围内景点区位

2.3.4　街区道路信息

街区围合路段为民族北街、北京东路、解放东街、清和北街。街区内部道路共17条：快速路2条，分别为清和北街、北京东路；主干路3条，分别为中山北街、文化东街、解放东街；次干路2条，分别为民族北街和湖滨东街；其余10条均为支路。其中，主干路、快速路总长约为6100m，次干路总长约为2400m，支路总长约为4810m。街区内部道路的详细信息如表2-11所示。

银川市历史街区道路现状及横断面（单位：m）　　　　　表2-11

道路名称	道路方向	道路断面	道路横断面	道路现状
光明巷	东西	单幅路	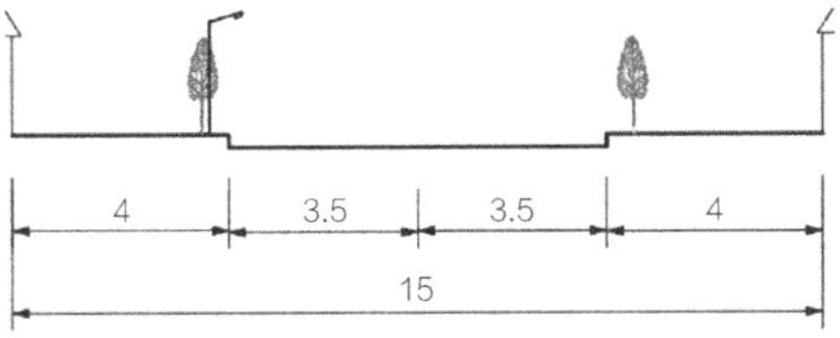 4 ∣ 3.5 ∣ 3.5 ∣ 4　15	
永丰巷	南北	单幅路	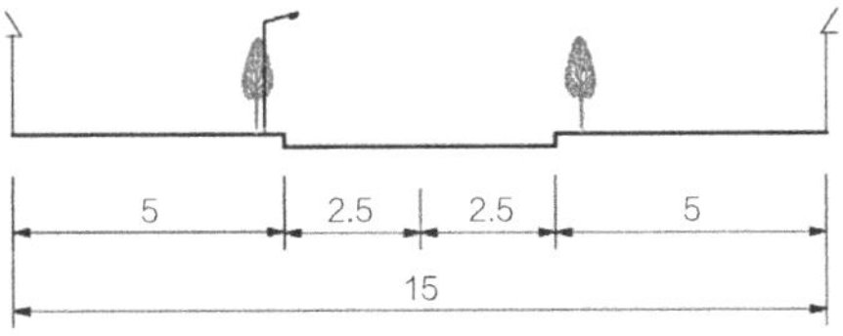 5 ∣ 2.5 ∣ 2.5 ∣ 5　15	
川口巷	南北	单幅路	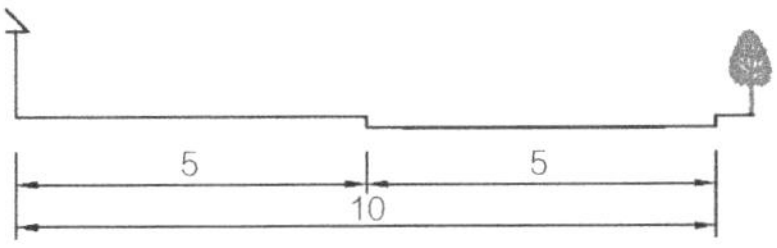 5 ∣ 5　10	
新村巷	南北	单幅路	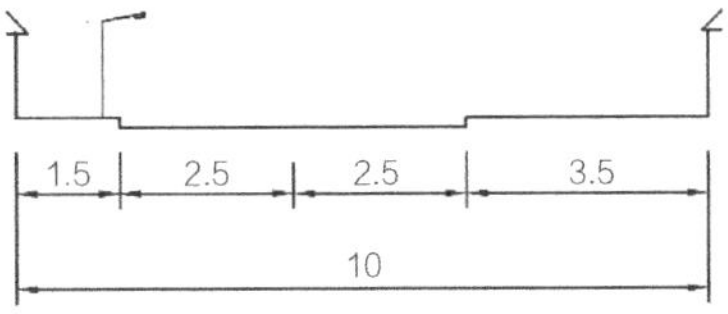 1.5 ∣ 2.5 ∣ 2.5 ∣ 3.5　10	
回春巷	东西	单幅路	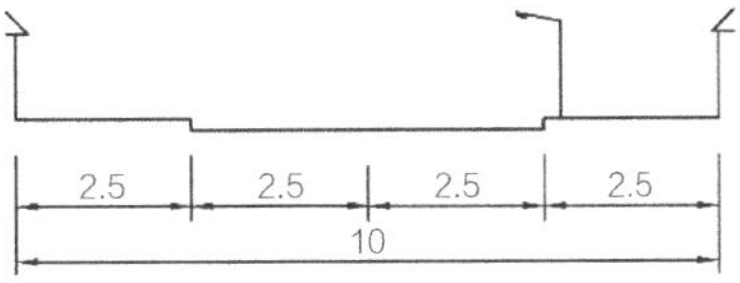 2.5 ∣ 2.5 ∣ 2.5 ∣ 2.5　10	
丰收巷	南北	单幅路	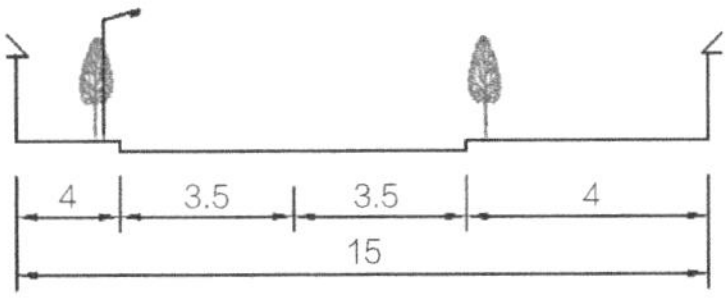 4 ∣ 3.5 ∣ 3.5 ∣ 4　15	

道路名称	道路方向	道路断面	道路横断面	道路现状
和平巷	一段南北一段东西	单幅路	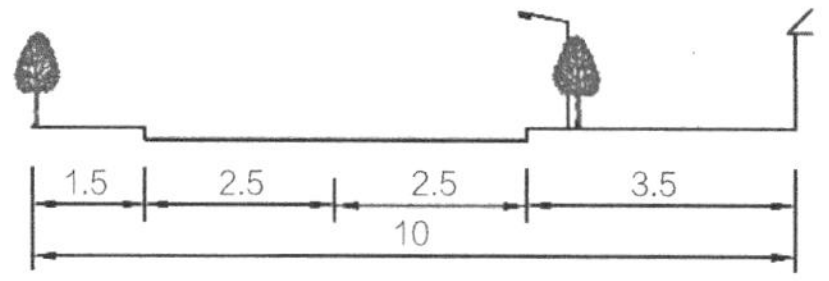 1.5 2.5 2.5 3.5 / 10	
玉皇阁北街	南北	单幅路	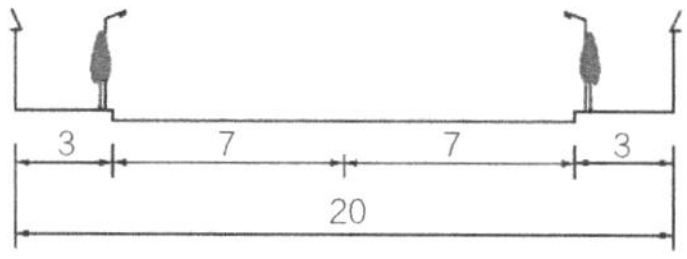 3 7 7 3 / 20	
湖滨东街	东西	双幅路	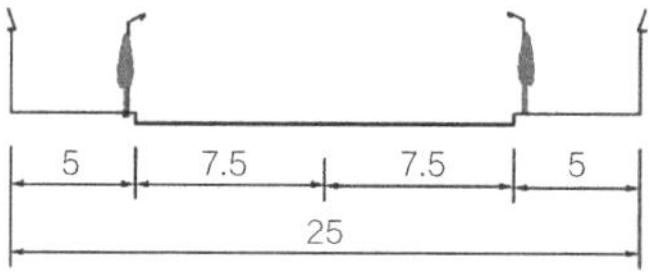 5 7.5 7.5 5 / 25	
银河巷	东西	单幅路	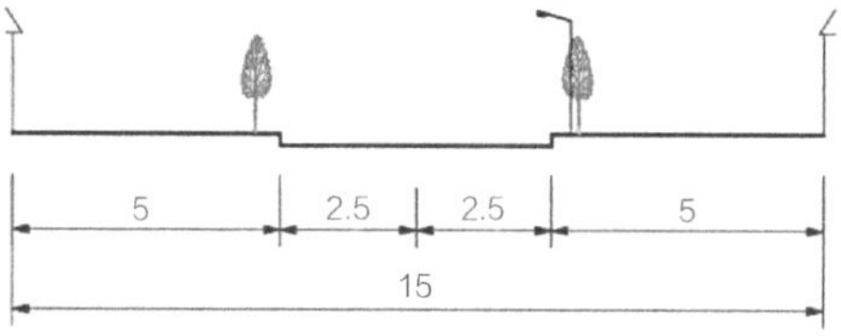 5 2.5 2.5 5 / 15	
中山北街	南北	单幅路	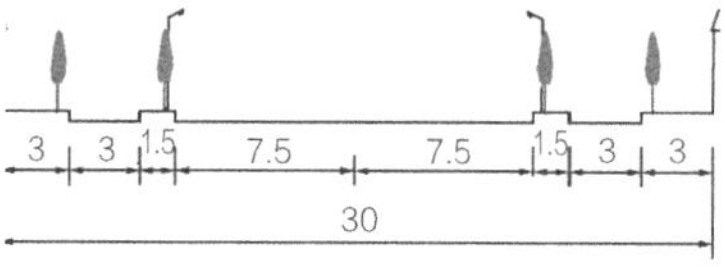 3 3 1.5 7.5 7.5 1.5 3 3 / 30	
益民巷	东西	单幅路	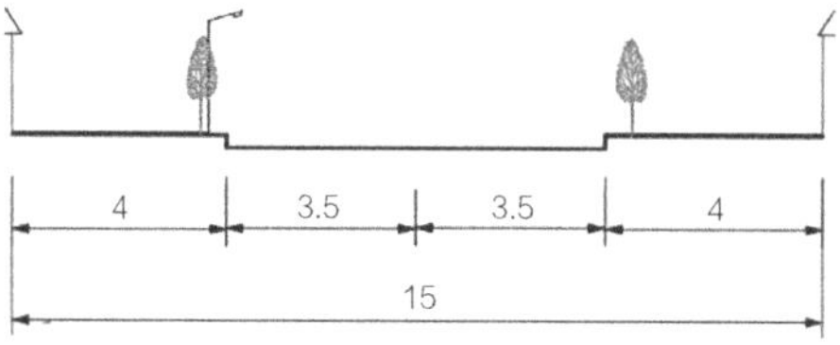 4 3.5 3.5 4 / 15	
永康北巷	南北	单幅路	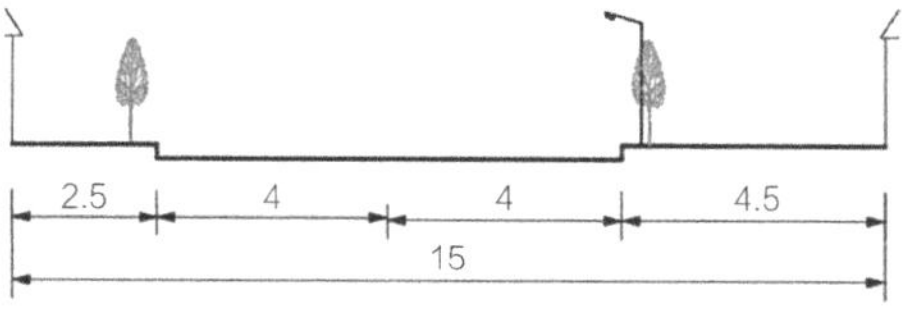 2.5 4 4 4.5 / 15	

续表

道路名称	道路方向	道路断面	道路横断面	道路现状
惠民巷	南北	单幅路	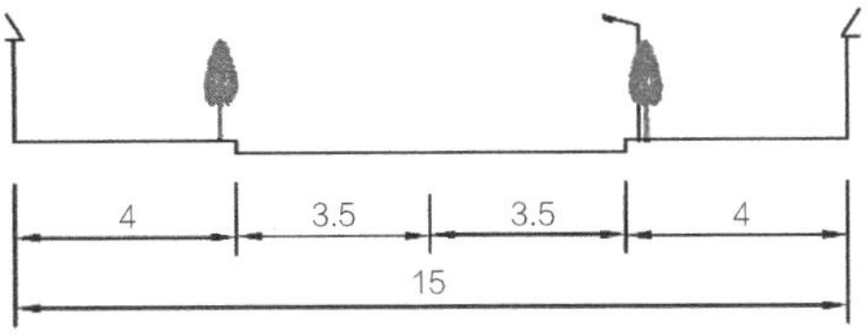	
文化东街	东西	三幅路	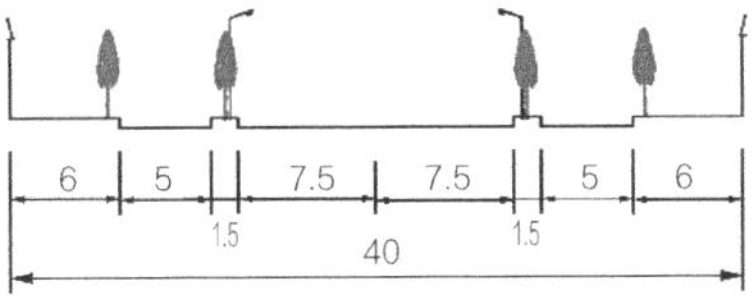	
崇信巷	南北	单幅路	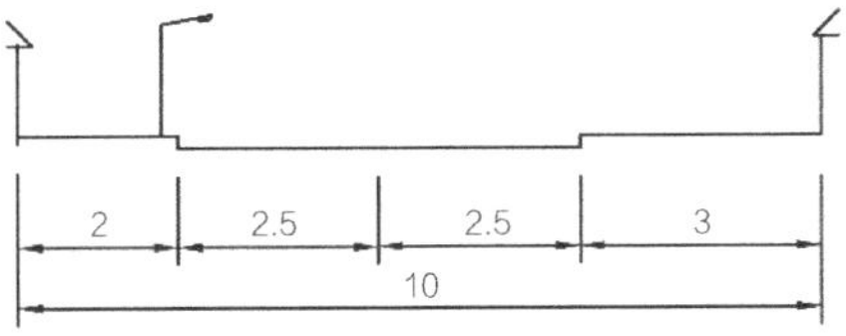	
民生巷	南北	单幅路	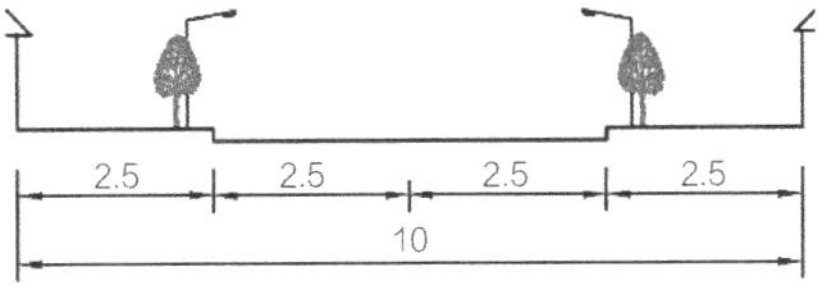	
山河湾后巷	东西	单幅路	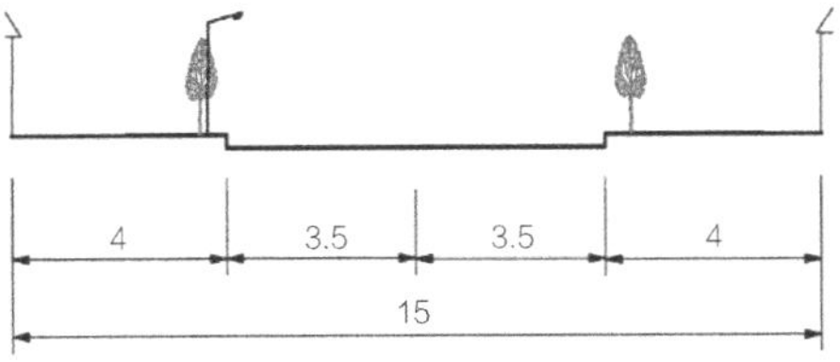	
山河湾前巷	南北	单幅路	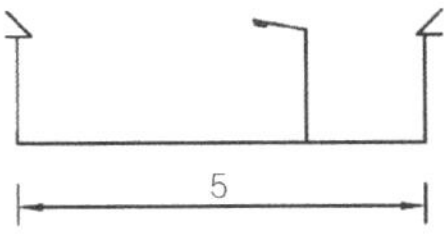	
鼓楼北街	南北	单幅路	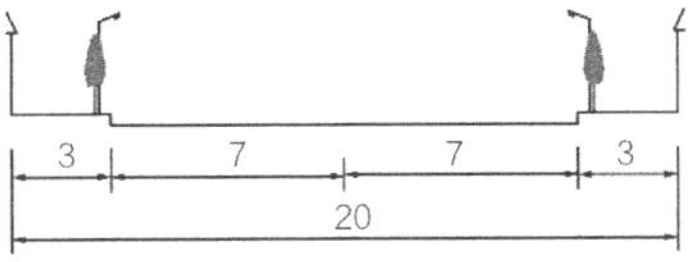	

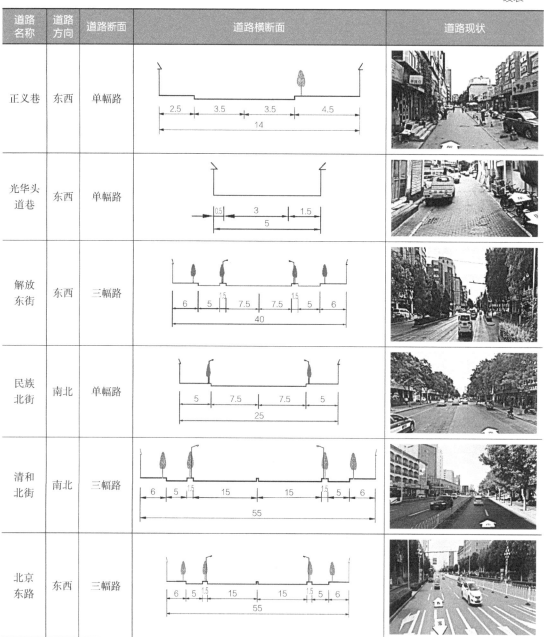

2.3.5 历史街区与周边关系

　　街区地处银川市兴庆区，属城市中心地带，与周边景点、行政中心和金融中心交通联系较为密切。街区周边主要的历史文化景点为：西有中山公园、唐徕公园、承天塔寺，南有宁园、南关清真大寺、南门楼，东有丽景湖公园。街区周边主要的行政中心为，北有兴庆区政府，西有银川市地理信息中心、宁夏回族自治区政府，南有银川市教育考试中心、银川市法律援助中心。周边主要的商业中心均分布在街区的南边和东边，主要商场南有南方商城、三利百东环综合批发市场、银川时代广场、汇川商场、新华百货老大楼店，东有解放东街立达百货、惠仁鑫百货。

街区邻近银川市汽车客运总站，往返车站和街区两地快捷方便，街区距银川市火车站9.5km，乘坐公交11路、106路、林场专线路、BRT1路、102路、45路、49路、58路、311路等十几条公交线路均可方便地往返街区与火车站；街区距银川市河东国际机场18.2km，乘坐BRT到南门广场，即可乘坐机场大巴往返银川市区和河东机场两地。

2.3.6　历史街区现状分析与改善

1. 历史街区交通现状

（1）路网密度结构分析

街区围合路段为民族北街、北京东路、解放东街、清和北街。各级红线宽度控制：快速路不小于40m，主干路30～40m，次干路25～40m，支路12～25m。快速路、主干路及次干路均为机非分离形式。主干路、快速路总长约为6100m，路网密度为4.27km/km²；次干路总长约为2400m，路网密度为1.68km/km²；支路总长约为4810m，路网密度为3.36km/km²。街区范围内道路网密度较为合理。

街区交通网络呈现棋盘式，街区道路网布局和道路形式、宽度受过去经济、文化发展的影响，呈现为道路窄、密度大、间距小的特点。

（2）出行方式结构分析

公交车、单位班车、出租车、摩托车、电动自行车、自行车、私家车和步行这八种交通方式构成了银川市老城区目前的基本交通结构（图2-64）。

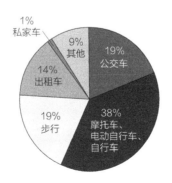

图2-64　街区交通出行方式比例

从图2-64可以看出，街区内部公交车出行比例偏低，摩托车、电动自行车、自行车出行比例偏高。

（3）路段通行能力

街区内主干路、次干路交通流都处于饱和或超饱和状态，如北京路民族街至中山街段高峰小时流量已达8000辆，超过5000辆/h的通行能力。街区几条主干路与大量的次干路、小街巷平交，交叉口间距偏小，一般在500m左右，最短的交叉口间距仅有200m（北京路的中山街至玉皇阁街段）。由于次干路与小街巷穿越密集的商场、机关、住宅小区，高峰时间产生大量的机动车流、自行车（包括电动自行车、摩托车）流和行人流，如北京路与民族街路口的高峰时段机动车流量达3600辆/h、自行车（包括电动自行车、摩托车）流量达2000辆/h、行人流量约3000人/h，几种交通流混杂在一起，路口较拥堵。

（4）道路交通设施

历史街区范围内道路的各类设施如照明、休憩、交通标志与标线等调查记录如表2-12所示。

银川市历史街区范围内道路设施调查　　　　　　　　表 2-12

道路名称	非机动车停车位	机动车停车位	行人标志	路名标志	监控设施	交通标志、标线	照明设施	绿化	电线电缆	路面材料
北京东路	有	有	无	有	有	有	双侧	有	无	沥青
清和北街	有	有	无	有	有	有	双侧	有	无	沥青
民族北街	有	有	无	有	有	有	双侧	有	外露	沥青
解放东街	有	有	无	有	有	有	双侧	有	无	沥青
文化东街	有	有	无	有	有	有	双侧	有	无	沥青
中山北街	有	有	无	有	有	有	双侧	有	外露	沥青
湖滨东街	有	有	无	有	有	有	双侧	有	外露	沥青
鼓楼北街	有	有	无	有	有	有	单侧	有	外露	沥青
山河湾后巷	无	无	无	无	无	无	单侧	有	外露	铺砖
惠民巷	无	无	无	无	无	无	单侧	有	外露	铺砖
永康北巷	无	无	无	无	无	无	单侧	有	外露	沥青
益民巷	无	无	无	无	无	无	单侧	有	外露	铺砖
银河巷	无	有	无	无	无	无	单侧	有	外露	沥青
玉皇阁北街	有	有	无	有	有	有	双侧	有	外露	沥青
丰收巷	无	有	无	无	无	无	单侧	有	外露	铺砖
永丰巷	无	无	无	无	无	无	单侧	有	外露	沥青
光明巷	无	有	无	无	无	无	单侧	有	外露	沥青

根据调查，街区范围内电力和电信均为架空线缆，且线缆杂乱，影响美观；道路基本没有明确的行人标志，行人过街安全存在隐患；机动车及非机动车乱停乱放现象严重，影响道路交通。道路绿化较少，基本都是单排树木，绿化景观欠缺。

（5）道路空间与路面材料

街区内部建筑均为低层建筑，主干路与次干路道路视野开阔；部分步行街道建筑高度较高，道路通行会显得压抑。除崇信巷、丰收巷、光华头道巷、惠民巷、山河湾后巷、山河湾前巷为铺砖路面外，其余道路均为沥青路面，部分沥青路面损坏严重。

2. 历史街区交通现状中存在的问题

①慢行交通系统缺乏整体性，不具有连贯性。长期受"车本主义"的影响，街区内部道路设计只注重机动车的使用，忽略了慢行交通系统的建设。街区内部的慢行系统多是依附机动车道路建设，安全性较差，在路口或交叉部分易发生事故。

②街区内部缺乏配套的立体过街设施，无相应的机非分离交通设施，不仅降低相应道路的通行效率，且给交通安全造成极大隐患。

③城市交通结构有待优化，公共交通分担率过低。

④通过街区车流多，部分路段通行能力过饱和。

⑤路内停车多，车辆随意占用车道。

⑥交叉路口交通安全设施不完善，交通组织较混乱，行人过街配时过短。

⑦部分路段过窄，影响消防车通行和管线敷设。

⑧绿色交通发展有待加强。

3. 历史街区交通改善

（1）街区交通改善思路

历史文化街区交通的改善，应在保护原有历史文化风貌及街巷肌理的前提下，以人为本，以改善民生、复兴街区为目标，保留延续历史文化特色街巷的形态和空间，重塑历史街区活力。

①街区内部限制通过街区车流穿越，通过交通流疏散到街区外围道路。

②道路规划不破坏街区的整体风貌，方便街坊内的人、车出行，提高街坊中市政设施的现代化程度。尽量保护街道尺度和道路断面，遵循现状街道的空间脉络，不破坏街坊空间的组织格局。

③完善慢行交通系统，减少人流与车流之间的冲突，保护街区环境，同时慢行延长了行人的逗留时间，增大了行人与行人之间、行人与用地之间交互的可能性，从而使历史文化街区潜在的商业与旅游价值得以开发与利用。

④道路交通规划应同时兼顾旅游交通的要求，加强街区旅游发展配套设施建设。

⑤为公共设施提供地下、地上空间。

⑥在保护传统历史格局的同时应适当拓宽部分瓶颈路段，以满足交通、消防和紧急救护的要求。

（2）街区交通优化措施

①限制机动车在保护性街巷通行，结合城市道路建设改造，优化步行道、自行车道和立体步行空间；在街区主、次干路及机动车、自行车交通量较大的支路，合理设置机非隔离带、防护栏等设施，对人流和车流进行有效分离，减少相互之间的交通干扰，确保行人和自行车交通安全。

②部分路段开辟公交专用道或借用非机动车道设立港湾式公交停靠站。公交左转线路多的交叉口高峰时段限制私家车左转，保证公交车优先。

③加强街区内部停车场建设，充分利用街区内的新建建筑，尤其是商用建筑，开拓立体停车空间。

④加强交通组织，构建历史街区过境交通分流体系，将穿越历史街区的交通疏解至外围道路。

⑤加强交通基础设施建设，提高交通管理科学化水平。

2.4　汉中市历史街区

汉中，因汉水（即汉江）而得名，位于陕西的西南部，是陕西省辖地区市。汉中（市）地区西毗陇南、东邻安康市、北连宝鸡市、南接川北，地处秦岭之南、巴山之北的秦巴山区，中部为长江最大的支流——汉江上游的谷地平坝，即汉中盆地，幅员近3万平方公里。汉中具有悠久的历史文化，被列为国家历史文化名城、国家园林城市等。其区位如图2-65所示。

因汉中为历史文化名城，每年都吸引着大量国内外游客，记录的游客数量如表2-13所示。

汉中市对外交通有汉中火车站、高速客运站及汉中城固机场。对于游客来说，除了在市内公园、广场等景点及历史街区游玩外，大多还会选择去周边的著名旅游景点，如位于汉中西部勉县的武侯墓风景区、汉中南部的南湖风景区、汉中北部的汉中秦巴民俗园以及汉中石门栈道风景区等。

图2-65　汉中区位

汉中市全年接待国内外游客数量							表2-13
年份	2008	2009	2010	2011	2012	2013	2014	2015
游客数量（万人次）	821	1032	1213	1504	1905	2250	2625	2915

来源：《汉中统计年鉴》2008～2016年。

2.4.1　历史街区位置与保护

1.　历史街区保护与更新历程简述

1994年9月，汉中市编制《汉中历史文化名城保护规划（1994—2010年）》。此次规划在市区保护层面针对西汉三遗址片区（现为三汉历史街区）和东关正街略有侧重，对视线关系、节点和立面均有涉及，但基于当时的情况，深度较浅，保护范围仅囊括主要街道和重点文物保护单位等散点。

2004年成立了"汉中市历史文化名城保护委员会"，并及时出台了《汉中市历史文化名城保护管理办法》，把文化名城保护工作纳入规范化管理轨道。并编制西汉三遗址景区规划，对拜将坛遗址公园进行了保护性改造和传统商业步行街风貌整治，改善了街区空间景观环境。

2008年，汉中市启动饮马池遗址保护项目，对饮马池遗址及周边历史环境进行了保护性整治。同年编制《东关正街保护规划》，提出将其打造成为汉中独特的兼具文化底蕴与现代活力特色的风貌景区的建设目标。

2010年，汉中市编制《汉中市城市总体规划（2010—2020年）》，明确划定四个历史文化街区，即东关正街历史文化街区、三汉历史文化街区（原称古汉台历史文化街区）、南关正街历史文化街区、西关正街历史文化街区。

2015年编制了《汉中市西汉三遗址历史文化街区保护规划》，针对西汉三遗址历史文化街区，划定各层级保护范围，并针对城市肌理、街巷空间、院落空间和历史建筑提出对应保护措施。

2.　历史街区位置

目前汉中市的历史街区为：东关正街历史街区、三汉历史街区和南关正街历史街区。西关正街区域内几乎已无传统风貌遗存，区域内建筑绝大多数已改建，在此不再详述。具体街区位置及范围如图2-66所示。

图2-66　汉中市历史街区区域范围及周边关系

图2-66还绘制了市内主要的交通发生与吸引点。外地客流主要通过如图2-66所示汉中站（火车）、汉中汽车站及汉中高速客运站到达市区。汉中市区公交站点密集，有共享单车，游客可选择步行、自行车、公交车、出租车等多种交通方式出行。

2.4.2 东关正街历史街区

1. 文化背景

据史料记载，汉中在晚清、民国时期仍然保持着陕西第二大都会的地位，特别是位于汉中老城东门外的东关正街历史街区，是晚清、民国时期陕西的经济贸易中心之一，是汉水上游农副产品集散地，是汉中市现存最后一块较为完整、规模最大的以明、清建筑风格为主体的风貌建筑区。直到新中国成立初期，东关正街历史街区都是汉中乃至陕南最大、最繁华的商业区，其影响与辐射力达毗邻的川、鄂、甘省区。后来由于汉江河道水运弃航，作为老城区的东关正街历史街区商业地位减退，街区随之冷落衰败。

（1）建筑风格

东关正街历史文化街区至今还较好地保存着传统街巷格局，但是大部分街巷都已整修过，古城传统街巷铺装早已不复存在。历史街区内大部分民居依旧保留了传统格局肌理，布局紧凑。民居建筑主要以前店后宅为主，以天井院落作为主要的空间组织形式。传统建筑多为土木结构，屋顶大部分都是坡顶青瓦。

（2）历史价值

东关正街历史街区的历史文化价值主要包含多个方面：传统的院落布局形式、建筑物风貌特点、传统建筑体现的木作、石作、瓦作以及保留至今的传统商业贸易街道的空间结构形态完整地反映着特定历史时期的交往活动和环境特征，同时也能从这些物质财富中研究和探寻民俗风情、生活方式、梳理地区的历史文脉等。传统的历史街区是人类社会物质文明和精神文明发展的体现，是现代社会的伟大财富。

（3）艺术价值

当今现代化城市发展充斥着钢、玻璃、混凝土，城市失去了其原本的艺术形态，缺乏特色和识别性，满足社会大发展的物质需求的同时，忽略了城市的人文精神和文化艺术价值。东关正街历史街区的传统民居院落是传统陕南民居的艺术代表之一。

（4）景点遗迹

东关正街历史街区范围内的景点遗迹及风貌特征如图2-67所示。

街区内历史建筑均为1~2层，平均层数为1.6层。其中，有43%保存基本完好，约30%整体结构完整但局部发生倾斜或已经过材质更新的改造。东关正街沿街建筑多为低层建筑，建筑高度不高于7m，道路宽度为5~8m，道路紧凑平衡，较为舒适。

东关正街历史街区景点遗迹简介如下。

①汉中东塔，在陕西省汉中市汉台区东关净明寺内，是一座十一级，高五丈余，方形、实心的砖塔。它是汉中市名胜古迹之一，也是汉台区最早的古建筑。据《汉中府志》记载："净明

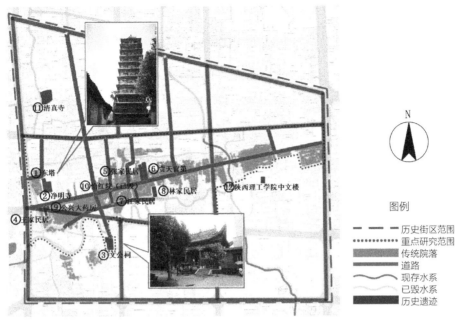

图 2-67　东关正街历史街区风貌及景点

寺建于明代洪武八年（1360年），建寺时塔已存在，相传三国时西凉庞德曾在塔下养病"。1953
年修复时，在塔顶发现压角铁狮子一对，上携"庆元四年（南宋宁宗四年，即1198年），洋州（洋
县）城西街李子照谨舍"。这说明南宋时已有塔存在，建塔年代尚需进一步考证。

②东关正街西段北侧有省级文物保护单位——净明寺（遗址），主体结构基本保持完好，寺
内东塔、门楼、照壁及部分建筑（已改作他用）仍有保存。

③陕西汉中市汉台区文公祠道观地处东关后街磨子桥，现为汉台区道教协会所在地。据院
内残碑"重建东西桥梁碑"记载："汉南东关后磨子桥清流曲抱宇院森列台栅参差庙祠崇隆人、
杰地灵"，"是处旧有文公一祠"。由此看来初建不详，复建于清代乾隆三十九年（1774年）。至
清末民初已形成三进三院百余间房屋，前有广场后有花院，占地七亩余。

④~⑫汉中作为治所，明清时期城内有大量衙署、寺庙祠观与行业会馆等公共建筑。而城
外的东关正街除宗教场所外，并无太多公共场所，迄今遗留的实体文物遗产除民居外，仅有近
代的公兴大药房、怡红院（已毁）、汉中清真寺、陕西理工学院中文楼等。其外的清代城墙、桥
梁、商会等均已无遗存。

现存历史遗迹如表2-14所示。

东关正街历史街区现存历史遗迹　　　　　　　　　　　　　　　表2-14

序号	名称	时代	类型	位置
1	汉中东塔	南宋	古建筑	东关正街净明寺院内
2	净明寺	明代	古建筑	东关正街塔尔巷东门外

序号	名称	时代	类型	位置
3	文公祠	民国	近现代重要史迹及代表性建筑	东关后街南侧
4	王家民居	清代	古建筑	东关正街5号
5	张家民居	清代	古建筑	东关正街264号
6	贾天官第	清代	古建筑	东关正街268号
7	江家民居	清代	古建筑	东关正街136号
8	林家民居	清代	古建筑	东关正街168号
9	公兴大药房	民国	近现代重要史迹及代表性建筑	东关正街11号
10	怡红院（已毁）	民国	近现代重要史迹及代表性建筑	东关正街135号
11	汉中清真寺	民国	近现代重要史迹及代表性建筑	北寺巷（原塔尔巷北端）
12	陕西理工学院中文楼	民国	近现代重要史迹及代表性建筑	东关正街陕西理工学院内

2. 街区范围及道路信息

东关正街历史街区位于汉中市古城东门外，西起东门桥，东至梁州路，后于明末清初时期向东又发展延伸出小关子，即东至东一环路，全长1770m，宽5~8m。它是典型的具有明清风貌的旧城街区，同时位于老城区与城东新区交界处，处于城市发展主轴线上；紧邻老城区中心，是老城与新城的重要过渡地带。如图2-68所示，北至兴汉路，西至团结街，东至东一环路，南至南一环路，共243hm²作为历史街区范围。

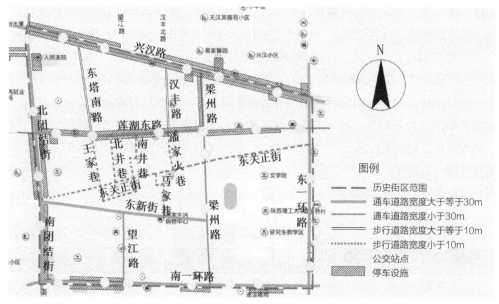

图2-68 东关正街历史街区

　　从北宋时期开始，汉中城市"里坊制"逐渐瓦解，但后世继续沿用了已形成的方格形路网。东关正街作为街区最主要的街巷骨架和交通要道，也是最早形成的，两侧院落垂直于道路建设，并沿道路拓展而连延成片。现状东关正街片区内主要街巷骨架为东西向东关正街和东关后街（部分拆除新建），并以此延伸出许多南北向支巷，整体格局呈鱼骨状分布。

　　因东关地处城外，房屋、院落多为居民自建，仅正街两侧街巷、建筑较为整齐，周边地区有护城河与曲折的土城城壕，房屋也缺乏统一规划，民众的自建房屋多沿河修建，甚至"建立石柱于渠道之内以搭盖房屋"，由此格局凌乱。抗日战争期间，汉中城屡遭轰炸，为隔绝火灾蔓延、便于人口疏散，同时做救火时取水之用，新辟街巷取名为"火巷"，如北井火巷与南井火巷等。

　　各条道路现状信息如表2-15所示。

东关正街历史街区道路现状及横断面（单位：m）　　　　　表2-15

道路名称	道路走向	车道数	道路横断面	道路现状
北团结街	南北	双向四车道	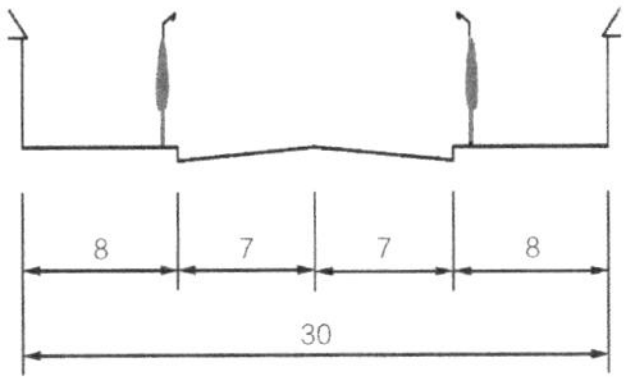 8 | 7 | 7 | 8 ；30	
南团结街	南北	双向六车道	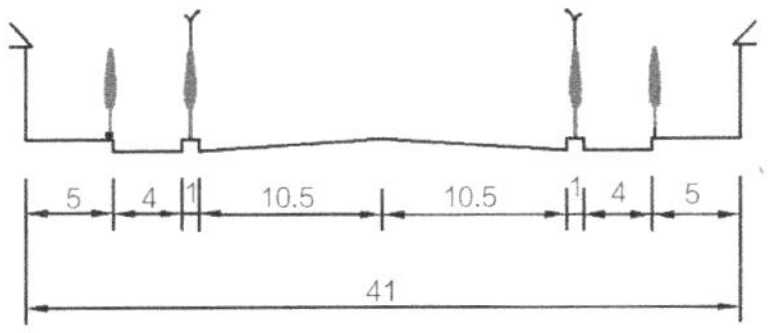 5 | 4 | 10.5 | 10.5 | 4 | 5 ；41	
南一环路	东西	双向四车道	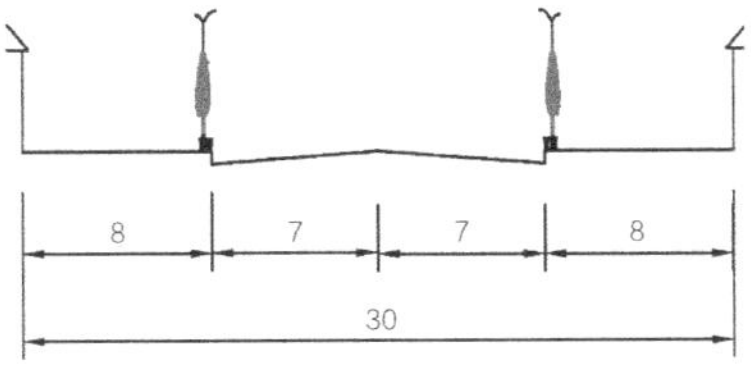 8 | 7 | 7 | 8 ；30	
东一环路	南北	双向六车道	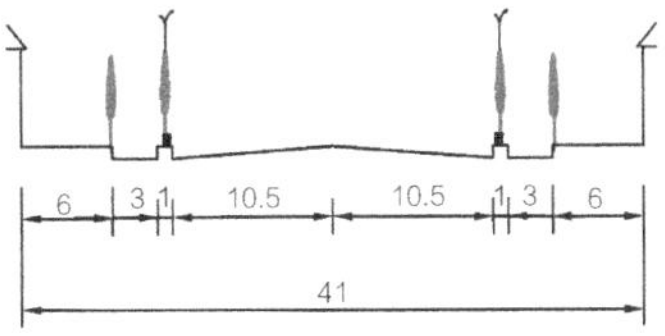 6 | 3 | 10.5 | 10.5 | 3 | 6 ；41	
莲湖东路	东西	双向四车道	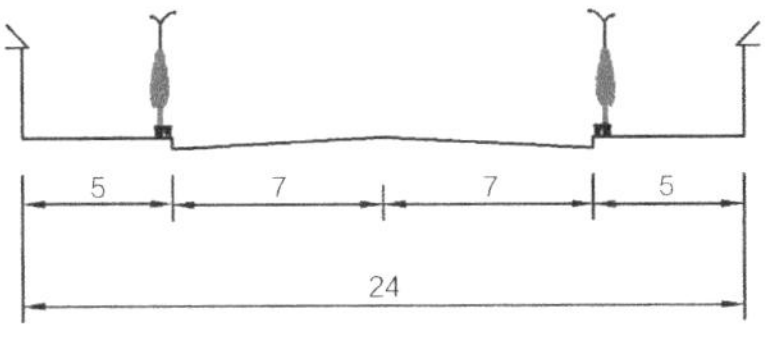 5 | 7 | 7 | 5 ；24	

续表

道路名称	道路走向	车道数	道路横断面	道路现状
兴汉路	东西	双向四车道	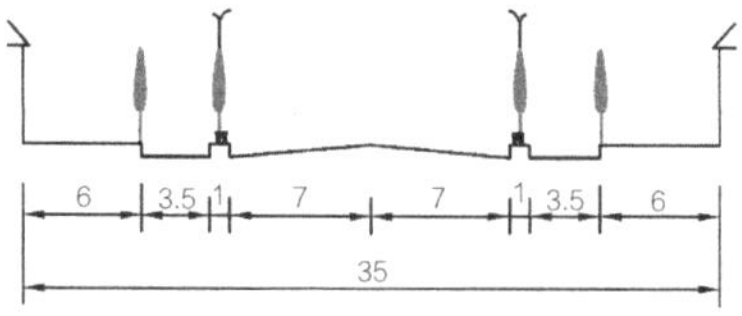 6 3.5 1 7 7 1 3.5 6 / 35	
东新街	东西	双向四车道	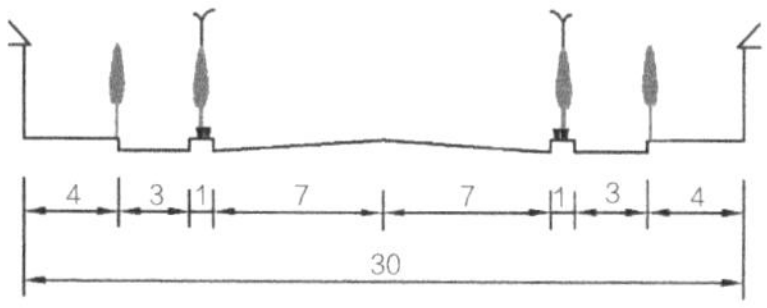 4 3 1 7 7 1 3 4 / 30	
梁州路	南北	双向四车道	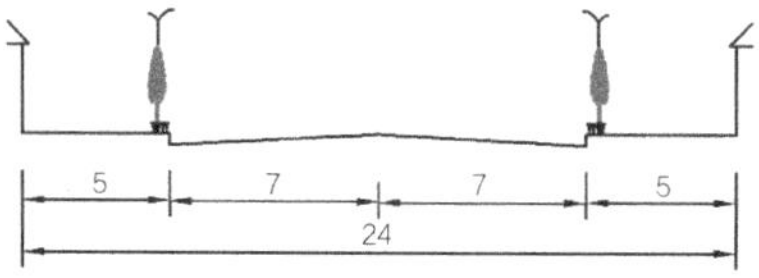 5 7 7 5 / 24	
望江路	南北	双向四车道	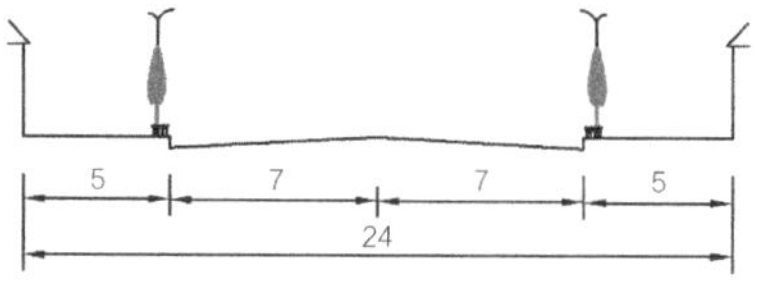 5 7 7 5 / 24	
东塔南路	南北	双向两车道	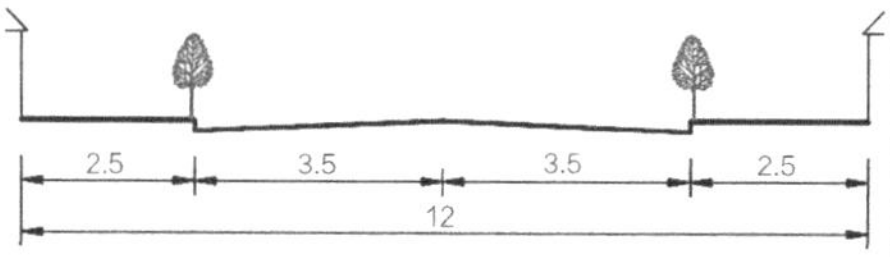 2.5 3.5 3.5 2.5 / 12	
东关正街	东西	步行街	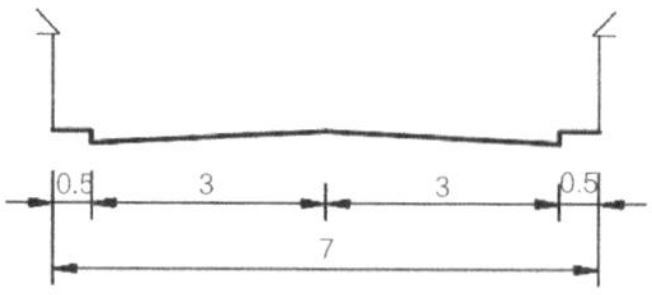 0.5 3 3 0.5 / 7	
汉丰路	南北	双向两车道	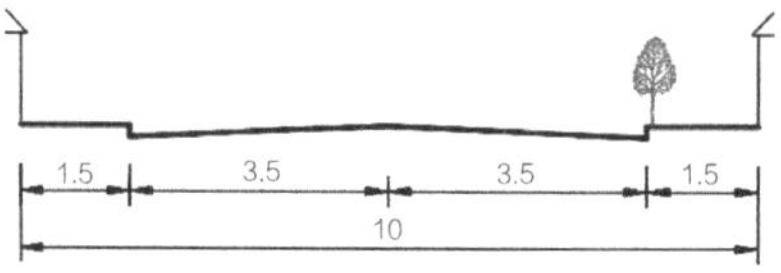 1.5 3.5 3.5 1.5 / 10	
王家巷	南北	步行街	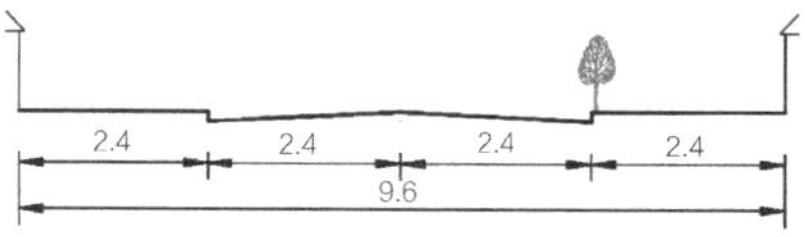 2.4 2.4 2.4 2.4 / 9.6	

续表

道路名称	道路走向	车道数	道路横断面	道路现状
潘家火巷	南北	步行街	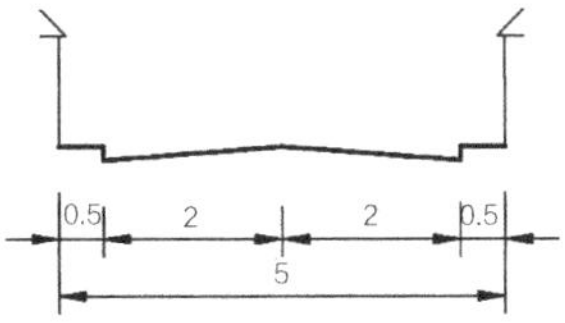 0.5 2 2 0.5 / 5	
北井巷	南北	步行街	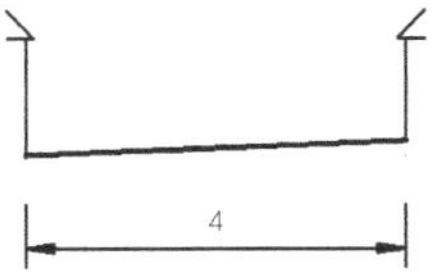 4	
南井巷	南北	步行街	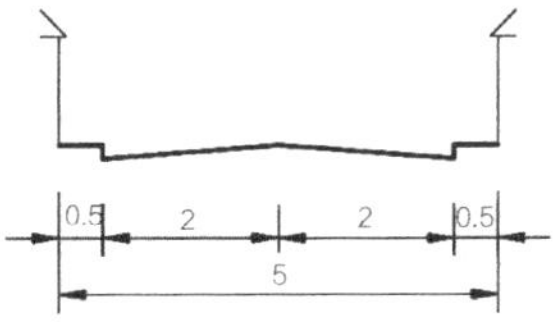 0.5 2 2 0.5 / 5	
马家巷	南北	步行街	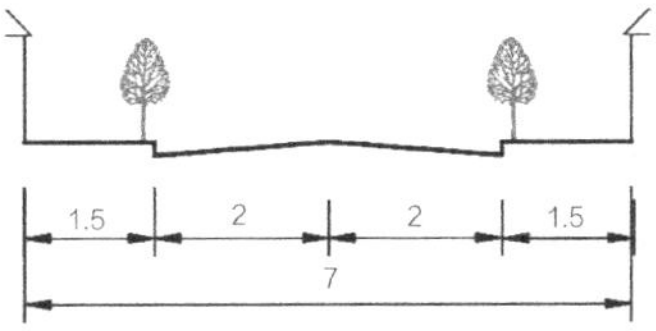 1.5 2 2 1.5 / 7	

3. 东关正街历史街区与周边主要人流聚散地关系

从图2-66可以看出，东关正街历史街区周边的客流交通发生点为汉中高速客运站，交通吸引点有莲花池公园、陕南珍稀植物园，以及与东关正街历史街区毗邻的三汊历史街区，上述交通发生点、吸引点之间均有多条公交线路，游客可选择步行、非机动车、出租车、公交车等多种交通方式游览。

4. 历史街区交通现状分析与改善

（1）路网结构分析

东关正街历史街区范围内各道路详细信息如表2-16所示。主干路的路网密度为2.61km/km²，它们的主要功能是输配高强度的交通流量；次干路的路网密度为2.12km/km²，主要承担主干路与各分区的交通流集散，兼有服务功能；支路的路网密度为0.43km/km²，步行街路网密度为1.49km/km²，理论上步行街承担着历史街区内慢行交通的通行，然而其中较宽的道路常有机动车通行。

东关正街历史街区范围内道路详细信息　　　　　　　　表 2-16

道路等级	道路名称	道路长度（m）	合计（m）	路网密度（km/km²）
主干路	兴汉路	1855	6331	2.61
	北团结街	1076		
	南团结街	499		
	南一环路	1725		
	东一环路	1176		
次干路	莲湖东路	1764	5155	2.12
	梁州路	1336		
	东新街	1083		
	望江路	972		
支路	东塔南路	601	1042	0.43
	汉丰路	441		
步行街	王家巷	407	3621	1.49
	北井巷	301		
	南井巷	611		
	潘家火巷	245		
	东关正街	1770		
	马家巷	287		

　　《城市道路交通规划设计规范》（GB 50220—95）中，中等城市道路网密度指标为主干路 1.0～1.2km/km²，次干路为 1.2～1.4km/km²，支路为 3～4km/km²。可以看出支路和步行街密度偏低。未来可考虑加强支路建设。

　　街区范围内可通行机动车的道路仅有梁州路与莲湖东路连通城市的主干路，因而街区范围内东关正街、王家巷等虽为单幅路步行街，却常有机动车通行，造成行人、非机动车及机动车混行，交通混杂。东关正街向北连通莲湖东路而向南与东新街连通的道路较少，行人需绕行，交通不便。公共交通设施多在历史街区外围的城市主干路上，对历史街区交通需求的分担并不明显，而在快速机动化的大背景下，个体机动化的需求越来越高，而东关正街历史街区内路网容量小，加剧了街区的交通拥堵状况。

　　（2）出行方式及目的分析

　　依据调查走访及现状交通量调查，得出历史街区范围内各道路交通工具的使用比例如图 2-69 所示。

　　从图 2-69 可以看出，历史街区范围内各道路不同出行方式占比基本符合各道路的功能定位。主干路主要承担历史街区内机动车的通行，次干路与支路兼顾机动车与慢行交通的通行，步行街的主要出行方式为非机动车与步行，有少量机动车通过。其中，王家巷、北井巷、南井巷、

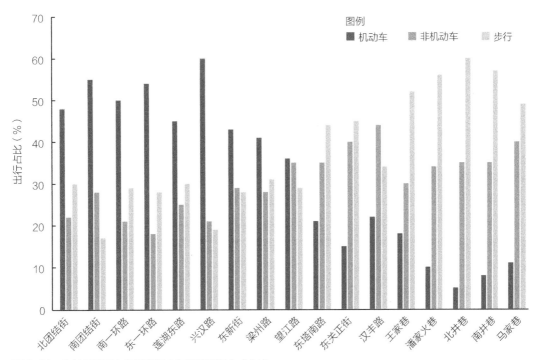

图 2-69 东关正街历史街区范围内各道路出行方式占比

马家巷和潘家火巷道路红线较窄，当有机动车通行时将严重影响慢行交通，未来建议规划为慢行交通通道，限制机动车通过。同时，东关正街作为历史街区范围内部东西向的主要街道，由于历史因素道路红线也相对较窄，建议在高峰时段允许机动车通行，来缓解其他道路压力，在非高峰时段仍设定为慢行通道。

东关正街历史街区范围内工作日和节假日各出行目的所占比例如图2-70所示。从图中可以看出，在工作日历史街区范围内主要为上下班出行和上下学出行，而在节假日主要为生活购物

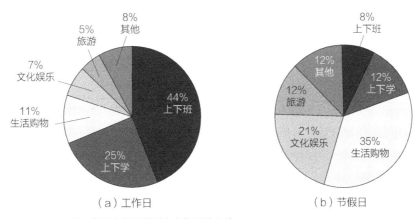

图 2-70 东关正街历史街区范围内出行目的占比

和文化娱乐，符合人们的出行常态。同时，基于旅行的出行相对较少，分别为5%（工作日）和12%（节假日），由此可见东关正街作为历史街区对游客的吸引并不明显，城市现代化对历史街区侵蚀和同化较为严重，历史街区逐步转向居住生活类街区。建议加强对历史性古建筑和遗迹的修缮和保护，提高东关正街历史街区的旅游吸引力，将东关正街历史街区打造为汉中—国家历史文化名城的标杆之一。

（3）道路交通设施分析

东关正街历史街区范围内步行街的各类设施如照明、休憩、交通标志与标线等调查记录如表2-17所示。历史街区范围内主、次干路与支路的各类设施较为齐全与完善，在此不再列出。

东关正街历史街区范围内步行街设施调查　　　　　　　表2-17

道路名称	非机动车停车位	机动车停车位	行人标志	路名标志	监控设施	交通标志、标线	照明设施	绿化（%）	电线电缆
东关正街	有停车位	无，车辆乱停	无	有	有	无	单侧	25	外露，杂乱
王家巷	有停车位	无，车辆乱停	无	有	无	无	无	20	外露
潘家火巷	无	无	无	无	无	无	单侧	10	外露
北井巷	有停车位	无	无	无	无	无	无	5	外露
南井巷	无	无，车辆乱停	无	有	无	无	无	30	外露
马家巷	无	无，车辆乱停	无	有	无	无	无	10	无

东关正街历史街区范围内步行街的照明系统不完善，仅在东关正街和潘家火巷两条街巷有单侧照明，设施陈旧；电力和电信均为架空线缆，影响街区用电安全和街区美观，并且设备超负荷严重，陈旧老化，因用电负荷过大曾引起多起火灾；街区范围内支路没有明确的交通标志、标线及车辆行驶标志，交通杂乱交织，行车安全性低；支路没有机动车停车区域，仅在东关正街、王家巷和北井巷设有非机动车停车区域，且分布不均衡，街区内机动车及非机动车乱停乱放现象严重，基础设施设置不完善。支路上绿化较少，基本为行道树及少量灌木，绿化景观严重欠缺；道路上几乎没有广场、园林等开敞空间，居民的主要聚集地多为十字路口和丁字路口，影响街区内的交通通行，加之近两年街区内居民人口结构调整，户数和人数的增加导致住房面积不足，进而住户为了增加建筑使用面积而自行搭建，侵蚀街区的原有空间尺度，影响了街区的基本形态和风貌。

街区范围内主、次干路与支路多为路边停车位及路缘石内较宽人行道停车，仅有少量专用公共停车场，车辆停放随意分散，占用道路通行空间，难以管理；且大部分车位分布在街区范围的西部与北部道路上，东部与南部停车设施少。

（4）交通空间现状分析

历史街区道路空间边界的主要构成部分就是沿街建筑，步行街现状交通空间信息如表2-18所示。可以看出，东关正街宽高比D/H值大致为1.4，道路紧凑平衡，较为舒适；但其余部分街巷较窄，且沿街为中华人民共和国成立后的新建建筑，部分道路沿街建筑高度超过6m，街区相对封闭，建筑体破旧，空间舒适度较差。

东关正街历史街区范围内步行街交通空间信息　　　　　表2-18

道路名称	沿街历史建筑比例（%）	DIH	建筑质量	屋顶结构	路面铺装
东关正街	80	1.4	尚可	青瓦	青石板（部分不平整、破裂）
王家巷	20（正在拆除）	0.85	尚可	平顶	沥青（破损严重）
潘家火巷	50	1.0	较差	红瓦、青瓦	沥青
北井巷	90	0.6	尚可	青瓦	沥青
南井巷	50	0.6	尚可	青瓦	沥青（破损严重）
马家巷	40	0.85	较好	红瓦、青瓦	沥青

在东关正街历史街区内，东关正街和北井巷两侧在新中国成立前保留的历史建筑占大多数，王家巷西侧正在拆迁，东侧多为新中国成立后到2000年的建筑院落；很多其他街巷现代商业开发较多，历史建筑保存较少。现存的历史建筑基本都为青瓦屋面，质量较差，破损较多。马家巷和潘家火巷的部分建筑为红瓦屋面，均为新中国成立后的住宅建筑，建筑风貌仍保持传统的建筑风格。

图2-71　南井巷街巷

东关正街街面铺装为青石板路面，符合街区内的风貌特色要求，抗风化较好，耐久性好。现状道路由于路基沉降导致部分路面不平整，石板碾压破裂。王家巷、北井巷、南井巷、马家巷、潘家火巷道路现状为沥青路面，其中王家巷及南井巷路面破损严重（图2-71）。

（5）改善方法与措施

依照汉中市总体规划，东关正街历史街区将打造成以东关正街为主轴线的"东关一条街"，街区内以慢行交通为主，分时段允许机动车通行。慢行路网贯通整个街区，为街区居民出行提供便利。由于街区的尺度较小，环境亲切宜人，在路网改善中应注重对稳静化街区形态的维护。

具体规划如图2-72所示，在路网方面，延伸望江路至兴汉路，使街区内次干路与主干路贯通相连，形成四通八达的棋盘形网络体系；延伸王家巷和南井巷至东新街，弥补东关正街向南慢行交通通道数量的不足；较宽步行街如东塔南路和汉丰路允许机动车通行，东关正街分时段允许机动车通行，其余支路禁止机动车通行，实现其慢行交通空间的功能，明确各条道路的交通职能。

在停车设施方面，适当新增望江路南段、梁州路南段的路边机动车停车设施；在东关正街起点和终点附近新建专用的公共停车场，统一管理；兴汉路和莲湖东路道路两侧的停车位改为单

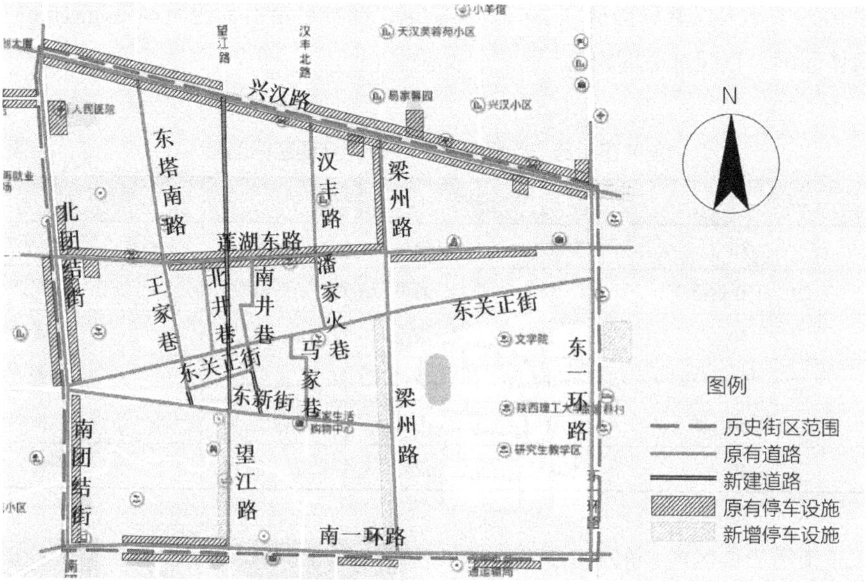

图2-72　东关正街历史街区改善规划

侧，增大道路实际的通行空间。在街区的主要景点和路口附近设置非机动车停放点，并设专人看管维护。

在交通标志、标线方面，东关正街历史街区范围内支路应以慢行交通为主，机动车交通为辅，在东关正街起点和终点设立交通提示牌，分时段允许机动车通行，同时，在各支路岔道口处设置指引导向性的标识系统，包括路名标志、导向牌、交通指示牌等，明确标识该地段的方位信息。在街区的人行空间路面上应标注文字和标线，方便游人识别，机动车和非机动车路面也应完善标线，方便车辆通行。

在路面铺装方面，东关正街道路路面设计应在满足街面环境要求的同时，合理考虑机动车的行驶需求，因此在路面设计中选择合适的路面结构类型。王家巷及南井巷路面破损严重，且该地段为人流密集处，是居民和游人的主要活动场所，可将路面重新翻修，铺砌青石板。北井巷、马家巷和潘家火巷路面较为完整，可做保留，并通过景观和绿化对其风貌进行改善。

2.4.3　三汉历史街区

1. 文化背景

据资料记载，刘邦当年在汉中时的行宫遗址就是汉台，人们仰其历史久远，又称其为古汉台。宋代至民国时期，汉台为汉中府署所在地。历尽沧桑的汉台，今天已经没有汉代的建筑，北宋张少禹曾有诗句云，"留此一抔土，尤为汉家基"，可见在北宋时汉台曾一度荒芜。到了南宋，汉台被开发为供官员办完差之后的休闲娱乐之处。1958年，汉中市以古汉台为馆址，建立了汉中博物馆，其建筑主要依托古汉台原有的建筑风格和布局，由自南而北逐级升高的三个院落组成，自20世纪70年代开始，相继修建了石门十三品陈列室、褒斜古栈道陈列室、东西华亭、北大门仿古建筑群，重修了望江楼、桂荫堂，整修了庭院园林，形成了以明清建筑为主的园林式风格。

　　三汉历史文化街区的风貌至今还较好地保存着传统街巷格局，但是大部分街巷都已经过整修，古城传统街巷铺装早已不复存在，三遗址周边大部分民居依旧保留了传统格局肌理，布局紧凑。民居建筑主要以前店后宅为主，以天井院落作为主要的空间组织形式。

　　随着城市的发展，从20世纪90年代开始，三汉历史文化街区经历了大规模的改造建设，90年代初，东大街南侧改造，随之而来的是各种近代建筑拔地而起，历史街区的传统肌理也遭到一定的破坏。到目前为止，东大街依然是主要街区，街边店铺林立，是人们购物的主要场所。一些古老的街道如中山街（原府街）等民国时期主要街道以及伞铺街、汉台街等民国时期的次级街道都被保留。古汉台、饮马池、拜将坛等标志性古遗址保存相对完好，如图2-73所示。

　　三汉历史街区景点遗迹简介如下。

　　①刘邦驻军汉中发迹而定鼎，故将国号定为汉，他修筑的高台就被后人尊称为古汉台。现古汉台是汉中市博物馆所在地，台内古树繁茂、有江南水乡之感。古汉台的最高处是一座三层高楼——望江楼，它就是南宋时修建的天汉楼。望江楼东、西两侧分别有铜钟亭和石鼓亭，东侧铜钟亭里放着一口很精致的大铜钟，据说是明代汉中瑞王府的遗物，为传世珍品；西侧石鼓亭内的石鼓又名月台苍玉，传说是汉王刘邦的上马石，为"汉中八景"之一。望江楼对面是建于明代的桂荫堂，据说堂前那几株大树就是古汉桂，每逢中秋佳节，香飘四溢，是汉中城内寻香访桂之处。堂内陈列有汉中汉代史迹。桂荫堂东、西两面的建筑称为东华厅、西华厅，分别陈列有汉

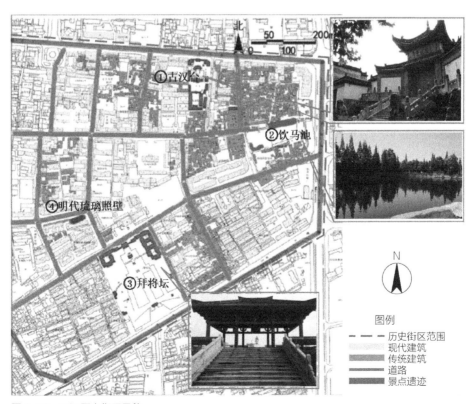

图2-73　三汉历史街区风貌

中革命史迹和古字画。桂荫堂南面是一潭水池，这是清初所建的镜吾池。镜吾池为长方形，长13m，宽6m，中为石拱桥，分别刻有"龙""虎"，为汉中道署十景之一。

②饮马池又名东湖，相传刘邦驻军汉中时，曾在池内饮马，现存石刻对联"神龙能作苍生雨，饮马长怀赤帝风"。其面积为6358m²，旧有三台阁陪衬，景色优美。天晴气爽，湖岸古柳随风摇曳。东湖周围空花砖围墙原为清代道光年间修建，新中国成立后又进行了整修，疏通了湖底淤泥。围墙附近东南城垣角上的三台阁造型秀丽，画栋雕梁，朱碧相辉，体现了我国古代建筑的民族风格和劳动人民的智慧。

③拜将坛位于汉中市城区，距离古汉台西南约200m处，由南、北两座石台组成，台高3m多，总面积为7840m²，相传为刘邦拜韩信为大将时所筑。南台四周用汉白玉栏杆围砌，台场平坦宽敞，台脚下东、西各树立一块石碑，东碑阳刻"拜将坛"三个字，碑阴刻《登台对》；西碑阳刻"汉大将韩信拜将坛"八个字，拜将坛现已被列为陕西省重点文物保护单位，并建立文物管理所，对其加以保护。

④明代琉璃照壁位于汉中市城区伞铺街东段南侧，现坐落在高墙后面。

2. 街区范围及道路信息

三汉历史文化街区（包含拜将坛、饮马池遗址公园及古汉台博物馆）位于汉中市南部汉台区内，东临南团结街，南临南一环路，西临天汉大道，北临东大街，如图2-74所示。

汉中古城街巷名称丰富多彩，有的以姓氏命名，有的则以官署府邸命名，有的以地物命名。每一个巷名都犹如在向后人讲述着这里曾有的鲜活生命，文化积淀十分深厚。

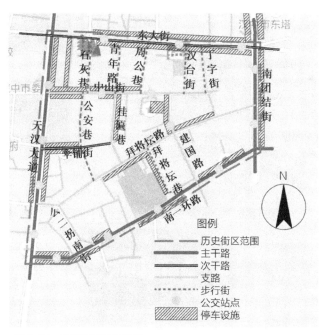

图2-74 三汉历史街区范围

各道路详细信息如表2-19所示。

三汉历史街区部分道路现状及横断面（单位：m）　　　表2-19

道路名称	道路走向	车道数	道路横断面	道路现状
东大街	东西	双向两车道	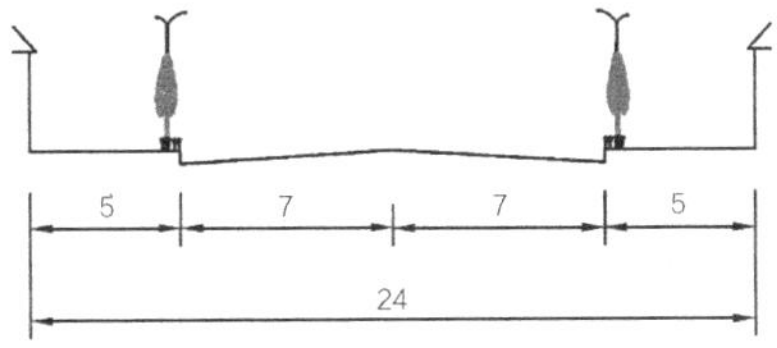 5　7　7　5　24	
中山街	东西	双向两车道	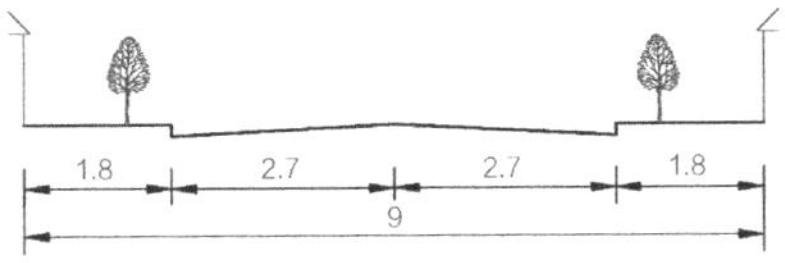 1.8　2.7　2.7　1.8　9	
伞铺街	东西	双向两车道	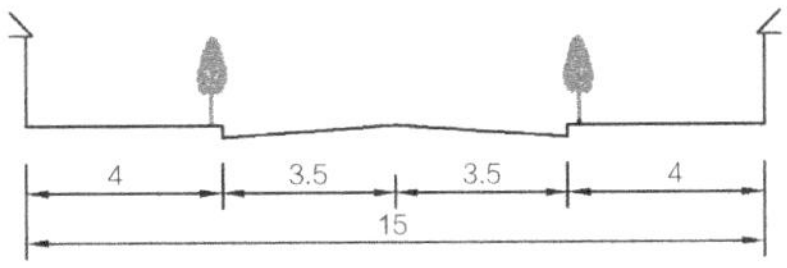 4　3.5　3.5　4　15	
石灰巷	南北	步行街	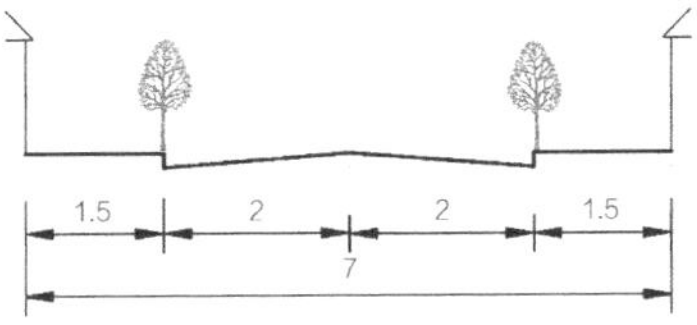 1.5　2　2　1.5　7	
公安巷	南北	步行街	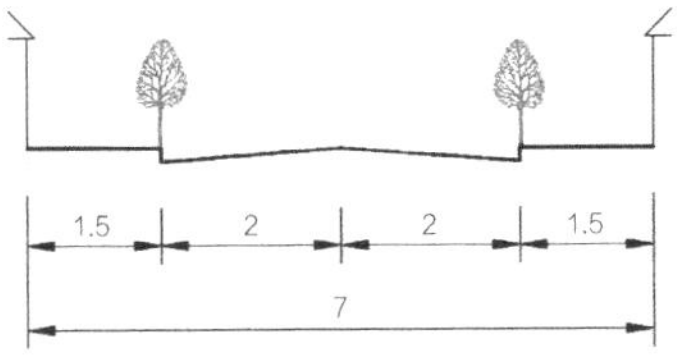 1.5　2　2　1.5　7	
挂匾巷	南北	步行街	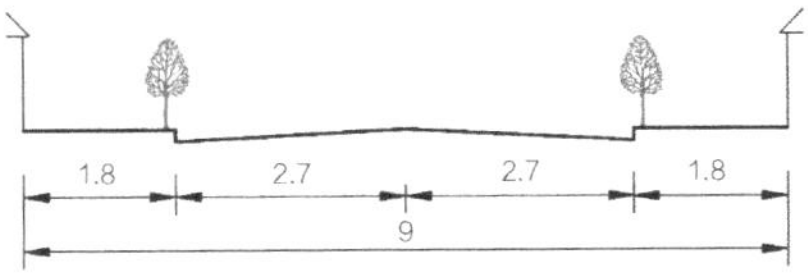 1.8　2.7　2.7　1.8　9	
周公巷	南北	步行街	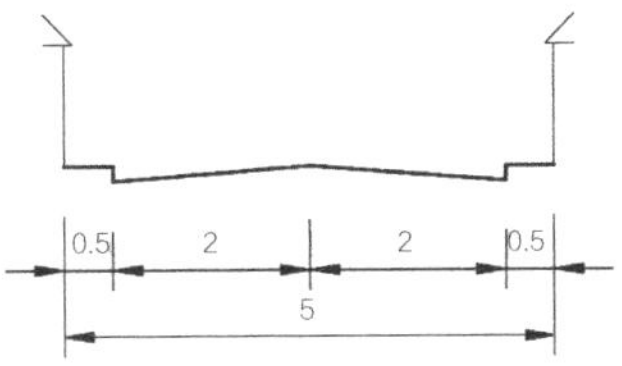 0.5　2　2　0.5　5	

道路名称	道路走向	车道数	道路横断面	道路现状
建国路	南北	步行街	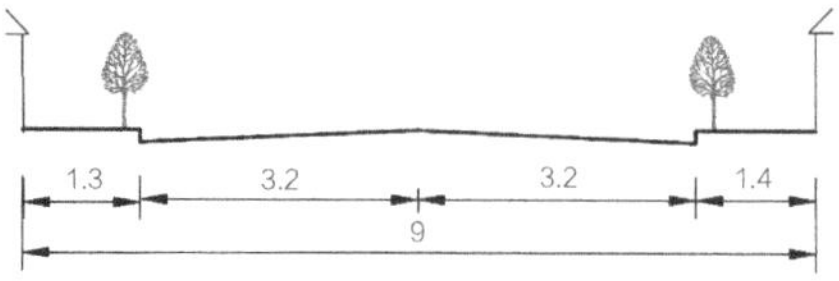 1.3　3.2　3.2　1.4　9	
么二拐南街	东南—西北	双向两车道	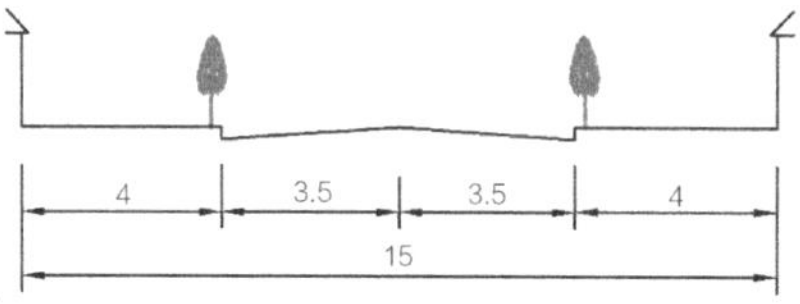 4　3.5　3.5　4　15	
拜将坛巷	南北	步行街	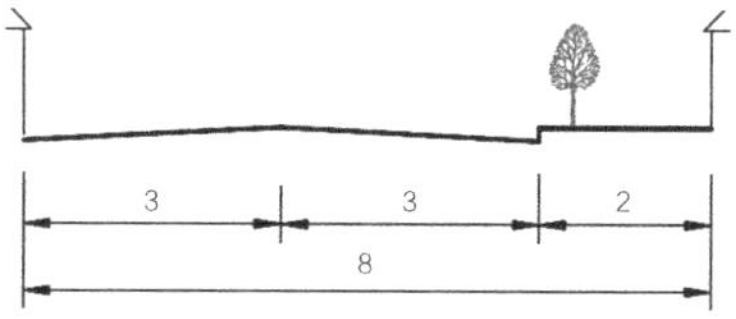 3　3　2　8	
汉台街	南北	步行街	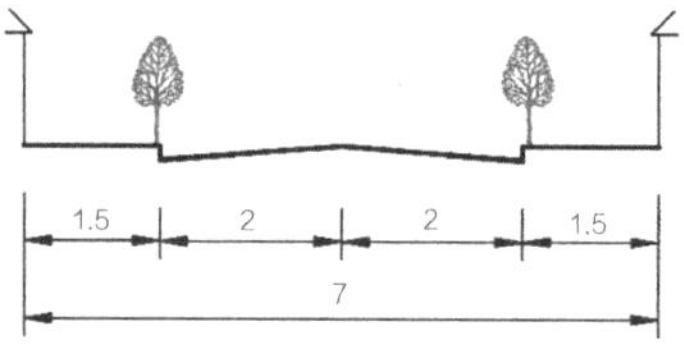 1.5　2　2　1.5　7	
丁字街	南北	步行街	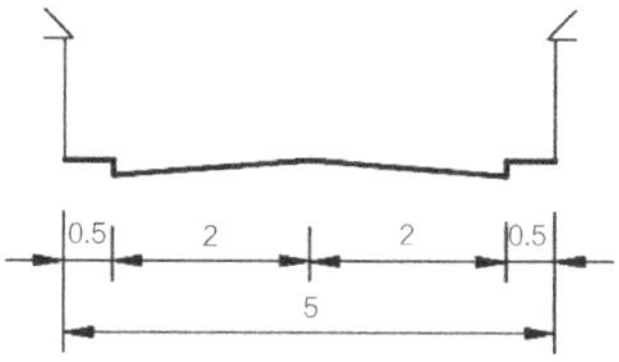 0.5　2　2　0.5　5	

3. 三汉历史街区与周边主要人流聚散地关系

从图2-66可以看出，三汉历史街区周边的客流交通发生点为汉中汽车站，交通吸引点有万邦时代广场、莲花池公园、与三汉历史街区毗邻的东关正街历史街区和南关正街历史街区，上述交通发生点、吸引点之间均有公交线路，游客可选择步行、出租车、公交车等多种交通方式。

4. 历史街区交通现状分析与改善

（1）路网密度结构分析

三汉历史街区范围内各道路详细信息如表2-20所示。主干路路网密度为3.04km/km²，次干路为1.46km/km²，支路为3.12km/km²，步行街为2.08km/km²，路网密度基本合理。

三汉历史街区范围内道路详细信息　　　　　　表 2-20

道路等级	道路名称	道路长度（m）	合计（m）	路网密度（km/km²）
主干路	天汉大道	1098	2889	3.04
	南一环路	1286		
	南团结街	505		
次干路	东大街	1029	1388	1.46
	伞铺街	359		
支路	中山街	823	2968	3.12
	挂匾巷	365		
	拜将坛路	1225		
	么二拐南街	282		
	建国路	273		
步行街	石灰巷	272	1975	2.08
	青年路	260		
	周公巷	254		
	汉台街	236		
	丁字街	226		
	公安巷	445		
	拜将坛巷	282		

　　街区内部东西向可通行机动车的道路仅有中山街、伞铺街和拜将坛路，然而中山街与伞铺街仅西侧与主干路相连，东侧未连通；拜将坛路虽东西连通，然而作为支路，道路红线窄，机动车通行能力差。同时，街区内南北方向也无直接贯通的道路，行人、机动车常需绕行，这就造成街区交通拥堵混乱。街区范围内公交站点多在外围主、次干路上，街区内部由于道路宽度的限制，站点较少。

（2）出行方式及目的

　　依据调查走访及现状交通量调查，三汉历史街区范围内各条道路交通出行比例如图2-75所示。

　　从图2-75可以看出，主干路、次干路与支路的功能和实际交通状况较为匹配。其中，石灰巷、青年路、周公巷、汉台街、丁字街、公安巷及拜将台巷作为道路宽度小于10m的步行街，建议规划为慢行交通空间，分时段允许或禁止机动车通行。同时，中山街与东大街间无机动车通行道路，在保证街区的历史真实性和风貌完整性的基础上可规划拓宽青年路或石灰巷，允许机动车通行，分担街区内南北方向的机动车通行压力。

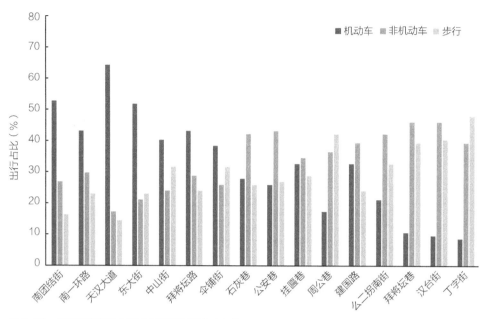

图 2-75　三汉历史街区范围内各道路出行方式占比

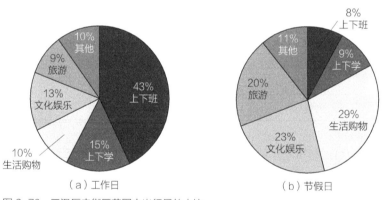

（a）工作日　　　　　　　　（b）节假日

图 2-76　三汉历史街区范围内出行目的占比

　　三汉历史街区工作日和节假日各种出行目的所占比例如图2-76所示。在工作日历史街区范围内主要为上下班出行，而在节假日主要为生活购物和文化娱乐，同时可以看出，基于旅游的出行相对于东关正街有明显提升，分别为9%（工作日）和20%（节假日），鉴于三汉历史街区现存的景点遗迹多且修缮和保护状况良好，对游客有较强的吸引力。

　　（3）道路交通设施

　　三汉历史街区范围内道路的各类设施如照明、休憩、交通标志与标线等调查情况如表2-21所示。历史街区范围内主、次干路及部分较宽支路（么二拐南街、拜将坛路和挂匾巷）的各类设施较为齐全与完善，在此不再列出。

三汉历史街区范围内道路设施调查　　　表 2-21

道路名称	非机动车停车位	机动车停车位	行人标志	路名标志	监控设施	交通标志、标线	照明设施	绿化（%）	电线电缆
石灰巷	有停车位	无，车辆乱停	无	有	有	无	单侧	15	外露
青年路	有停车位	无，车辆乱停	无	有	无	无	无	10	外露
周公巷	有停车位	无，车辆乱停	无	有	无	无	单侧	5	外露
汉台街	有停车位	无	无	无	无	无	单侧	25	外露
丁字街	无	无	无	有	无	无	单侧	5	外露，杂乱
拜将坛巷	无	无，车辆乱停	无	有	无	无	单侧	25	外露
公安巷	有停车位	无，车辆乱停	无	有	无	无	单侧	35	外露
建国路	有停车位	无，车辆乱停	有	有	有	无	单侧	30	外露

从表 2-21 可看出，三汉历史街区范围内照明系统和路名标志较为完善，仅在汉台街无路名标志，以及青年路无照明设施，然而大多数街道照明设施陈旧，部分已毁坏，影响人们的夜间出行和安全；电力和电信为架空线缆，影响街区用电安全和街区美观；街区范围内上述支路没有明确的交通标志、标线及车辆行驶标志，交通杂乱交织，行车安全性低；上述支路均没有机动车停车区域，街区内机动车及非机动车乱停乱放现象严重，严重影响道路交通出行效率，基础设施设置不完善。部分道路绿化较少甚至无绿化，如周公巷和拜将坛巷，且道路绿化多为行道树及少量灌木，绿化景观欠缺；无广场、园林等开敞空间，居民的主要聚集地多为十字路口和丁字路口，影响街区内的交通通行。

街区范围内主干路与次干路多为路边停车位及路缘石内较为宽阔的人行道，停车容量小，仅有少量专用公共停车场及收费的地下停车库，车辆乱停乱放现象严重，占用道路通行空间，造成交通拥堵，难以管理。

（4）改善方法与措施

路网方面：延长中山街东段至南团结街使之东西贯通，根据实际情况拓宽青年路方便机动车通行，弥补街区内中山街向北机动车通行的不足。

停车设施方面：在拜将坛路沿线修建公共停车场，严禁车辆占道及乱停乱放。

公交站点方面：可在拜将坛路沿线设置2个公交站点，分担街区内部的交通需求。

2.4.4　南关正街历史文化街区

1. 文化背景

南关正街历史文化街区在老城南侧城垣以南，与东关正街、西关正街历史街区呈鼎立格局，作为一条空间廊道，将古城保护范围延展至汉水景观带一线。与东关正街历史街区商住一体、繁华热闹的氛围相比，南关正街历史文化街区是商业渗透较少、环境氛围相对幽静优雅的传统住区。

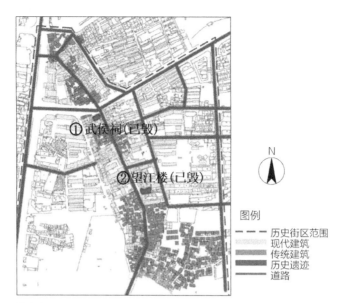

①该处原为武侯祠，现为一水泥销售门面，已用作商业用途，建筑层数为
一层，砖混结构，立面材质为涂料。
②原望江寺位于南关正街中部，现为居民住所。

图2-77　南关正街历史街区风貌

南关正街历史街区内街巷有曲有直，有宽有窄，符合因地制宜。早期南关正街与炮台巷、胡家庙巷等丁字或十字相交；呈南北狭长、东西较短的布局模式，使得总体以南北向南关正街为主要骨架，东西与之串联形成鱼骨状格局。

具体风貌及遗迹如图2-77所示。

2. 街区范围及道路信息

南关正街历史文化街区位于汉中市南部汉台区内，街区范围东临银滩路，南临滨江路，西临天汉大道，北临拜将坛路，如图2-78所示。各道路详细信息如表2-22所示。

3. 南关正街历史街区与周边主要人流聚散地关系

从图2-78可以看出，南关正街历史街区毗邻汉水，交通吸引点有桥北广场、滨江公园以及汉水沿线风景带，游客多选择步行游览。

4. 历史街区交通现状分析与改善

（1）路网密度结构分析

南关正街历史街区范围内各道路详细信息如表2-23所示。主干路的路网密度为3.86km/km^2，次干路为1.22km/km^2，支路为1.29km/km^2，步行街为3.12km/km^2。街区范围内路网密度较为合理。

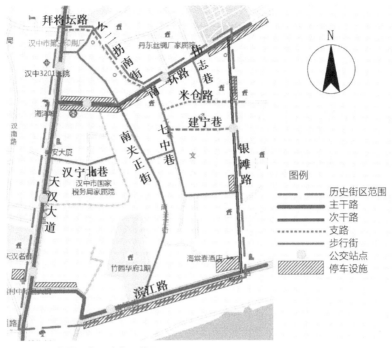

图 2-78 南关正街历史街区范围

南关正街历史街区部分道路现状及横断面（单位：m）　　　　　　表2-22

道路名称	道路走向	车道数	道路横断面	道路现状
滨江路	东西	双向六车道	5　4　10.5　10.5　4　5 41	
银滩路	南北	双向两车道	5　7　7　5 24	
南关正街	南北	步行街	0.5　2　2　0.5 5	

道路名称	道路走向	车道数	道路横断面	道路现状
米仓路	东西	双向两车道	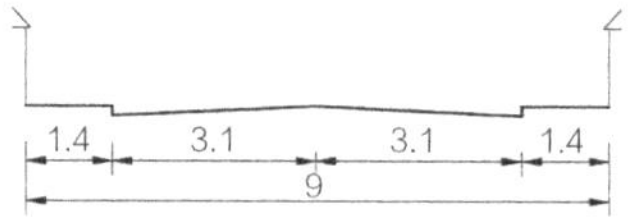 1.4　3.1　3.1　1.4　9	
建宁巷	东西	双向两车道	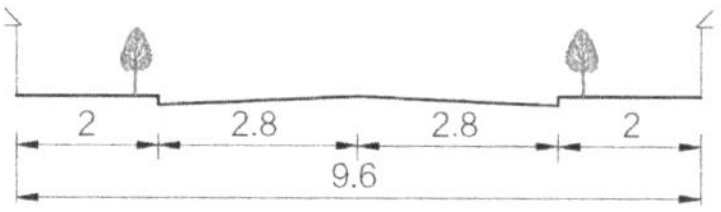 2　2.8　2.8　2　9.6	
七中巷	南北	步行街	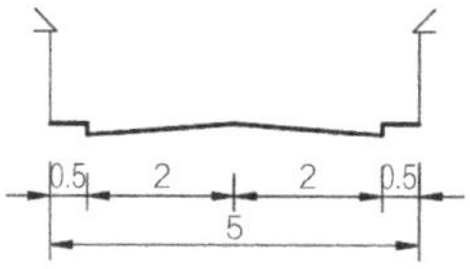 0.5　2　2　0.5　5	
汉宁北巷	东西	步行街	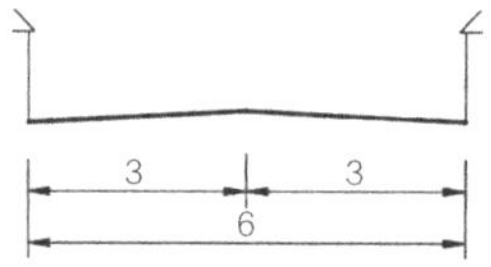 3　3　6	

南关正街历史街区范围内道路详细信息　　　　　　　　表 2-23

道路等级	道路名称	道路长度（m）	合计（m）	路网密度（km/km²）
主干路	天汉大道	1075	2657	3.86
	南一环路	679		
	滨江路	903		
次干路	银滩路	837	837	1.22
支路	拜将坛路	101	885	1.29
	么二拐南街	280		
	米仓路	265		
	建宁巷	239		
步行街	汉宁北巷	237	2138	3.12
	南关正街	1132		
	七中巷	608		
	伟志巷	161		

南关正街历史街区范围内主干路主要承担其相应的交通功能，次干路兼顾机动车与慢行交通的通行，支路的主要出行方式为非机动车与步行，有少量机动车通过。内部步行街多为内部居住人口提供交通空间。

南关正街历史街区已逐步转变为传统居住区和现代居住区，历史遗留建筑等大多已拆除重建。随着城市化进程的推进，该街区已同城市普通街区无太大差异。建议对现存历史性古建筑多加修缮和保护，对具有历史意义的建筑等进行开发和建设，提升街区的旅游休闲功能。

（2）道路交通设施分析

南关正街历史街区范围内道路的各类设施如照明、休憩、交通标志与标线等调查记录如表2-24所示。历史街区范围内天汉大道、滨江路、南一环路、银滩路和么二拐南街各类设施较为齐全与完善，在此不再列出。拜将坛路已在三汉历史街区中列出讨论，在此不再赘述。

南关正街历史街区范围内道路设施调查　　　　　　　　　　表2-24

道路名称	非机动车停车位	机动车停车位	行人标志	路名标志	监控设施	交通标志、标线	照明设施	绿化（%）	电线电缆
南关正街	有停车位	无，车辆乱停	无	有	无	无	单侧	25	外露，杂乱
汉宁北巷	无	无，车辆乱停	无	无	无	无	单侧	0	无
七中巷	有停车位	无，车辆乱停	无	有	无	无	单侧	15	外露
伟志巷	无	无，车辆乱停	无	有	无	无	无	10	外露
花苑巷	有停车位	有	无	无	无	无	单侧	15	外露
建宁巷	有	无，车辆乱停	无	无	无	无	无	35	外露

根据实际调查，南关正街历史街区范围内伟志巷与建宁巷无照明系统，且部分道路设施陈旧，造成人们夜间出行不便，交通安全性低；街区范围内电力和电信均为架空线缆，且南关正街线缆杂乱，影响美观；街区范围内上述道路均没有明确的交通标志与标线、车辆行驶标志及监控设施，交通混杂，行车安全性低，部分道路无路名标志；除花苑巷外均没有机动车停车区域，机动车及非机动车乱停乱放现象严重，严重影响道路交通，造成交通堵塞。道路上绿化较少，绿化景观严重欠缺。

（3）改善方法与措施

路网方面：在保留历史文化建筑与道路的条件下，延伸七中巷至天汉大道，使街区形成"田"字形路网，方便车辆、行人出行；南关正街分时段允许机动车通行，实现其慢行交通空间的功能。

停车设施方面：配合规划后的路网在历史街区范围内部适当位置新建公共停车场及设置路边停车点。

交通标志、标线方面：在南关正街起点和终点设立交通指示牌，分时段允许机动车通行。同时，在各支路分岔处设置指引导向性的标识系统，包括路名标志、导向牌、交通指示牌等，明确标识该地段的方位信息。在街区的人行空间路面上应标注文字和标线，方便游人识别，机动车和非机动车路面也应完善标线，方便车辆通行。

2.5 张掖市历史街区

张掖，别称甘州，西汉时设置郡，位于甘肃省河西走廊中部，是古"丝绸之路"上进入河西走廊的重要驿镇。张掖为河西四郡（敦煌，酒泉，张掖，武威）之一，是历代中原王朝在西北地区的政治、经济、文化和外交活动中心。张掖历史悠久，地域文化灿烂，山川秀丽，民风淳朴，水草丰美，素有"塞上江南""金张掖"的美誉，至今已有2000多年的历史。1986年国务院公布张掖为国家历史文化名城。

2.5.1 历史街区区位及规划范围

张掖市申报的甘州区西街—劳动南街街区、文庙巷街区、西来寺巷街区为第一批甘肃省历史文化街区，如图2-79所示。这三大街区在历史上具有一定的文化价值，街区的文化内涵决定了排布在其中的建筑形式和规模，并赋予了建筑相应的功能，城市在历史发展过程中逐渐形成了传统院落间的排布肌理，街巷空间的尺度也就确定了下来。

2.5.2 西来寺巷街区

西来寺巷街区在历史上具有一定的文化价值，历史街区文化的代表不仅包括建筑（古民居），还有居住在那里的居民。生活在历史文化街区的居民就是一部"活的历史书"。

图2-79 西来寺巷历史街区范围

1. 街区景点

（1）西来寺

据《甘州府志》记载，西来寺始建于唐代，明代重建，名为"慈云精舍"。康熙三十年（1691年），郎法·阿扎木苏（西土人）住寺修行，后抵京谒见康熙皇帝，赐名"普觉静修国师"。寺内原有木刻像5尊，塑像32尊，塑像中有32臂佛像1尊，现均已不存。壁画墙21面，内有元代3面、明代10面、清代8面，由于年代久远，已有损失。从1985年起，历经翻新修缮，有藏经楼、南北配殿、塑佛像、仿古式大山门、大雄宝殿、西方三圣殿等。1993年，全国政协副主席、中国佛教协会会长赵朴初居士亲题"西来寺"及"大雄宝殿"二匾，悬挂于山门和殿门（图2-80）。

图2-80　西来寺

（2）大佛寺

大佛寺始建于西夏永安元年（1098年），原名迦叶如来寺，明代永乐九年（1411年）敕名宝觉寺，清代康熙十七年（1678年）敕改宏仁寺，因寺内有巨大的卧佛像故名大佛寺，又名睡佛寺，1996年被列为第四批全国重点文物保护单位。

图2-81　大佛寺

大佛寺占地约23000m²，坐东朝西，现仅存中轴线上的大佛殿、藏经阁、土塔等建筑。大佛殿面阔九间（48.3m），进深七间（24.5m），高20.2m，二层，重檐歇山顶。殿内有彩绘泥塑31尊，为西夏遗物。其中，卧佛长34.5m，为中国现存最大的室内卧佛像。卧佛后有十大弟子群像，旁有优婆夷、优婆塞及十八罗汉等塑像。藏经阁面阔21.3m，进深10.5m，单檐歇山顶（图2-81）。

2. 街区交通现状

西来寺巷街区西至西环路，北至民主西街，东达南大街，南至南城巷以及陈家花园巷。街区位置及街区内道路情况如图2-82与表2-25所示。

图2-82　西来寺巷街区位置

西来寺巷街区道路现状及横断面（单位：m）　　　　　　　　表2-25

道路名称	道路方向	车道数	道路横断面	道路照片
西来寺巷	南北	双向两车道	1.5　3　3　1.5 9	
县府街	南北	双向四车道	3　3.5　7　7　3.5　3 29	
南大街	南北	双向六车道	3　3.5　7　7　3.5　3 29	
南城巷	东西	双向两车道	5　3.5　3.5　5 17	
陈家花园巷	东西	双向两车道	1.5　3　3　1.5 9	
大佛寺巷	南北	双向两车道	1.5　3　3　1.5 9	

3. 路网结构分析

西来寺巷街区范围内各道路详细信息如表2-26所示。主干路路网密度为6.3km/km²，次干路路网密度为1.5km/km²，支路路网密度为1.99km/km²，步行街路网密度为1.93km/km²。

西来寺巷街区范围内道路详细信息　　　　表 2-26

道路等级	道路名称	道路长度（m）	合计（m）	路网密度（km/km²）
主干路	南大街	300	1896	6.3
	县府街	302		
	青年西街	1000		
	西环路	294		
次干路	南城巷	452	452	1.5
支路	陈家花园巷	597	597	1.99
步行街	西来寺巷	292	579	1.93
	大佛寺巷	287		

街区内主干道路网密度比较大，可以方便车辆快速通过。西来寺巷街区结构较为简单，支路路网密度也比较合理，街区内多条道路仍然是机非混行，使得交通秩序较为混乱，应设置路面标线或物理隔离，分离机动车道与非机动车道。

4. 出行方式及目的分析

根据调查，西来寺巷街区范围内各道路交通出行方式比例如图2-83所示。

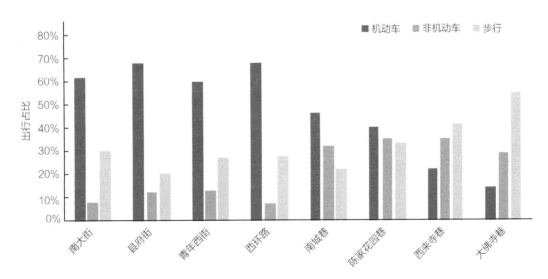

图 2-83　西来寺巷街区范围内各道路出行方式占比

可以看出，历史街区范围内各道路不同出行方式占比基本符合各道路的功能定位。主干路主要承担历史街区内机动车通行，次干路与支路兼顾机动车与慢行交通的通行，步行街的主要出行方式为非机动车与步行，有少量机动车通过。街区内主干路主要是以机动车行驶为主，而街区内巷道则是以人行为主，因此，为保证交通秩序，保证行人交通体验，可以考虑使巷道只允许机动车单向行驶或禁止通行（图2-84）。

从图2-84可以看出，在街区内，行人的出行目的主要为购物、旅游与上班，这可能与调查时间在工作日有关。

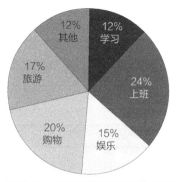

图2-84　西来寺巷街区范围内出行目的占比

5. 道路交通设施分析

街区内步行街只有照明设施，绿化覆盖程度不高，街巷中随处可以看到停放在路边的机动车和非机动车。交通标志、标线基本完善。

2.5.3　文庙巷街区

文庙巷历史文化街区坐落在张掖市一环路旧城区内，历史上文庙既是培养人才之地，也是祭祀朝拜的场所，今天的文庙仍然伴随着教育机构在一同成长（紧邻张掖市二中）。周边分布着一些重要历史建筑（半径都在1000m内），步行均可抵达，紧邻文物保护单位有民勤会馆和武凉会馆，北可到达道德观和东仓历史建筑群保护区。该区域文化气息浓郁。文庙巷贯穿该街区，北邻青年东街，南通民主东街，周边交通便利，文化底蕴深厚。但是，随着快速的城市发展，由于道路的拓宽拆除了原有完整的院落，在使用过程中的搭建、改造对建筑本身及其空间布局造成了极大破坏，加之地块内基础设施落后，改造中因陋就简的方式破坏了该地块原有环境的特色，使得传统街巷的概念荡然无存，整个街区内的文化气息正在现代化的快速建设中日渐消亡。

1. 街区景点

道德观：张掖道德观位于张掖市东大街道德巷，始建于清代。据《甘州府志》记载，道德观为清康熙五十三年（1714年），道人易一元募建。道观坐北朝南，系道人易一元治病行医、研修习道之所。后经历代数次修建，历经300年历史变迁，积淀了独特而深厚的道家文化底蕴。它是现今张掖唯一保存下来的道观（图2-85）。

图2-85　道德观

图 2-86　文庙巷街区位置

2. 街区范围及道路状况

文庙巷街区西至长寿街，东至东环路，南至民主东街，北至东大街。街区位置与街区内道路情况汇总如图2-86与表2-27所示。

文庙巷街区道路现状及横断面（单位：m）　　　　　　　　　　　表2-27

道路名称	道路方向	车道数	道路横断面	道路现状
东大街	东西	双向两车道	3　3.5　7　7　3.5　3 29	
东环路	南北	双向四车道	3　3.5　7　7　3.5　3 29	
青年东街	东西	双向六车道	3　3.5　7　7　3.5　3 29	

道路名称	道路方向	车道数	道路横断面	道路现状
民主东街	东西	双向两车道	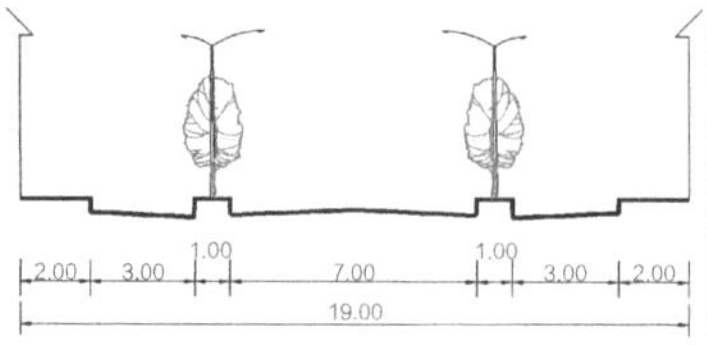 2.00 3.00 1.00 7.00 1.00 3.00 2.00 19.00	
长寿街	南北	双向两车道	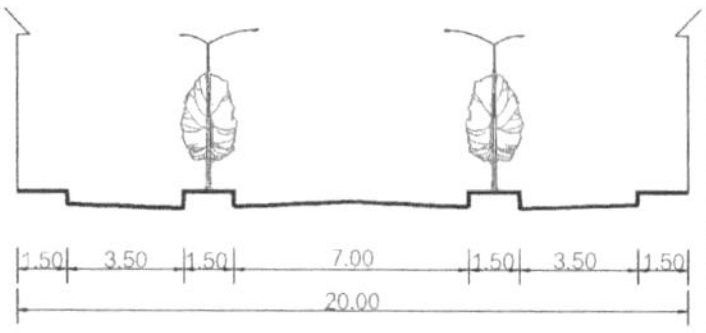 1.50 3.50 1.50 7.00 1.50 3.50 1.50 20.00	
文庙巷	南北	双向两车道	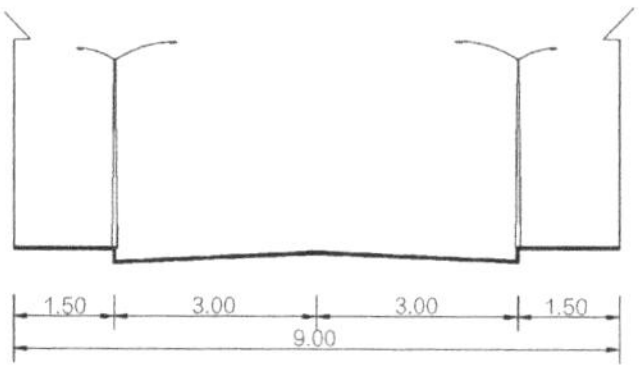 1.50 3.00 3.00 1.50 9.00	

3. 历史街区交通现状分析

（1）路网密度结构分析

文庙巷街区范围内各道路详细信息如表2-28所示。主干路的路网密度为3.2km/km²，次干路的路网密度为3.1km/km²，支路的路网密度为1.95km/km²，步行街路网密度为1.8km/km²。

文庙巷街区范围内道路详细信息   表2-28

道路等级	道路名称	道路长度（m）	合计（m）	路网密度（km/km²）
主干路	东大街	513	1069	3.2
	东环路	556		
次干路	青年东街	506	1017	3.1
	民主东街	511		
	长寿街	602	602	1.95
步行街	文庙巷	557	557	1.8

（2）出行方式

文庙巷历史街区范围内各道路交通出行比例，在主、次干路上以机动车为主，行人和非机动车为辅，而在街巷步行占有很大比例，这是因为街巷比较窄，很多出行者还是选择步行或非机动车出行。

（3）道路交通设施

道路交通设施见表2-29。

文庙巷街区道路交通设施调查　　　　　　　　表2-29

道路名称	停车位	行人标志	路名标志	监控设施	交通标志、标线	照明设施	绿化	电线电缆
东大街	有	有	有	有	有	有	覆盖率高	外露
东环路	有	有	有	有	有	有	覆盖率高	外露
青年东街	有	有	有	有	有	有	覆盖率高	外露
民主东街	有	有	有	有	有	有	覆盖率高	外露
长寿街	有	有	有	有	有	有	覆盖率高	外露
文庙巷	无	无	有	无	无	有	覆盖率低	外露，简洁

根据调查可以看出，街区内绝大多数街道的交通设施配备已经比较完善，较宽的街道配备完善的交通设施带给交通使用者舒适的交通体验，而文庙巷街道较窄，导致机动车通行不便，因此没有设置行人标志以及交通标志等交通设施，只是安装有照明设施，考虑到文庙巷两边都是住户，建议将来增加绿化覆盖率，美化街区环境。

2.5.4　劳动南街街区

位于张掖市甘州区的劳动南街街区，其南部紧邻西来寺巷街区。街区内的木塔寺原名万寿寺，位于张掖市县府南街，原张掖中学校园，现为古塔广场。木塔寺与古塔初建于北周或更早，有着丰富的历史文化底蕴，是张掖市著名的旅游景点，每年来此游玩的游客络绎不绝，劳动南街街区居民的生活与街区内的建筑也受到木塔寺的影响。

1. 街区内景点

据《重修万寿寺碑记》载："释迦涅槃时，火化三昧，得舍利子八万四千粒，阿育王造塔置瓶每粒各建一塔，甘州木塔其一也"。据《甘镇志》记载：后周时已有之，隋开皇二年（582年）重建，唐贞观十三年（639年），敕尉迟敬德监修，明清均有补修（图2-87）。

其建筑技巧集木工、铁工、画师技法于一体，制作精巧，至今已有1000多年历史。现存木塔重建于1926年，为张掖市五行（金、木、水、火、土）塔之一。塔高32.8m，八面九级，每级八角有木刻龙头，口含宝珠，下挂风铃。塔主体为木质结构，外檐系楼阁式建造，塔身内壁空心砖砌，每层都有门窗、楼板、回廊和塔心。窗上雕有花饰，门楣嵌

图2-87　木塔寺

砖雕横额。

　　整座塔没有一钉一铆，全靠斗拱、大梁、立柱，纵横交错，相互拉结，是完整而坚固的木质结构造型；附有楼梯，供人攀登。每层都有回廊、扶栏，可倚栏远眺，整座塔给人以高大、巍峨之感，体现了我国独特的楼阁建筑艺术特点。最上层原有古钟一口，叩之，钟声隐约若在天际，四野皆闻。"木塔疏钟"，曾是甘州八景之一，可谓："塔势凌霄汉，钟声叩白云"。

2. 街区交通现状

　　劳动南街街区西至西环路，北至青年西街，东至南大街，南至民主西街，街区位置与街区内道路情况如图2-88与表2-30所示。

图2-88　劳动南街街区位置

劳动南街街区道路现状及横断面（单位：m）　　　　表2-30

道路名称	道路方向	车道数	道路横断面	道路现状
青年西街	东西	双向四车道	3 3.5 7 7 3.5 3 / 29	
县府街	南北	双向四车道	3 3.5 7 7 3.5 3 / 29	
民主西街	东西	双向两车道	3 3.5 7 7 3.5 3 / 29	

续表

道路名称	道路方向	车道数	道路横断面	道路现状
劳动街	东西	双向两车道	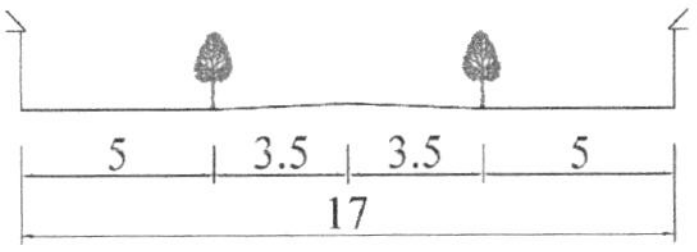 5 | 3.5 | 3.5 | 5 — 17	
南大街	南北	双向四车道	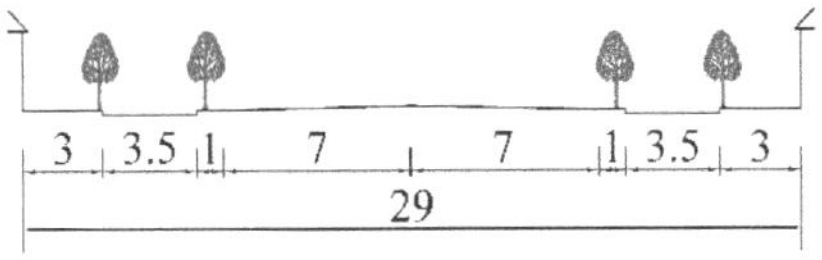 3 | 3.5 | 1 | 7 | 7 | 1 | 3.5 | 3 — 29	
羊头巷	南北	步行街	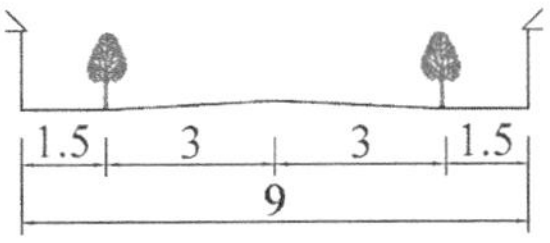 1.5 | 3 | 3 | 1.5 — 9	
广场巷	南北	步行街	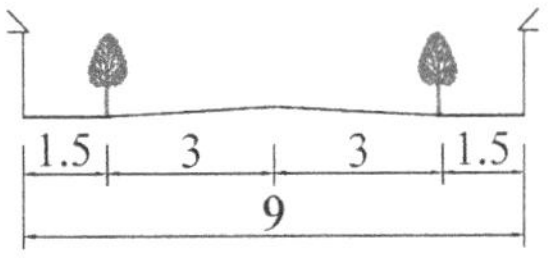 1.5 | 3 | 3 | 1.5 — 9	
增福巷	南北	步行街	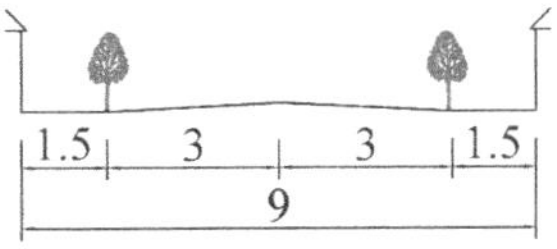 1.5 | 3 | 3 | 1.5 — 9	

（1）路网结构（表2-31）

劳动南街街区范围内道路详细信息　　　　　　表2-31

道路等级	道路名称	道路长度（m）	合计（m）	路网密度（km/km²）
主干路	南大街	275	1539	5.92
	青年西街	1000		
	县府街	264		
次干路	劳动街	253	1253	4.82
	民主西街	1000		
支路	羊头巷	272	782	3
	增福巷	244		
	广场巷	266		

历史街区范围内主干路为南大街、青年西街和县府街。劳动街与民主西街为机非分离形式。步行街为广场巷、增福巷与羊头巷，道路红线较窄，而道路两侧也有不同程度的市政设施占用，使得道路更显得拥挤。

（2）出行方式

劳动南街历史街区范围内各道路交通出行比例为：主、次干路上以机动车为主，行人和非机动车为辅，而在支路行人步行还是占了很大比例，这是因为支路街道比较窄，大部分来此的行人以购物娱乐为目的，因此很多出行者还是选择步行代替机动车出行。

（3）道路交通设施分析

对劳动南街历史街区的交通设施配备状况进行调查，结果汇总如表2-32所示。

劳动南街街区交通设施调查　　　　　　　　表2-32

道路名称	停车位	行人标志	路名标志	监控设施	交通标志、标线	照明设施	绿化	电线电缆
南大街	有	有	有	有	有	充足	覆盖率高	无外露
青年西街	有	有	有	有	有	较充足	覆盖率高	外露
县府街	有	有	有	有	有	充足	覆盖率高	无外露
劳动街	有	有	有	有	有	充足	覆盖率高	外露
民主西街	有	有	有	有	有	充足	覆盖率高	无外露
羊头巷	无	无	有	无	无	有	较少	外露
广场巷	无	无	有	无	无	有	较少	外露
增福巷	无	无	有	无	无	有	较少	外露

由表2-32可以看出，街区内主、次干路的交通设施配备已经比较完善，较宽的街道配备完善的交通设施带给交通使用者舒适的交通体验，而作为支路的羊头巷、广场巷与增福巷街道较窄，机动车通行不便，没有设置行人标志以及交通标志等交通设施，只是安装有照明设施，考虑到步行街两边大多数是住户，建议将来增加绿化覆盖率，美化街区环境，同时增设监控装置，维护步行街治安。

2.6 天水市伏羲城历史街区

天水，甘肃省下辖地级市，位于甘肃省东南部，毗邻关中平原，是关中平原城市群重要节点城市、关中—天水经济区次核心城市。天水曾名上邽、成纪、秦州，据传是伏羲和女娲诞生地，华夏文明的重要发祥地之一，素有"羲皇故里"之称，区位如图2-89所示。

天水历史悠久，是秦人、秦早期文化的发祥地，有3000多年的文字记载史和2700多年的建城史，公元前688年秦国在此设立了邽县和冀县（今冀州市），是甘肃省历史上建城设县最早的地方之一。境内有国家和省、市级重点保护文物169处，其中世界文化遗产麦积山石窟是中国四大石窟之一，被誉为"东方雕塑艺术陈列馆"。

2.6.1 天水市历史街区

甘肃省政府批复《天水历史文化名城保护规划（2015—2030年）》（以下简称《保护规划》）。《保护规划》明确天水历史文化名城保护规划范围为天水市域。历史城区内划定伏羲城、三新巷、自由路、澄源巷、育生巷、自治巷6个历史文化街区，核心保护范围面积分别为$10.87hm^2$、$6.88hm^2$、$2.98hm^2$、$2.82hm^2$、$9.2hm^2$和$4.81hm^2$。在城市规划和建设中，要注重城区环境整治和历史建筑修缮，不得进行任何与名城环境和风貌不相协调的建设活动，任何单位和个人不得随意改变规划内容。

本次针对伏羲城历史街区进行了调查。

图 2-89 　天水区位

图 2-90 　伏羲庙

2.6.2 伏羲城历史街区

1. 文化背景

天水的伏羲城历史街区中最为著名的便是伏羲庙，伏羲庙是伏羲城的核心，该历史街区也因此得名。伏羲庙是中国西北地区著名古建筑群之一，原名太昊宫，俗称人宗庙，位于天水市秦州区西关伏羲路，现为全国重点文物保护单位。

伏羲庙坐北朝南，临街而建，院落重重相套，四进四院，宏阔幽深。庙内古建筑包括戏楼、牌坊、大门、仪门、先天殿、太极殿、钟楼、鼓楼、来鹤厅等，新建筑有朝房、碑廊、展览厅等。新、旧建筑共计76间。整个建筑群包括牌坊、大门、仪门、先天殿、太极殿沿纵轴线依次排列，层层推进，庄严雄伟。外观如图2-90所示。

2. 研究范围及道路信息

伏羲城是指天水的小西关城，因为雄伟壮观的伏羲庙位居其中，所以小西关城又称为伏羲城，位于天水市的西边，大致形状为三角形，北至成纪大道西路，南至伏羲路和女娲路，西至双桥中路和双桥北路，为历史街区的范围，如图2-91所示。

各条道路现状信息如表2-33所示。

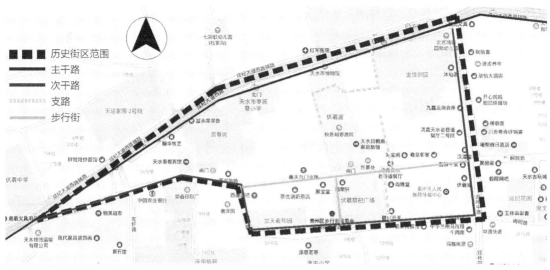

图 2-91　伏羲城历史街区范围

伏羲城历史街区部分道路现状及横断面（单位：m）　表 2-33

道路名称	道路走向	车道数	道路横断面	道路现状
成纪大道西路	东西	双向四车道	4.00　3.00　2.00　12.00　2.00　3.00　4.00　30.00	
伏羲路	东西	双向四车道	5.00　14.00　5.00　24.00	
女娲路	东西	双向两车道	3.00　8.00　3.00　14.00	
双桥中路	南北	双向四车道	4.00　21.00　4.00　29.00	

续表

道路名称	道路走向	车道数	道路横断面	道路现状
双桥北路	南北	双向四车道	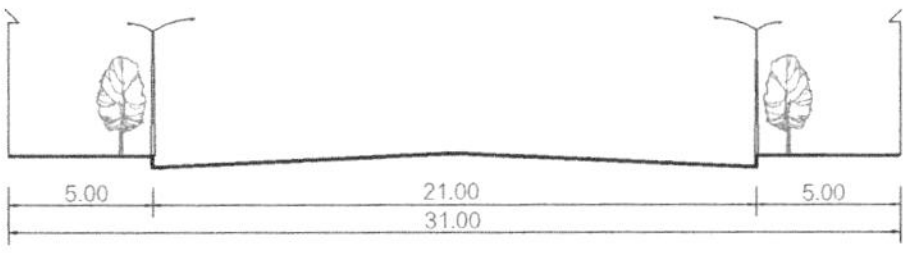 5.00　21.00　5.00 / 31.00	
解放路	东西	双向两车道	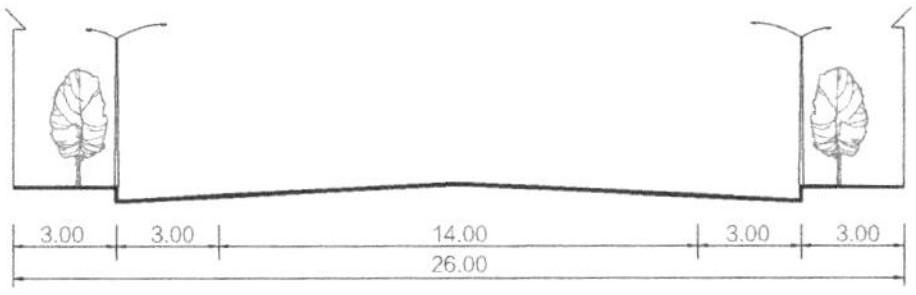 3.00　3.00　14.00　3.00　3.00 / 26.00	

3. 伏羲城历史街区与周边主要人流聚散地关系

从图2-91可以看出，伏羲城历史街区周边的交通吸引点有伏羲庙、伏羲祭祀广场、天水市枣园巷小学、北京瀚博国际幼儿园、陕南珍稀植物园，上述交通发生点与吸引点之间均有多条公交线路，游客可选择步行、非机动车、出租车、公交车等多种交通方式游览。

2.6.3　历史街区现状分析与改善

1. 路网结构分析

伏羲城历史街区范围内各道路信息如表2-34所示。

伏羲城历史街区范围内道路详细信息　　　　　　表2-34

道路等级	道路名称	道路长度（m）	合计（m）	路网密度（km/km²）
主干路	成纪大道西路	998	998	4.80
次干路	双桥中路	118	1438	6.91
	双桥北路	283		
	女娲路	584		
	伏羲路	453		
支路	无名路	515	515	2.48
步行街	伏羲城步行街	507	628	3.02
	古玩市场街	121		

由表2-34可以看出，街区范围内路网较完善，各等级道路密度较合理。

2. 道路交通现状与改善

伏羲城街区各条道路的各类交通设施调查如表2-35所示。

伏羲城历史街区道路交通设施调查　　　　　表2-35

序号	道路名称	照明设施	交通标志牌	行人指示牌	路段过街设施（天桥、地道、人行横道线）	市政管理设施	路名标志	护栏	路面标线	减速带	休憩设施	铺装设施	行人标志	垃圾箱间距(m)	公共厕所
1	双桥中路	√	√	×	√	√	√	×	√	×	√	√	×	30	×
2	女娲路	√	×	×	×	√	√	×	×	×	√	√	×	30	×
3	伏羲城步行街	√	×	×	×	√	√	×	×	×	×	√	×	25	√
4	伏羲路	√	×	×	×	√	√	×	×	×	×	√	√	×	√
5	古玩市场街	√	×	×	×	×	×	×	×	×	×	√	×	×	×
6	成纪大道西路	√	√	√	√	×	√	×	√	×	×	√	√	无	×
7	双桥北路	√	√	√	√	√	√	×	√	×	√	√	√	200	√

从调查看，道路照明设施完善，路面都进行了铺装。但街区范围内交通标志、标牌等还需完善，对行人、非机动车应建设连续路网，有的地方需要安装护栏、减速带等。应合理布设垃圾桶。街区范围内多为路边停车或较宽阔的人行道上停车，仅有少量专用公共停车场，车辆停放随意分散。占道经营情况较为严重。

从高峰时段调查的交通量数据看出，交通流中主要以大客车、公交车、小汽车和出租车为主，高峰期交通量较大。

改善建议：在道路方面，主干路成纪大道西路位于该街区的北侧，为主要交通干道，但路面较窄，在早、晚高峰期容易造成交通拥堵，应优化道路横断面或拓宽现有道路；街区路网应进行完善，打通支路，如图2-92所示，增加南北向以及东西向的道路联系。

在停车设施方面，原有的停车设施多为路边停车，适当增加路外机动车停车设施和公共停车场，在不影响道路通行的条件下，合理设置道路路边停车位。在街区的主要景点和路口附近设置非机动车停放点，并设专人看管维护。合理设置人行过街设施。

在交通标志、标线方面，伏羲城历史街区范围内支路应以慢行交通为主，机动车交通为辅，在街道起点和终点设立交通指示牌，可分时段允许机动车通行，同时，在各支路岔道口处设置指引导向性的标识系统，包括路名标志、导向牌、交通指示牌等，明确标识该地段的方位信息。对于伏羲庙的位置标识牌应设置在各明显位置，以引导游客方便游览。

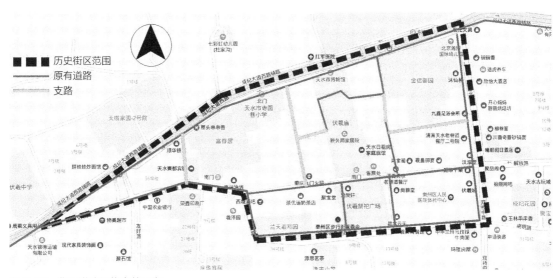

图 2-92　街区道路网络完善示意

第**3**章

历史街区
慢行交通特性研究

历史街区是指具有一定规模，能够反映一定历史阶段的传统风貌、社会文化、民俗特色的街区。历史街区分为已有历史街区和再造历史街区。已有历史街区是指对原有的历史街区遗迹进行保留不变或小范围修复改造的历史街区，再造历史街区是在历史遗址之上兴建的仿古街区。历史街区是人们旅游、休闲消费的主要场所，服务的人流量较大，慢行交通问题突出。本书通过对历史街区行人交通特性进行研究，为历史街区慢行交通的改善和规划提供定性与定量的研究基础。

3.1 历史街区行人交通特性研究

行人的交通特性包括行人微观的个体交通
特性和宏观的行人交通流特性。其中，微观的
个体交通特性包括历史街区行人的构成，行人
的交通特征，个体行人的空间需求，行人携带
行李情况，行人步频、步幅、步速等方面；宏
观的行人交通流特征主要体现在交通流的速
度、密度、交通量等方面。本节将根据历史街
区内观测点的观测结果和问卷调查的数据对行
人的微观和宏观交通特性进行分析研究。本节
的主要内容如图3-1所示。

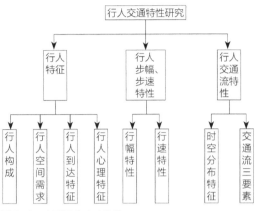

图 3-1　主要研究内容结构

3.1.1 历史街区行人构成

1. 历史街区行人性别构成

以西安为例进行调查，基于历史街区内各
观测点的实地统计得到的7678个数据，得到
不同历史街区行人性别构成结果，如表3-1所
示；把不同历史街区的行人性别构成用柱状图
表示，如图3-2所示。

分析表3-1及图3-2可以得出，历史街区
行人的性别构成有以下特征：已有和再造历史
街区的男女比例基本持平，且男性所占的比例
略大于女性所占比例。男性所占比例最大的是
大唐西市片区，达到52.2%，最小的湘子庙片
区也超过50%。

历史街区行人性别构成　　　表 3-1

分类 地点	不同性别行人数 （人）		不同性别行人 所占比例	
	男	女	男	女
湘子庙片区	2700	2650	0.505	0.495
大唐不夜城片区	635	607	0.511	0.489
大唐西市片区	567	519	0.522	0.478
合计	3902	3776	0.508	0.492

2. 历史街区行人的年龄构成

根据年龄的不同，把历史街区的行人划
分为以下四个年龄段：小于18岁的为儿童，
18～35岁为青年人，35～55岁为中年人，55岁
以上为老年人。本书基于观测点的实地统计得

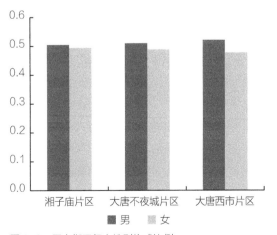

图 3-2　历史街区行人性别构成比例

到7678个数据，调查结果如表3-2及图3-3所示。

历史街区行人年龄构成　　　　　　　　　表3-2

分类 地点	不同年龄行人数量（人）				不同年龄行人所占比例				合计
	儿童	青年人	中年人	老年人	儿童	青年人	中年人	老年人	
湘子庙片区	481	2341	1612	916	0.09	0.44	0.30	0.17	5350
大唐不夜城片区	135	502	392	213	0.11	0.40	0.32	0.17	1242
大唐西市片区	121	432	331	202	0.11	0.40	0.30	0.19	1086
合计	737	3275	2335	1331	0.10	0.43	0.30	0.17	7678

分析表3-2及图3-3可以得出，历史街区行人的年龄构成有以下特征。

（1）历史街区行人以青年人为主

各历史街区行人年龄构成中，青年人占的比例最大，均达到40%左右，其次是中年人，占30%左右，儿童和老年人所占比例较小。其主要原因是历史街区的行人出行目的多为工作上班、观光旅游以及消费，所以青年人和中年人是行人的主要构成部分。

（2）各片区中的行人年龄构成类似

无论已有历史街区还是再造历史街区，各片区的年龄结构极为相似。这一特征是因为已有和再造历史街区的城市功能较为接近，造成了行人出行目的的相似性，也就导致了行人的年龄构成相似。

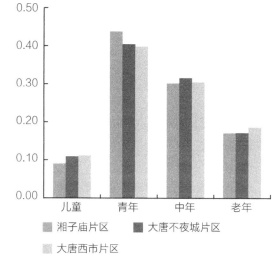

图 3-3　历史街区行人年龄段构成比例

3.1.2 历史街区行人空间需求

1. 行人静态空间需求

行人静态空间需求，也叫行人基本空间需求，主要是指行人的身体在静止状态下所占的空间范围，由身体实际所占空间和必要的舒适安全距离组成。身体所占空间是指身体在地面投影的面积，主要由身体前后胸方向的厚度和两肩的宽度两个基本尺寸决定（图3-4）。

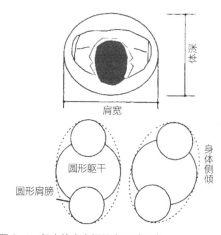

图 3-4　行人静态空间需求尺寸示意

人体尺寸基本上决定了行人静态空间需求。不同人种、地区，人的体型尺寸有一定的差别，如表3-3所示。

各国人体尺寸均值 表 3-3

国家或地区	男性			女性		
	肩宽（cm）	胸厚（cm）	所占面积（m²）	肩宽（cm）	胸厚（cm）	所占面积（m²）
英国	51.00	32.00	0.26	43.50	30.50	0.21
波兰	47.50	27.50	0.21	41.00	28.50	0.18
日本	41.00	28.50	0.18	42.50	23.50	0.16
美国	51.50	29.00	0.23	44.00	30.00	0.21
印度	45.50	23.50	0.17	39.00	25.50	0.16
平均	48.17	27.44	0.21	43.17	28.56	0.19

对历史街区随机抽选的50人（包括25名男性和25名女性）进行人体尺寸测量，可以得到表3-4。

由表3-3和表3-4可知，历史街区行人的身体尺寸相对于欧美的行人较小，相对于日本等亚洲国家略大，可见行人身体尺寸受人种及社会分布的影响较大。

行人静态空间需求还与行人穿衣以及携带行李有关。行人在冬季穿衣较多、较厚时，所需空间必然较大，夏季穿衣较少时，所需空间会较小；而携带行李的多少也直接决定着行人静态空间需求的大小。

历史街区行人身体尺寸均值　表 3-4

性别	肩宽（cm）	胸厚（cm）	所占面积（m²）
男性	44.6	24.1	0.2
女性	42.6	23.1	0.18

2. 行人动态空间需求

行人在走行时所需要的空间即为行人动态空间需求，如图3-5所示，行人的运动空间包括步行运动区域、步行感知区域、反应区域和视觉区域。

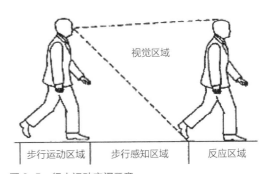

图 3-5　行人运动空间示意

步行感知区域就是行人之间的舒适安全距离，所谓舒适安全距离是指行人避免与其他行人接触和碰撞，而保持的必要的身体和心理两方面的舒适与安全距离，舒适安全距离与行人的匆忙程度和所处的交通环境有关，行人走路越着急，所需的舒适安全距离越大，在人流密度较高时的舒适安全距离要比人流稀少时小，一般情况下行人在行走时的舒适安全距离最少需要1.8m。

3.1.3 历史街区行人交通特征

1. 历史街区行人的到达目的

行人前往历史街区的目的包括旅游、娱乐、购物、工作、回家等，为了了解行人前往历史街区的目的，本研究通过调查问卷对西安市前往三个历史街区的行人出行目的进行了调查，调查结果统计后如图3-6所示。

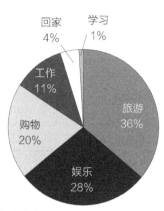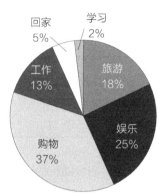

（a）湘子庙片区行人到达目的图　　（b）大唐不夜城片区行人到达目的图　　（c）大唐西市片区行人到达目的图

图3-6　行人到达目的图

通过对调查数据的统计分析，可以得出以下两个结论。

（1）历史街区行人到达目的以娱乐、购物、旅游为主

从三个片区的行人到达目的饼状图可以看出，娱乐、旅游和购物都是主要的到达目的。这是因为历史街区吸引行人的是其特有的历史文化以及历史文化带来的相应的商业配套设施，因此旅游、购物和娱乐成为前往历史街区的主要目的。

（2）三个片区的行人到达目的略微有所不同

从三个饼状图中可以看出，湘子庙片区出行目的前三位为购物、娱乐和工作，而大唐不夜城片区的前三位是旅游、娱乐和购物，大唐西市片区的前三位是购物、娱乐和旅游。可见对于湘子庙片区，其本身的旅游功能有所退化，而再造历史街区的旅游功能对吸引行人的作用更加明显。

2. 历史街区行人的到达方式

行人到达历史街区的方式包括公交车（包括地铁）、私家车、步行、自行车（包括电动自行车）、出租车等，对西安市历史街区行人到达历史街区主要方式进行调查后，得到到达方式数据如图3-7所示。

从图3-7可以得出以下结论。

①三大片区到达方式结构相似。三大片区到达方式结构中都是公交车（包括地铁）比例最高，均达到30%以上，其次，自行车（包括电动自行车）与私家车所占比例也较多，出租车和步行所占比例较小。

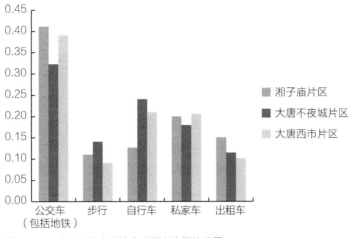

图 3-7　三大片区行人到达方式所占比例柱状图

②对于已有历史街区的湘子庙片区，公交系统较为完善，但是自行车和步行所占比例较小，慢行交通有待大力推广，而再造历史街区的大唐不夜城片区公交系统还有待改善和提升。

随着西安市地铁网络的建设和不断发展，地铁的便捷性会使地铁出行方式所承担的比例越来越大，从而对缓解公交车压力、减少地面堵塞起到重要作用。而基于慢行交通低碳理念的出行方式的大力推广，自行车出行所占比例也将会逐渐增大。

3. 行人到达历史街区耗时特性

行人前往历史街区所耗时间都有较强的规律性，根据问卷调查结果统计得到行人到达历史街区所消耗时间如图3-8所示。

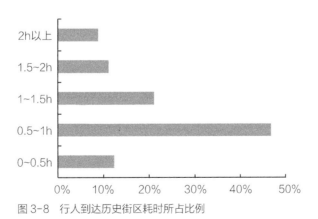

图 3-8　行人到达历史街区耗时所占比例

从图3-8可以看出，大多数人前往历史街区出行消耗时间为1.5h以内，而在0.5～1h的出行时间为46.8%，接近一半，1.5h以内的人数合计可占总调查人数的80.2%，由此可见大多数人对出行时间的忍耐强度为1.5h。0.5h以内出行的人数所占比例仅为12.3%，可见能在短时间到达历史街区的人较少。

4．历史街区行人的交通量时间特性

历史街区的行人交通量有着较强的时间分布规律，经过实地观测三个片区各观测点7：00～21：00的行人交通量，由统计所得的数据可得到历史街区行人交通量时间分布特性。

从图3-9可看出，湘子庙片区的交通量高峰期在9：00、13：00、19：00～21：00，这是由早晨上班高峰期、午间用餐、晚19：00～21：00休闲娱乐产生的三个高峰期。

再造历史街区的大唐不夜城和大唐西市人流量规律基本一致，都是随着时间的推移人流量逐渐增加，这是因为再造历史街区吸引行人的主要方式是消费娱乐，只有在11：00以后消费娱乐的人流量才逐渐开始增加，到晚21：00达到峰值后回落。

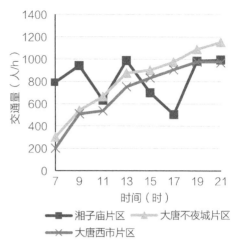

图3-9　历史街区行人交通量随时间分布

3.1.4　历史街区行人心理学特征

1．行人决策心理过程分析

从心理学的角度来说，行人的所有行为都是一个决策过程，是行人与交通环境实时信息交互的过程。在这个过程中，行人首先从外界交通环境中获得信息，包括直接获得的感觉和间接得到的知觉；其次，行人将这些信息与行人记忆中的知识相结合进行分析，即反应选择的过程；最后是反应执行即执行某种行为的决策过程。

2．历史街区行人违规过街心理分析

历史街区行人的出行目的一般为休闲娱乐或者观光旅游，所以这一特定因素决定历史街区的行人心情一般较为放松，不会有争分夺秒的违规过街行为，但是据观察了解，历史街区依然存在着严重的行人违规过街行为，通过对雁南一路与慈恩西路交叉口50位行人在红灯时违规强行穿越人数进行统计，得出行人违规过街情况如表3-5所示。此交叉口的红灯时间为40s。

信号交叉口强行穿越人数统计表 表3-5

等待时间（s）	<5	5～20	20～30	30～40	>40
强行穿越人数	5	10	13	9	13

从表3-5中可以看出，历史街区此信号交叉口的行人通过时，强行穿越人数超过了70%，强行穿越行为较为普遍。从交通心理学行人决策过程分析，在行人过街这个过程中，行人首先从环境中获取信息，如观察是否有车辆、来往车辆和自身的距离、红灯时间等，然后对所获取的信息

进行加工，判断路况是否允许强行穿越道路，最后做出决策，原地等待或者强行穿越道路。

在强行穿越信号交叉口的行为中，行人有以下常见的心理特征。

①以自我为中心。一些行人往往不注意避让车辆，总是基于机动车驾驶人能及早发现自己，能够及时避让自己的心理。

②侥幸心理。一些行人抄近路而不走人行横道，在车流的间隙中穿行，翻越车行道护栏，认为这些行为发生事故的概率小，心怀侥幸心理。

③从众心理。当一人带头闯红灯时，其他人纷纷效仿，心理产生一种盲目的"车不犯众"安全感。

以上这些心理所导致的过街违规现象形成了极大的安全隐患，对交通安全存在着极大威胁，应当引以为戒。

3.1.5　历史街区行人步幅、步速特性研究

步幅、步速、步频的定义：步速是反映行人交通特性的重要指标，在相同的环境条件下，个体差异决定了其速度特征的变化。行人自由速度受到多方面因素的影响，包括场地条件、天气、出行目的、个人身体—心理状况等。行人速度受到步幅和步频的影响。步幅是指行人行走时每跨出一步的长度。走一步后，两脚中心的距离就是一个人的步幅。步频为行人在单位时间内行走时跨步的次数（或双脚先后依次着地次数）。步速是行人在单位时间内行走的距离，其数值等于步幅和步频的乘积。

本书将针对历史街区这一特定场地条件下行人的步速、步幅进行研究，得出这一特定的交通和场地条件下的行人步速、步幅特性。本小节研究的调查方法为摄影法，具体步骤如下。

①在湘子庙片区、大唐不夜城片区、大唐西市片区的各观测点对行人步行状况进行拍摄，每个观测点观测的距离段均大于或等于3m，将这些选定观测点距离段内行人的步行状况录制为视频。

②在拍摄的视频中随机选择150位行人样本，记录他们的特征，包括行人的性别、携带行李数量、结伴人数等。

③统计出这150位行人在距离段内的行走时间，利用观测距离除以时间就得到每个个体的步速，距离除以步数得到步幅，步数除以时间得到步频，从而可以得出步频、步速以及步幅的原始数据。

④通过历史街区内每位行人的特性以及相对应的步频、步幅、步速，对历史街区行人的步幅和步速进行分析。

1. 历史街区行人步幅特性

根据人体学的定义，步幅为行人迈步行走时，两腿之间的夹角为最舒适的夹角大小时，前后脚之间的距离。根据此定义，可对正常情况下的步幅列出函数式，如式（3-1）所示。

$$d = 2\sin\left(\frac{\alpha}{2}\right) \cdot l = \alpha \cdot l = \alpha \cdot k \cdot h \tag{3-1}$$

式中，d为步幅（m）；α为两腿夹角（°）；l为腿长（m）；k为腿长与身高的比例；h为身高（m）。

从式（3-1）可以看出不同的人腿长和身高的比例不同会造成步幅不同，而在不同的场地和交通条件下，行人的步幅也会有所不同。本小节针对历史街区这一特定场地和交通条件，对行人的步幅进行统计研究，并对影响步幅的因素进行分析。

（1）性别对行人步幅的影响

根据观察统计的行人步幅相关数据，运用SPSS软件进行分析，可以得出性别和步幅的箱形图，如图3-10所示。

图3-10中的1和2分别代表女性和男性，从历史街区行人的性别—步幅箱形图中可以得出以下结论。

①历史街区行人中步幅分布范围为女性0.47～0.71m，男性0.55～0.72m，男性的步幅整体上大于女性步幅。

②女性平均步幅为0.60m，男性平均步幅为0.63m，男性的平均步幅略大。与各种场地行人的步幅0.65m相比，历史街区行人的步幅较小，这是因为历史街区的行人出行目的更偏向休闲娱乐，身心放松，故步幅较小。

（2）年龄对行人步幅的影响

根据观察统计的行人步幅相关数据，运用SPSS软件进行分析，可以得出年龄和步幅的箱形图，如图3-11所示。

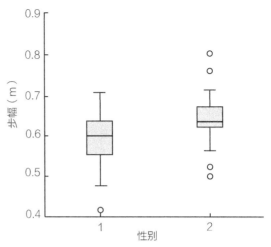

图3-10 男性、女性的步幅箱形图

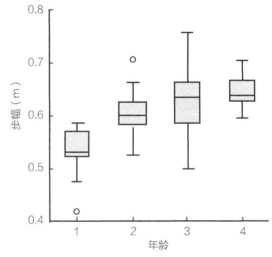

图3-11 不同年龄段的步幅箱形图

图3-11中的1、2、3、4分别代表儿童、老年人、中年人、青年人，从历史街区行人的年龄—步幅箱形图中可以得出以下结论。

①历史街区行人的步幅分布范围为儿童0.48～0.58m，老年人0.53～0.66m，中年人0.5～0.76m，青年人0.58～0.71m，可见中年人的步幅分布离散度最高。

②青年人整体步幅最大。无论是步幅分布区间，还是50%位的步幅数值，青年人的步幅都略大于其他三个年龄段。

③除了儿童以外，其他三个年龄段的步幅大小差别不大。各年龄段50%位的步幅为：儿童的步幅中位数为0.53m，老年人的步幅中位数为0.59m，中年人的步幅中位数为0.62m，青年人的步幅中位数为0.63m，可见青年人、中年人、老年人的步幅大小基本相当。

（3）携带行李对行人步幅的影响

行人出行是否携带行李以及携带行李的多少对其步幅会产生较大影响，通过对历史街区行人携带行李的观察统计得出携带行李对步幅的影响，在本研究中，将携带行李的情况分为以下4种。

代码0：未携带行李；

代码1：单手提物；

代码2：双手提物、背包、单手提物加背包；

代码3：双手提物加背包、携带行李箱等更加沉重的行李。

通过对以上4种情况的数据进行分析，得出历史街区行人携带不同行李时的步幅单样本统计量，如表3-6所示。

行人携带行李与步幅的统计量　　　　　　　　　　表3-6

携带行李代码	样本数	步幅均值（m）	标准差（m）	均值的标准误差（m）
0	40	0.6279	0.0579	0.0092
1	83	0.6133	0.0529	0.0058
2	14	0.6101	0.0827	0.0022
3	13	0.6001	0.0529	0.0221

从单样本统计量表3-6中可以看出步幅的均值随着携带行李的增多逐渐变小趋势明显，步幅的标准差较小，可以看出携带相同行李的人的步幅离散性不高，步幅大小较为集中，均值的标准误差较小，表示样本均值与总体均值之间的平均差异程度较小。

通过对不同年龄段的行人携带行李数量及步幅均值的统计，以步幅为y轴，携带行李代码为x轴，可得出不同年龄段的步幅，如图3-12所示。

从图3-12可以看出，不同年龄段的步幅均值都随着携带行李的增加而减小，对曲线拟合，得到不同年龄段行人携带行李代码与步幅的函数关系式，如表3-7所示。

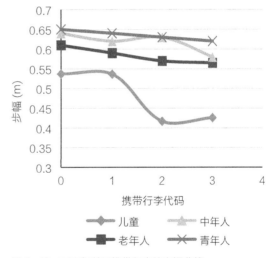

图3-12　不同年龄段携带行李的步幅曲线

不同年龄段行人携带行李与步幅函数式　　　　　　　表3-7

年龄段	函数式	R^2
儿童	$y=0.0413x^3-0.1832x^2+0.1413x+0.537$	0.998
青年人	$y=0.6501e^{-0.016x}$	0.985
中年人	$y=-0.015x^3+0.06x^2-0.065x+0.64$	0.998
老年人	$y=-0.0155x+0.607$	0.947

表3-7中拟合公式的R^2均大于0.9，R^2较高，说明携带行李与步幅的函数关系明显，函数关系成立。

2. 历史街区行人步速特性

行人的步行速度是一个重要的行人特性参数，对研究行人设施的设计、通行能力、交通管理与控制起着重要作用，同时，行人的步行速度也是评价行人设施服务功能的一项重要指标，它能综合地反映这些设施的服务水平的状况。通过对历史街区的步频、步幅、步速数据进行统计分析，可以得出图3-13和图3-14。

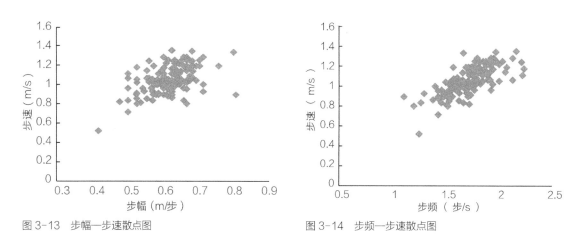

图3-13　步幅—步速散点图　　　　　　　　图3-14　步频—步速散点图

如图3-13与图3-14所示，历史街区的行人步速集中在0.8～1.4m/s，可以看出行人的步速有随着步幅、步频的增大而增大的趋势。

历史街区路段内行人速度影响因素分析如下。

历史街区行人的步行速度可分为路段和交叉口的步行速度两方面，因为路段和交叉口两种情况下行人速度特性差别较大，因此分开讨论。本小节主要研究路段内行人速度的影响因素，行人的性别、年龄段、结伴状态、携带行李状况都是影响步行速度的重要因素，以下将结合统计数据进行逐一分析。

（1）性别对历史街区行人速度的影响

根据历史街区各观测点观察统计的行人速度数据，利用SPSS软件进行分析，可以得出性别和行人速度的箱形图，如图3-15所示。

图3-15中的1和2分别代表女性和男性，从历史街区行人的性别—速度箱形图中可得出以下结论。

①历史街区行人速度的分布范围为女性0.80～1.28m/s，男性0.71～1.35m/s。男性的速

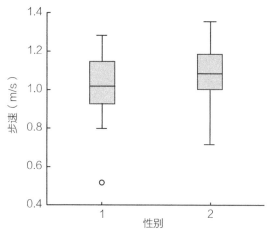

图3-15　男性、女性的步速箱形图

度分布区间更大一些，离散度更高。

②男性的步行速度更大。从箱形图上、下四分位数和中位数可以看出，女性速度四分位到六分位为0.92～1.12m/s，中位数为1.02m/s，男性速度四分位到六分位为1.00～1.18m/s，中位数为1.09m/s，男性的速度整体上大于女性速度。

（2）年龄对历史街区行人速度的影响

历史街区行人的步行速度与年龄段关系密切，根据在各观测点观察统计的行人速度及年龄的相关数据，运用SPSS软件进行分析，得出年龄和行人速度的箱形图，如图3-16所示。

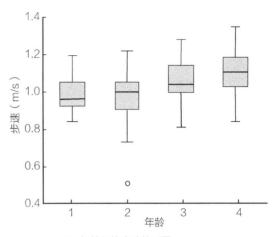

图3-16　不同年龄段的步速箱形图

图3-16中的1、2、3、4分别代表儿童、老年人、中年人、青年人，从历史街区行人的年龄—速度箱形图中可以得出以下结论。

①历史街区行人速度的分布范围为：儿童主要集中在0.84～1.2m/s，老年人为0.72～1.21m/s，中年人为0.79～1.3m/s，青年人为0.82～1.35m/s。除了儿童外，其余三组的分布范围都较大，离散性较强。

②青年人的步行速度最快，中年人次之，老年人和儿童最慢。

③从箱形图的中位线可以看出，老年人的步速中位数为1.0m/s，中年人的步速中位数为1.02m/s，两者步行速度差别不大。

（3）携带行李对行人速度的影响

行人出行是否携带行李以及携带行李的多少对其步行的速度会产生较大影响，通过对历史街区行人携带行李的观察统计得出携带行李对行人速度的影响，对携带行李情况的数据进行分析，得出携带不同行李的行人速度单样本统计量，如表3-8所示。

携带行李与步速的统计量　　　　　　　　　　　　　　表3-8

携带行李代码	样本数	平均速度（m/s）	标准差（m/s）	均值的标准误差（m/s）
0	40	1.0763	0.1370	0.0218
1	83	1.0570	0.1320	0.0152
2	14	1.0340	0.1646	0.0439
3	13	0.9953	0.1074	0.0297

从统计量表3-8中可以看出，平均速度有随着携带行李的增多逐渐变小趋势，标准差较小，可见携带相同多行李的行人的速度离散性不大，速度大小较为集中，均值的标准误差较小，表示样本均值与总体均值之间的平均差异程度较小。

通过对携带行李数量及速度均值的统计，以速度为y轴，携带行李代码为x轴，可得出图3-17。

从图3-17中可以看出，不同年龄段的步速均值都随着携带行李的增加有减小的趋势，对曲线进行拟合，可以得到不同年龄段行人携带行李代码与平均步速的函数关系式，如表3-9所示。

从表3-9中可以看出，不同年龄段行人携带行李代码—步速的拟合函数的R^2均大于0.9，拟合度较高，函数成立。

（4）结伴因素对行人速度的影响

行人出行是否结伴以及结伴人数的多少对其步行的速度会产生较大影响，通过对历史街区行人结伴人数的观察统计得出结伴人数这一因素对行人速度的影响，在本研究中，设独自一人的状态代码为0，两人出行代码为1，三人以及以上结伴代码为2，通过对以上3种情况的数据进行分析，得出不同结伴情况的行人速度单样本统计量，如表3-10所示。

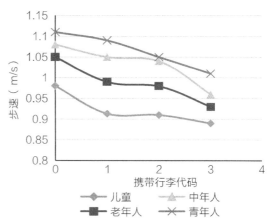

图3-17　不同年龄段携带行李的步速曲线

不同年龄段行人携带行李代码—步速函数式　表3-9

年龄段	函数式	R^2
儿童	$y = 0.0117x^2 - 0.0625x + 0.9759$	0.929
青年人	$y = 1.1167e^{-0.032}$	0.977
中年人	$y = -0.0125x^2 + 0.0005x + 1.0755$	0.949
老年人	$y = 1.0435e^{-0.037x}$	0.943

不同结伴人数的步速统计　表3-10

结伴人数代码	样本数	平均速度（m/s）	标准差（m/s）	均值的标准误差（m/s）
0	99	1.0745	0.1426	0.0143
1	47	1.0097	0.1200	0.0175
2	4	0.9821	0.1709	0.0854

从单样本统计量表中可以看出未结伴的人占比较大，结伴一人的次之，3人及以上同行的很少。速度的均值随着结伴人数的增多逐渐变小的趋势明显，速度的标准差较小，可以得出相同结伴人数的行人的速度离散性不高，速度大小较为集中，均值的标准误差较小，表示样本均值与总体均值之间的平均差异程度较小。

通过对结伴人数及速度均值的统计，以速度为y轴，结伴人数为x轴，可得出图3-18。

从图3-18中可以清晰地看出速度均值随结伴人数的增加而减小，进行指数拟合后可以得出指数函数：

$$y = 1.0683e^{-0.045x} \quad (3-2)$$

指数函数拟合的$R^2 = 0.953$，拟合度较高，可见步速与结伴人数的指数关系显著。

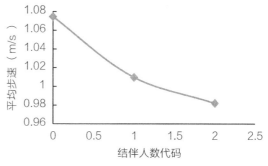

图3-18　结伴人数与步速曲线

（5）路段内行人速度的多元线性回归分析

多元线性回归分析是回归分析中的一种，是指有多个自变量的线性回归模型，用于揭示因变量与其他多个自变量之间的线性关系。其主要应用于一个因变量与多个自变量在数量关系上存在线性相关的情况。多元线性回归的数学模型为：

$$Y = b_0 + b_1X_1 + b_2X_2 + b_3X_3 + \cdots + b_nX_n \tag{3-3}$$

式中，Y 为因变量；X_i 为自变量；n 为自变量的个数；b_i 为回归系数。

在本研究中，结合在各观测点所统计的原始数据，通过分析行人速度与各影响因素之间的线性相关性，确定与步行速度变化最密切的变量指标。以历史街区行人的步行速度作为因变量，建立步行速度与影响因素之间的线性回归方程，建立模型并求出回归系数。

①建模。

行人步速的多元线性回归数学模型为：

$$Y = b_0 + b_1X_1 + b_2X_2 + b_3X_3 + b_4X_4 \tag{3-4}$$

式中，Y 为行人步速；b_j 为回归系数；X_1 为行人年龄（儿童为1，老年人为2，中年人为3，青年人为4）；X_2 为行人性别（女为1，男为2）；X_3 为行人携带行李（未携带行李为0，单手提物为1，双手提物、背包、单手提物加背包为2，双手提物加背包、携带行李箱等更加繁重的行李为3）；X_4 为行人结伴情况（独自一人为0，2人同行为1，3人及3人以上同行为2）。

②利用SPSS软件，采用逐步分析法进行多元线性回归分析，得到表3-11。

多元线性回归结果　　　　　　　　　　　　表3-11

模型	非标准化系数		Sig.	相关性		
	B	标准误差		零阶	偏	部分
（常量）	0.897	0.071	0.000	—	—	—
性别	0.042	0.022	0.042	0.202	0.154	0.148
年龄	0.047	0.024	0.047	0.197	0.164	0.157
结伴	−0.036	0.020	0.038	−0.159	−0.151	−0.144
携带行李	−0.022	0.013	0.034	−0.150	−0.143	−0.137

从表3-11中可以看出各影响因素的显著性均在0.05以内，因此各影响因素对步速的影响显著性较强，拟合函数的 $R^2 = 0.892$，从而可以得出模型为：

$$Y = 0.897 + 0.042X_1 + 0.047X_2 − 0.036X_3 − 0.022X_4 \tag{3-5}$$

从模型中可以看出，性别、年龄均与步行速度呈正相关，结伴和携带行李与步行速度负相关。

（6）路段内行人速度设计推荐值

通过以上研究，可以得出历史街区路段内行人步行速度的推荐设计值，如表3-12所示。

综合考虑，本研究建议西安市历史街区路段内行人的步行设计速度宜取在0.95～1.02m/s，与中国行人的步行速度100m/min相比，历史街区行人速度较小。

西安市历史街区路段行人设计速度推荐值（单位：m/s）　　　　表3-12

类别	男性	女性	儿童	青年人	中年人	老年人	所有样本
各样本总体均值	1.08	1.03	0.9	1.11	1.07	1.02	1.02
15%位速度值	0.94	0.89	0.88	0.82	0.82	0.79	0.91
85%位速度值	1.24	1.19	1.15	1.24	1.2	1.17	1.15
推荐值	1.05	0.95	0.89	1.09	1.02	1.02	0.99

3. 历史街区信号交叉口行人速度特性分析

行人通过交叉口时的速度在信号配时中起重要的作用，其大小直接影响相位最短绿灯时间。行人过街所需的最短绿灯时间G_{min}根据人行横道长度D及行人过街步行速度v_t确定。根据美国采用的计算式为：

$$G_{min} = 7 + D/v_t - Y \qquad (3-6)$$

式中：G_{min}为行人过街所需的最短绿灯时间（s）；v_t为采用第15%分位步行速度（m/s）；Y为绿灯间隔时间（s）；D为人行横道长度（m）。

可见，研究历史街区交叉口行人的速度特性，可以为历史街区交叉口信号配时提供基础的设计参数，行人通过交叉口时的速度对研究行人设施的设计、通行能力、交通管理与控制起着重要的作用，同时，行人的步行速度也是评价行人设施服务功能的一项重要指标。它能综合地反映这些设施的服务水平状况。速度调查按不同交叉口类型、性别、年龄、在绿灯前后期进入人行横道分别进行统计，来分别研究各影响因素对行人速度的影响。

（1）数据采集方法及交叉口几何条件

本小节研究的数据采集方法如下。

①选择历史街区内三个有代表性的交叉口，通过摄像对历史街区交叉口行人过街行为进行观测。

②将视频导入计算机，记录行人的性别、年龄段，同时记录行人通过人行横道的时间，若出现行人在通过人行横道中间停止、躲避车辆等情况，应该减去行人停滞的时间，才能得到通过人行横道时间。

③用对应的人行横道的宽度除以行人通过时间便可以得到过街速度。

采用简单随机抽样的方法，随机抽取150个样本，每个过街行人被抽取的概率是相同的，计算出他们的过街时间，求出过街速度，同时记录下行人的性别、年龄段，以及过街时间段是绿灯前半段还是后半段等特性，以便进行过街速度影响因素的分析。

本小节选取历史街区三个典型的信号交叉口为研究对象，交叉口主要情况如表3-13所示。

（2）信号交叉口行人步行速度影响因素分析

本书在整理调查数据的基础上，选取行人自身特性中的性别、年龄和交叉口类型、绿灯前后时间段这四个影响较大的因素对行人步行速度进行逐个分析研究。对采集到的视频图像信息在计

交叉口基本条件　　　　　　表 3-13

序号	交叉口名称	相交道路名称	人行横道长度（m）	信号灯时长（s）			相交道路等级
				绿灯	红灯	黄灯	
a	雁塔南路—雁南一路	雁塔南路	60	70	40	3	主干路
		雁南一路	30	40	70	3	主干路
b	南广济街—南院门	南广济街	50	60	45	3	主干路
		南院门	10	45	60	3	次干路
c	芙蓉西路—芙蓉东路	芙蓉西路	15	60	30	3	次干路
		芙蓉东路	15	30	60	3	次干路

算机上按照性别、年龄和人行横道长度分组进行处理，得到各分组数据。

①不同性别行人信号交叉口步行速度特性。

对不同性别行人步行速度采用多种分布类型进行拟合，并用Kolmogorov-Smirnov（K-S）方法进行拟合优度检验，对比K-S拟合优度检验结果，可以发现男性和女性步行速度很好地服从正态分布。

图3-19和图3-20分别为女性行人步行速度分布直方图与分布拟合Q-Q图，图3-21和图3-22分别为男性行人步行速度分布直方图与分布拟合Q-Q图。

从图3-19～图3-22中可看出历史街区男性、女性行人的速度分布都具有一定偏态，男性步速均值、最大值均高于女性的统计值。这说明一般情况下女性步行速度低于男性，同时速度分布范围也小于男性。从Q-Q图上看出期望正态值与观测值具有高度的吻合性。

采用K-S法进行不同性别行人步行速度正态分布拟合优度检验的结果如表3-14所示，男、女性显著性水平都大于0.05，符合正态分布。具体统计指标参数如表3-15所示。

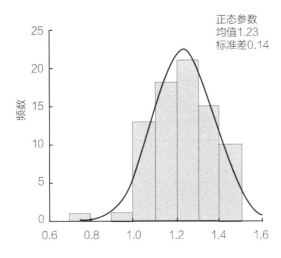

图 3-19　女性步行速度分布直方图

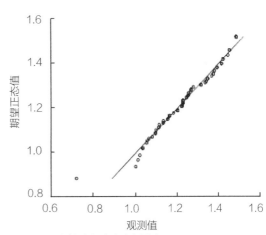

图 3-20　女性步行速度分布拟合 Q-Q 图

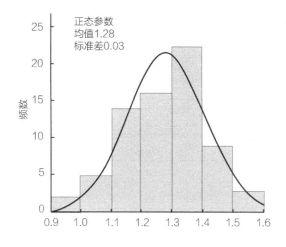

图 3-21 男性步行速度分布直方图

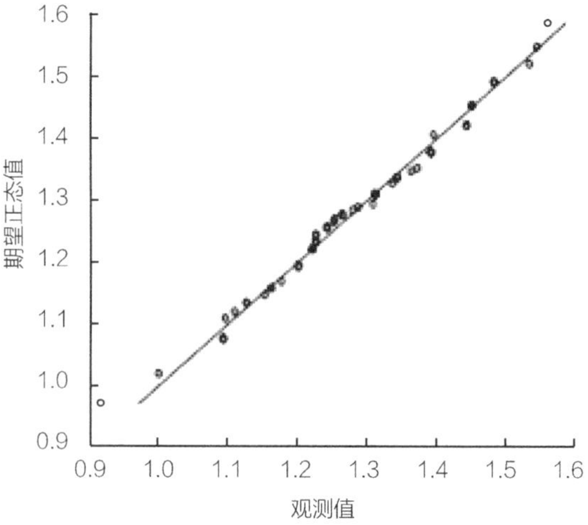

图 3-22 男性步行速度分布拟合 Q-Q 图

不同性别行人速度分布检验结果　　　表 3-14

性别	K-S Z	自由度	显著性水平
女性	0.630	79	0.554
男性	0.714	71	0.275

不同性别行人速度分布　　　表 3-15

性别	样本量（N）	均值（m/s）	标准差	极小值（m/s）	极大值（m/s）	百分位（m/s）		
						15%位	50%位	85%位
女性	79	1.2282	0.14	0.72	1.48	1.0929	1.2256	1.3905
男性	71	1.2844	0.13	0.91	1.55	1.1471	1.2789	1.4424

从表3-15可以看出，男性步行速度的变化范围是0.91～1.55m/s，均值约为1.28m/s；女性步行速度的变化范围是0.72～1.48m/s，均值为1.23m/s。男性的步行速度均值比女性快0.05m/s。男性15%位步行速度为1.15m/s，女性15%位步行速度为1.09m/s。

②不同年龄段行人信号交叉口步行速度特性。

通过对三个信号交叉口的行人进行观察统计，得到不同年龄段的行人速度分布箱形图（图3-23）、行人速度分布表（表3-16）。

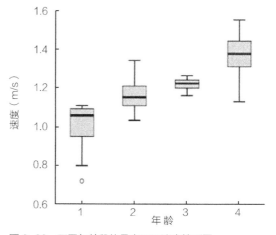

图 3-23 不同年龄段信号交叉口速度箱形图

不同年龄段行人速度分布　表 3-16

代码	年龄段	均值（m/s）	样本量	标准差	极小值（m/s）	极大值（m/s）
1	儿童	1.13	46	0.13	0.72	1.11
2	老年人	1.18	27	0.12	1.03	1.34
3	中年人	1.21	25	0.13	1.16	1.26
4	青年人	1.34	52	0.11	1.13	1.55

　　从表3-16和图3-23可以看出，青年人的过街速度最大，儿童的最小。标准差表示的是样本数据的离散程度，由三组样本的标准差值可以看出，三组数据的离散程度都不强，数据较为集中，说明不同年龄段的速度整体上分布较为稳定。

　　③不同交叉口类型对行人速度的影响。

　　采用SPSS软件分析不同交叉口类型的行人步行速度的分布特征，图3-24～图3-29分别是主—主、主—次、次—次交叉口下的行人过街速度直方图与分布拟合Q-Q图。行人速度分布见表3-17、表3-18。

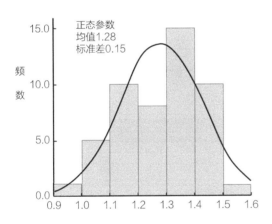

图 3-24　主—主交叉口步行速度分布直方图

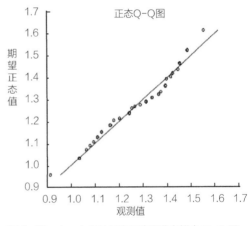

图 3-25　主—主交叉口步行速度分布拟合 Q-Q 图

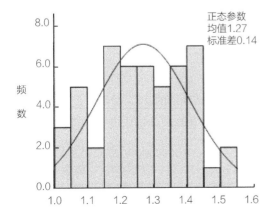

图 3-26　主—次交叉口步行速度分布直方图

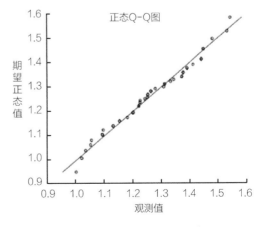

图 3-27　主—次交叉口步行速度分布拟合 Q-Q 图

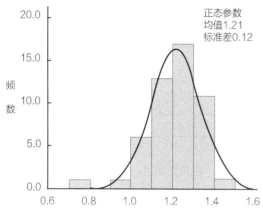

图 3-28 次一次交叉口步行速度分布直方图

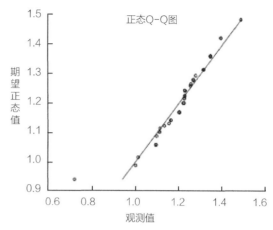

图 3-29 次一次交叉口步行速度分布拟合 Q-Q 图

不同交叉口类型行人速度分布检验结果 表 3-17

交叉口类型	K-S Z	自由度	显著性水平
主—主	0.896	50	0.398
主—次	0.619	50	0.837
次—次	1.142	50	0.147

不同交叉口类型行人速度分布 表 3-18

交叉口类型	均值（m/s）	样本量	标准差	极小值（m/s）	极大值（m/s）
主—主	1.28	50	0.15	0.91	1.55
主—次	1.25	50	0.14	1.00	1.50
次—次	1.21	50	0.12	0.72	1.45

可以看出，不同的交叉口类型调查得到的速度均值位于1.21～1.28m/s，差别不大，主—主交叉口的行人速度均值大于主—次交叉口的行人速度均值，而主—次交叉口行人速度均值大于次—次交叉口行人速度均值。样本标准差都在0.15以内，可见数据较为集中，说明不同交叉口的速度整体上分布较为稳定。

④绿灯时不同阶段的行人过街速度分析。

将绿灯信号分为绿灯前期和绿灯后期两个阶段，绿灯信号结束前的20s为绿灯后期，其余的绿灯时间为绿灯前期，历史街区行人绿色信号灯不同阶段的过街速度统计量如表3-19所示。

绿灯时不同阶段的行人速度分布 表 3-19

时间	样本量（N）	均值（m/s）	标准差	极小值（m/s）	极大值（m/s）	15%位速度（m/s）
绿灯前期	77	1.1879	0.13	0.72	1.54	1.0729
绿灯后期	73	1.3271	0.11	1.05	1.55	1.2204

从表3-19可以看出，绿灯后期的行人过街速度较大，这是因为在绿灯后期行人意识到过街时间有限，因此会加快速度争取在短时间内通过人行横道。绿灯信号不同阶段行人过街的速度分布箱形图如图3-30所示。

图3-30中1代表绿灯前半段，2代表后半段。从图中可以直观地看出，绿灯后期行人过街速度的各百分位速度都高于绿灯前期，绿灯后期行人的过街速度明显较大。

⑤交叉口设计速度推荐值。

一般认为行人过街过程中，行人过街条件至少满足85%的行人通过（即设计速度采用速度累计频率分布的15%位速度）。根据统计实际观测

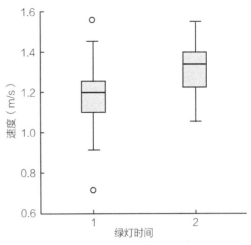

图3-30 绿灯前后期行人速度箱形图

数据，历史街区信号交叉口不同影响因素条件下的行人过街推荐设计速度如表3-20所示。

西安市历史街区信号交叉口行人过街设计速度推荐值（单位：m/s）　　　表3-20

类别	男性	女性	青年人	中年人	老年人	所有样本
各样本总体均值	1.2844	1.2282	1.13	1.30	1.26	1.2551
15%位速度值	1.1471	1.0929	1.01	1.13	1.11	1.1025
85%位速度值	1.4424	1.3905	1.29	1.46	1.43	1.4033
推荐值	1.15	1.09	1.01	1.13	1.11	1.10

由表3-20可以看出，考虑性别和年龄影响的15%位行人步速值分布在1.01～1.14m/s，而总体行人的15%位速度值为1.1025m/s。为体现"以人为本"保障弱势群体（特别是老年人和有行走障碍的人士）的原则，保证绝大多数行人安全、顺利地通过交叉口而又不至于造成太大延误，综合考虑，本研究建议西安市历史街区信号交叉口行人过街设计速度宜取在1.05～1.14m/s。

3.1.6 历史街区行人交通流特性

1. 行人交通流参数

行人交通流的参数包括行人交通量、行人流密度、行人流速度，定义如下。

（1）行人交通量

行人交通量是指单位时间单位宽度断面内通过人行道某一断面的行人数，计算行人交通量要用有效宽度，有效宽度是行人通过设施横断面内行人能使用的宽度，不包括一些物理设施占用的宽度。行人交通量的单位一般采用人/（h·m）。

（2）行人密度

行人密度指在人行道行走或者行人在等候排队处，单位面积上的行人平均数，单位一般用人/m²表示。在计算行人密度时所用的面积是有效面积，不包括一些物理设施所占用的空间。

（3）行人速度

行人速度是某一时刻一段步行道范围内所有行人步速的平均值，其单位采用m/min或者m/s表示。行人速度有两种不同方式的量度，分别是时间平均速度和空间平均速度。

时间平均速度指行人在一定时间内穿过某一个断面（观测线）的瞬时速度的算术平均值，可以用如下公式计算：

$$v(t) = \frac{\sum_{i=1}^{N} v_i(t)}{N} = \frac{\sum_{i=1}^{N} w_i(t)}{NT} \tag{3-7}$$

式中，N为观测T时段内穿过测量线的行人总数；v_i为第i位行人穿过测量线时的瞬时速度；w为T时段内第f行人的行走距离。w_i为T时段内第i位行人的行走距离。

空间平均速度是指行人在一段距离行走时的平均速度，可以用如下公式计算：

$$u = \frac{L}{\sum_{i=1}^{N} t_i / N} \tag{3-8}$$

式中，L为行走距离；t_i为第i位行人行走完L花费的时间。

（4）交通流参数的测量

从所拍摄的视频中提取行人交通量、密度、速度三个参数，得到各数据的方法如下。

①行人交通量的测量。

交通量的测量方法是统计视频中每一个单位时间间隔内通过观测点的行人数量，从而得出小时行人交通量。

②行人密度的测量。

密度的测量常用的方法是统计时刻末停留在观测区域内的人数，除以区域面积，即可得到密度值。

③行人速度的测量。

行人流的速度则采用每一时间间隔内一定比例的行人速度的平均值来代替。时间平均速度是指所有样本的速度值的平均值，空间平均速度是指行走距离与行人行走时间平均值的比值，两种计算方法都可以采用，本小节采用空间平均速度。

2. 行人交通流参数的时空分布特征

（1）交通量的时空分布特征

通过对湘子庙片区、大唐不夜城片区、大唐西市片区的各观测点的交通量进行统计，统计的时间段分为早、中、晚三个时间段，早晨时间段为8：00～9：30，晚上时间段为17：00～18：30，下午时间段为14：00～15：30，整理可得图3-31。

从图3-31中可以得出以下结论。

①已有历史街区湘子庙片区的早、中、晚三个时间段的交通量差别不大。这是因为对于已有历史街区，早、晚高峰时间段的上下班人流量与非高峰时间段的消费娱乐人流量基本相当，所以三个时间段交通量差别不大。

②再造历史街区晚上的行人交通量较大，且远高于早晨的行人交通量。再造历史街区的早、中、晚三个时间段的交通量差别明显，这是因为再造历史街区主要的人流量是消费娱乐群体，出行时间一般集中在中午以后以及下班以后，所以早晨人流量最小，晚上人流量最大。

③无论是已有历史街区还是再造历史街区，行人交通量都是晚上时间段最大，可见晚上是交通量的高峰期。

④再造历史街区的交通量大于已有历史街区，可见再造历史街区的行人吸引力更大。

（2）速度的时空分布特征

对三个片区的各观测点任意选取的5m区

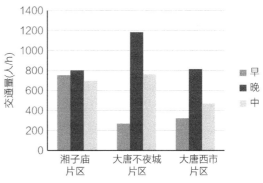

图 3-31　行人交通量时空分布柱状图

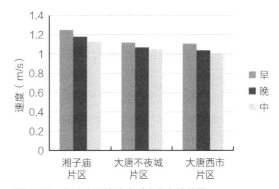

图 3-32　行人交通流速度时空分布柱状图

域内单个行人速度进行统计，求得每个观测点行人的加权平均速度，作为这个观测点的行人速度，再将每个片区各时间段的不同观测点的行人速度求得加权平均值，即为此片区这一时段的行人交通流速度。经统计整理可得出三个片区的行人速度柱状图，如图3-32所示。

从图3-32可以得出以下结论。

①已有历史街区和再造历史街区各时间段的行人速度基本相当，都集中在1.10m/s左右。湘子庙街区的行人速度略大，是因为湘子庙街区的行人出行目的中为上下班的所占比例较大，而另外两个片区的出行目的是消费娱乐所占比例较大，而消费娱乐的人群速度会略低。

②无论是已有历史街区还是再造历史街区，早晨的行人速度大于晚高峰的行人速度，这是因为早晨上班行人较为匆忙，速度较快，晚上下班不用赶时间，速度相对较慢，而非高峰时间段的行人主要目的是消费娱乐，所以速度相比于另外两个时间段较低。

（3）行人交通流密度的时空分布特征

对湘子庙片区、大唐不夜城片区、大唐西市片区的各观测点选取的区域内行人交通量进行统计，除以区域面积，可以得到行人交通密度，对每个观测点在同一时间段进行多次统计，取加权平均值即可得到某个观测点每个时间段的行人交通密度。经统计整理可得出三个片区的行人交通密度柱状图，如图3-33所示。

从图3-33中可以得出以下结论。

①湘子庙街区的早、中、晚三个时间段的行人交通流密度差别不大。因为已有历史街区早、

晚时间段的上下班与中午时间段人流量基本相当，所以三个时间段的行人密度较为接近。

②再造历史街区的大唐不夜城片区早晨时间段、晚上时间段和中午时间段的交通量差别明显。再造历史街区晚上的行人密度较大，远高于早晨的人流量，这是因为对于再造历史街区，早晨的行人流量最小，晚上人数最多，所以导致行人密度较大。

③无论是已有历史街区还是再造历史街区，行人密度最大的都是晚上时间段，且再造历史街区的行人密度略大于已有历史街区，可见再造历史街区吸引行人交通量更大。

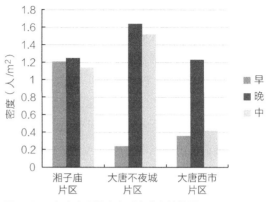
图 3-33　行人交通流密度时空分布柱状图

3. 行人交通流参数关系研究

行人流量、密度、速度三者之间的关系被称为行人交通流的基本模型，其变化规律反映了交通流的宏观运行特性。速度—密度关系是交通流三参数中最重要、最本质的模型，它刻画了不同密度条件下个体间相互作用的强度。流量—密度关系则描述了不同聚焦密度下步行设施断面单位时间内的行人通过量，是确定设施通行能力与服务水平的重要依据。

目前关于行人交通流模型的研究方法主要分为两类：第一类是基于实测数据与统计分析，完全从统计学角度建立交通流参数间的回归模型；第二类是基于一定的理论假设，事先构造某种形式的交通流参数理论模型，继而通过实测数据标定理论模型中的若干参数。两类方法各有利弊，本书建模的总体思路为，基于实测数据，通过比选两种方法对数据拟合程度的优劣以及对实际交通现象解释能力的高低，选择并确定交通流模型。

（1）速度—密度模型

①模型拟合方法。

A. 模型的选取。

本小节研究行人交通流模型采用参照机动车的模型，常用的机动车速度—密度模型及适用条件如表3-21所示。各模型速度—密度关系如图3-34所示。

典型机动车交通流速度—密度模型　　　　表 3-21

模型名称	模型表达式	建模基本思想	适用条件
Greenshields 线性模型	$V = V_f(1 - \frac{D}{D_j})$	认为随着密度的增加，车流平均速度线性下降	所有密度范围
Greenberg对数模型	$V = V_m\ln(\frac{D_j}{D})$	将车流视为理想流体，由流体运动方程推导得到	高密度拥挤交通流
Underwood指数模型	$V = V_f e^{-\frac{D}{D_m}}$	认为Greenberg对数模型中的速度渐近线应沿密度轴，在高密度极度拥挤时车辆仍可做有限移动	低密度交通流

续表

模型名称	模型表达式	建模基本思想	适用条件
Bell-shaped模型	$V = V_f e^{-\frac{1}{2}\left(\frac{D}{D_m}\right)^2}$	基于实测数据，认为低密度时的速度—密度关系为凹曲线	所有密度范围
Edie分段组合模型	$V = V_f e^{-\frac{D}{D_m}}$，$V = V_m \ln\left(\frac{D_j}{D}\right)$	低密度与高密度时，车辆遵从不同的行为规则，是对数模型与指数模型的组合	所有密度范围
Dick分段组合模型	$V = V_f V = V_f\left(1-\dfrac{D-D_0}{D_j-D_0}\right)$	有速度上限的Greenshields线性模型	所有密度范围

表3-21中个字母含义为：

V——速度（m/min）；

V_f——自由流速度（m/min）；

V_m——最佳速度（通行能力处的速度）（m/min）；

D——密度（p/m²）；

D_0——自由流临界密度（p/m²）；

D_m——最佳密度（通行能力处的密度）（p/m²）；

D_j——阻塞密度（p/m²）。

由于历史街区的行人这一研究对象具有移动过程连续性好，与流体具有很大的相似性，因此在现有机动车交通流速度—密度关系基础上，本书选取行人交通流速度—密度模型方法如下。

首先，绘制研究对象采集的数据散点图，绘出速度—密度关系散点图，分析散点图的总体变化规律。

其次，从图3-34中选取一个或多个模型进行统计回归分析，计算出各模型的参数。

最后，基于回归分析的拟合系数（R^2），并结合行人在历史街区的步行特征，从模型的拟合度以及实际的交通情况两方面选取最合适的速度—密度模型。

B. 回归系数显著性检验。

采用t检验方法，在检验水平$\alpha=0.05$下检验所得速度—密度关系中，单一连续函数或分段函数相互影响阶段的回归系数是否显著不为零。

②模型拟合结果。

A. 路段内速度—密度模型。

a. 模型选取及建立。

观察路段内水平通道的速度—密度关系散点图（图3-35）可知，路段内水平通道速度—密度可认为服从Dick分段线性关系或者Bell-shaped曲线关系。通过统计回归分析，分别构建分段线性函数和Bell-shaped曲线拟合路段内水平通道速度—密度关系，得到Bell-shaped曲线的拟合度优于线性函数。此处采用Bell-shaped曲线拟合速度—密度关系。

Bell-shaped曲线的函数关系式为$V = V_f e^{-\frac{1}{2}\left(\frac{D}{D_m}\right)^2}$。通过线性变换，令$y=\ln V$，$x=D^2$，利用线性回归得到$y$与$x$之间的关系式为：

$$Y = -0.087x + 4.508 \tag{3-9}$$

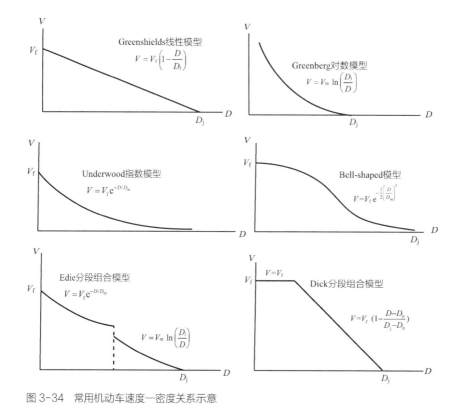

图 3-34 常用机动车速度—密度关系示意

由此得到路段内水平通道的速度—密度关系如式（3-10）所示，判定系数$R^2=0.927$，速度—密度关系拟合曲线如图3-36所示。图中，密度小于2.5p/m²为实测数据，拟合密度大于2.5p/m²的曲线部分为趋势外推。

$$V=90.74e^{-\frac{1}{2}\left(\frac{D}{2.39}\right)^2} \qquad （3-10）$$

从图3-36中可以得到，当密度值小于0.5p/m²时，速度随密度增加基本不发生变化。因此，可以认为当密度小于0.5p/m²时，路段内行人处于自由流状态，自由流速度为90.74m/min。

b. 速度—密度关系统计检验。

在检验水平$\alpha=0.05$下，对式子的回归系数进行显著性检验，得到检验统计量T的观测值为−18.884，显著性概率p值为0.000<0.05。即拒绝t检验的零假设，说明线性关系是显著

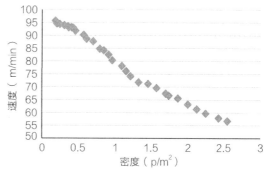

图 3-35 路段内行人交通流速度—密度散点图

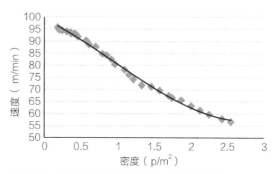

图 3-36 路段内行人交通流速度—密度拟合图

的，可以建立线性模型。

　　B. 交叉口速度—密度模型。

　　a. 模型选取及建立。

　　观察交叉口的速度—密度关系散点图（图 3-37）可知，交叉口的速度—密度关系可认为服从Dick分段线性关系或者Bell-shaped曲线关系。通过统计回归分析，分别构建分段线性函数和Bell-shaped曲线拟合交叉口水平通道速度—密度关系，同样得到Bell-shaped曲线的拟合度优于线性函数，所以此处采用Bell-shaped曲线拟合交叉口的速度—密度关系。

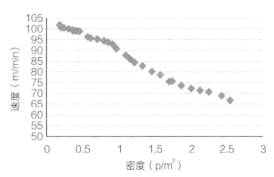

图 3-37　交叉口行人交通流速度—密度散点图

　　通过线性变换，令$y=\ln V$，$x=D^2$，利用线性回归得到y与x之间的关系式为：

$$Y=-0.071x+4.5846 \qquad （3-11）$$

　　由此得到交叉口的速度—密度关系如式（3-12）所示，判定系数$R^2=0.935$，速度—密度关系拟合曲线如图3-38所示。图中密度小于2.5p/m²为实测数据，拟合密度大于2.5p/m²的曲线部分为趋势外推。

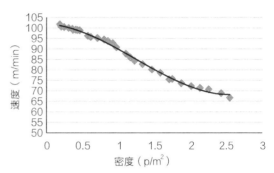

图 3-38　交叉口行人交通流速度—密度拟合图

$$V=97.76e^{-\frac{1}{2}\left(\frac{D}{2.65}\right)^2} \qquad （3-12）$$

　　从图3-38中可以得到，当密度值小于0.5p/m²时，速度随密度增加基本不发生变化。因此，可以认为当密度小于0.5p/m²时，路段内行人处于自由流状态，自由流速度为97.76m/min。

　　b. 速度—密度关系统计检验。

　　在检验水平$\alpha=0.05$下，对式子的回归系数进行显著性检验，得到检验统计量T的观测值为-20.102，显著性概率p值为0.000<0.05。即拒绝t检验的零假设，说明线性关系是显著的，可以建立线性模型。

　　从路段以及交叉口的速度—密度模型可以看出，历史街区信号交叉口的自由流速度高于路段内的自由流速度，这是因为行人在交叉口时因为有红绿灯以及安全方面的考虑，行走速度会更快。而对于相同密度情况下，交叉口行人的速度一般会大于路段内。

　　（2）流量—密度模型

　　流量—密度模型反映了不同人流密度下单位宽度路段在单位时间内的行人交通量，本节对交通量—密度模型的研究仍然基于各观测点的实测数据，分别对路段和交叉口的行人流量以及对应的密度进行建模。

①模型拟合方法。

A. 模型的选取。

与速度—密度模型相对应，常用的流量—密度模型如图3-39所示。

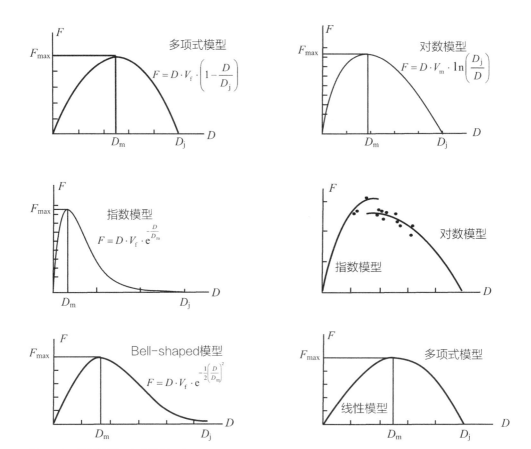

图 3-39 常用流量—密度模型示意

本小节建模的具体步骤如下。

a. 首先绘制根据实测结果所得来的流量—速度关系散点图，分析散点图的总体变化趋势。

b. 选取图中最能代表流量—密度散点图变化趋势的一个或者多个模型进行统计回归分析，标定各模型中的参数。在利用多项式拟合时，还考虑增加如下约束条件：当密度小于最佳密度时，交通量随密度增加而上升，故令回归多项式方程中交通量对密度的一阶导数大于0。

c. 观察回归模型是否符合流量—密度散点图变化趋势，并基于回归分析中的模型拟合度判定系数（R^2），综合考虑各交通流特征值，选定并确定合适的交通量—密度模型。

B. 回归系数的显著性检验。

采用t检验方法或者F检验，在检验水平$\alpha=0.05$下检验所得交通量—密度关系中，所建模型的函数回归系数是否显著不为零。判断所建的模型是否有显著意义。

②模型拟合结果。

A．路段内交通量—密度模型。

a．路段内交通量—密度关系散点图如图3-40所示。随着密度的增加，交通量逐渐上升但是当密度超过2.3p/m²时，流量随密度增加呈下降趋势。因此，初步判断路段内的最佳密度为2.3p/m²。这与由速度—密度模型拟合关系得到的最佳密度（2.39p/m²）一致。

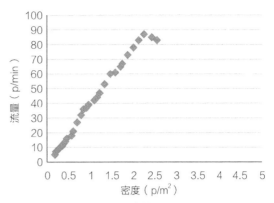

图3-40　路段内流量—密度散点图

经过多个模型的拟合对比，多项式模型的拟合程度最好，在利用多项式拟合时，考虑增加如下约束条件：当密度小于2.3p/m²时，多项式方程中交通量对密度的一阶导数大于0，由此得到路段内交通量—密度关系如式（3-13）所示。判定系数R^2=0.996，交通量—密度拟合曲线如图3-41所示。图中密度小于2.5p/m²的部分为实测数据，密度大于2.5p/m²的曲线部分为趋势外推。

$$F = -5.2377D^3 + 14.858D^2 + 30.067D - 0.4741$$

（3-13）

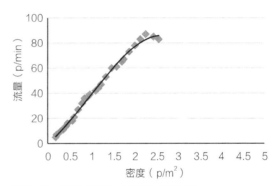

图3-41　路段内流量—密度散点拟合图

b．交通量—密度关系统计检验。

在显著性水平α=0.05下，对回归模型进行F检验，得到F统计量观测值为1926.004，远大于$F_{0.95}$临界值。因此，可认为采用式（3-13）回归交通量—密度数据具有显著意义。

B．交叉口交通量—密度模型。

a．交叉口交通量—密度关系散点图如图3-42所示。随着密度的增加，交通量逐渐上升，但是当密度超过2.6p/m²时，流量随密度增加呈下降趋势。因此，初步判断交叉口的最佳密度为2.6p/m²。这与速度—密度模型拟合关系得到的最佳密度（2.65p/m²）一致。

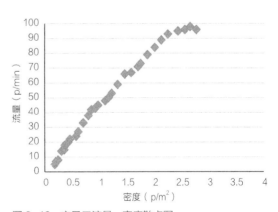

图3-42　交叉口流量—密度散点图

分别利用多项式、指数、对数等模型回归交通量—密度曲线，选取多项式模型，在拟合时考虑增加如下约束条件：当密度小于2.6p/m²时，多项式方程中交通量对密度的一阶导数大于0，由此得到交叉口交通量—密度关系如式（3-14）所示。判定系数R^2=0.997，交通量—密度拟合曲线如图3-43所示。图中，密度小于2.8p/m²的部分为实测数据，密度大于2.8p/m²的曲线部分为趋势外推。

$$F = -1.4845D^3 - 0.8684D^2 + 50.364D - 2.1535 \qquad (3-14)$$

b. 交通量—密度关系统计检验。

在显著性水平 $\alpha = 0.05$ 下，对回归模型进行 F 检验，得到 F 统计量观测值为2768.830，远大于 $F_{0.95}$ 临界值。因此，可认为采用式（3-14）回归交通量—密度数据具有显著意义。

（3）速度—流量散点图

速度—交通量关系反映了不同交通量条件下行人流可获得的平均行走能力（速度）。由于交通量是一种"点"（固定断面）的度量，因而在本质上行人对交通量并不敏感，速度与交通量之间的定量关系在机动车交通流研究中也一直存在争议。但由于速度与交通量两个参数易于观测，因此两者的关系仍被广泛接受与应用。本小节在拟合了速度—密度、交通量—密度关系基础上，仅对路段内和交叉口的速度—交通量散点图及变化规律做定性讨论。

①路段内速度—交通量关系。

路段内的速度—交通量关系散点图如图3-44所示。随着交通量的增加，速度总体上保持下降的趋势，但在交通量小于20p/min时，速度随交通量增加的变化幅度并不显著，这是因为在路段内人流量不大时，行人处于自由流状态，速度差别不大。

②交叉口速度—交通量关系。

交叉口的速度—交通量关系散点图如图3-45所示。随着交通量的增加，速度总体上保持下降的趋势，但在交通量小于20p/min时，速度随交通量增加的变化幅度并不显著，这是因为在交叉口人流量不大时，行人处于自由流状态，速度差别不大。

从交叉口与路段内的速度—交通量关系散点图可以看出，两种环境下速度的大致趋势是随着交通量的增大而减小，而交叉口因为行人过街出于安全考虑，速度相比于路段内整体更大一些，且随交通量的增大下降更慢。

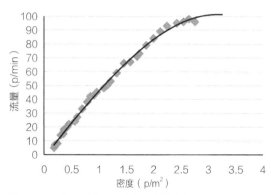

图 3-43 交叉口流量—密度散点拟合图

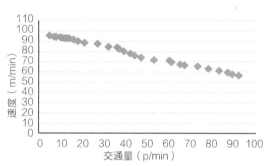

图 3-44 路段内流量—速度散点图

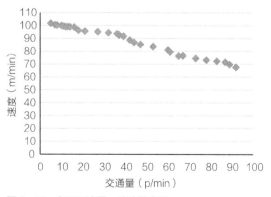

图 3-45 交叉口流量—速度散点图

3.2 历史街区自行车交通特性研究

《大美百科全书》将自行车定义为："双轮交通工具，在一轻金属架上安装前、后两座位，以脚踩踏板前进，并由前轴的把手控制行进方向。座位下方的踏板以齿轮、链条等组合带动后轮。"自行车主要具有以下基本特点。

①自行车空间体积小，占用道路面积小。停放1辆小汽车的用地可以停放8～12辆自行车，自行车对道路交通设施使用较少。

②自行车是一种人力驱动的无污染的交通工具。自行车以它的无废气排放、噪声小等优势，成为城市越来越提倡使用的环保型绿色交通工具。

③自行车具有很强的灵活性和机动性。自行车车体小，转弯刹车灵活，容易实现门到门的交通出行，停放车容易。

④在机非混行的道路上，自行车会受到来自机动车的横向压力。

自行车交通是历史文化街区慢行交通的重要组成部分，本节主要研究历史文化街区的自行车（不包括电动自行车）的慢行交通特性。本节的研究结构如图3-46。

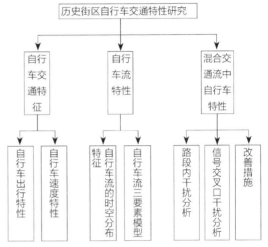

图 3-46　历史街区自行车交通特性研究内容结构

3.2.1 历史街区自行车交通特征

1. 历史街区自行车到达特征

历史街区的自行车有其特殊的交通特征，本小节根据网络调查和实地观测两种调查方法得到的基础数据对自行车交通特征进行研究。

（1）历史街区自行车骑行者年龄层特征

通过在网上对历史街区内骑行者的年龄段进行调查后可得图3-47。

从图3-47中可以看出，在历史街区主要的骑行者年龄段分布在青年群体，占到调查人数的近一半，老年人和儿童因为出于安全的考虑所以骑自行车人数较少。

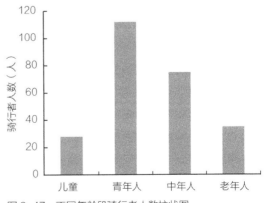

图 3-47　不同年龄段骑行者人数柱状图

（2）历史街区自行车到达时间段特性

通过在已有历史街区的观测点进行观测，从7：00到21：00对指定断面的交通量进行统计，对统计数据绘出趋势图，如图3-48所示。

从图3-48中可以看出，已有历史街区的自行车交通量高峰期在8：00和18：00左右，这是因为这两个时间点都是上下学、上下班的时间段，因为已有历史街区的骑行者主要出行目的就是上学、上班，所以这个时间段的交通量较大。

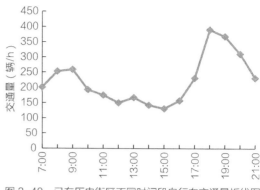

图 3-48　已有历史街区不同时间段自行车交通量折线图

以同样的方法在再造历史街区的观测点进行观测，以大唐不夜城片区的观测数据绘出趋势图，如图3-49所示。

从图3-49可以看出，再造历史街区的自行车交通量高峰期在17：00以后，可以看出再造历史街区没有早高峰，只有晚高峰，这是因为再造历史街区吸引交通量的主要途径是娱乐消费和观光旅游，学校较少，早晨上班的人数也少，所以没有早高峰，但是下午时间段随着娱乐消费和游玩的人数增加，自行车交通量自然增大。

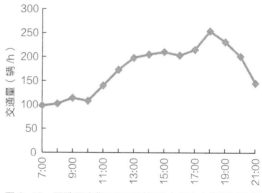

图 3-49　再造历史街区不同时间段自行车交通量折线图

（3）历史街区自行车到达距离特性

通过在网上对骑自行车前往历史街区的骑行者的骑行距离进行调查后可得图3-50。

从图3-50中可以得出以下结论。

①已有历史街区的骑行距离较短，集中在1～3km的距离骑行者人数较多，而再造历史街区集中在2～4km的距离骑行者人数较多，这是因为已有历史街区更加靠近城市中心，更加便捷。

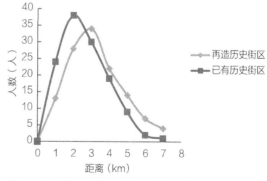

图 3-50　到达历史街区骑行距离的人数分布

②出行距离呈正态分布，这是因为过短距离可以通过步行代替，而过长距离对于骑行者来说体力消耗太大，且耗时较长，出行方式会选择机动车代替。由此可以得出，2～4km是骑行者最佳出行距离。

（4）历史街区自行车到达时耗特性

通过在网上对骑自行车前往历史街区的骑行者的骑行时间进行调查后可得图3-51。

从图3-51中可以看出，已有历史街区骑行耗时在30min内的骑行者更多，而再造历史街区骑行耗时在40min内的骑行者更多，可以看出骑行者前往已有历史街区耗时更短，这是因为相比于已有历史街区，再造历史街区更加远离城市中心，故耗时较长。

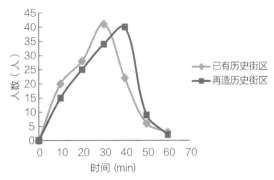

图3-51 到达历史街区耗时曲线

2. 历史街区自行车速度特性

自行车交通属于慢速交通工具，自行车速度主要受出行目的、年龄因素、性别因素、道路状况、天气状况等条件的影响，本小节对影响自行车速度的3个因素进行统计分析。

（1）骑行者年龄对自行车速度的影响

通过对历史街区各观测点的骑行者速度进行统计，随机抽取儿童、青年、中年、老年骑行者各30位的速度，可以得到速度与年龄的箱形图（图3-52）。

从以上统计结果的箱形图中可以看出，自行车骑行速度主要集中在11~15km/h，而青年骑行者的速度整体较大，其次是儿童和中年骑行者，速度相当，老年骑行者的速度分布范围较大，速度整体偏小。从统计数据中还可以得到不同年龄段的速度统计量值，如表3-22所示。

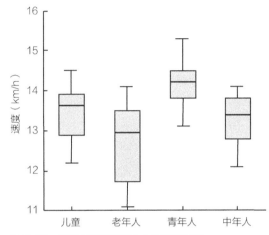

图3-52 不同年龄段骑行者的速度箱形图

不同年龄段自行车速度统计量 表3-22

分类	儿童	青年人	中年人	老年人
样本量	30	30	30	30
均值（km/h）	13.3200	14.1667	13.2833	12.6533
15%位速度（km/h）	12.4650	13.4650	12.4650	11.3650
85%位速度（km/h）	14.2000	14.8700	13.9350	13.7350

（2）骑行者性别对自行车速度的影响

通过对历史街区各观测点的骑行者速度进行统计，随机抽取男性和女性骑行者各50位的骑行速度，可以得到速度与性别的箱形图（图3-53），从图中可以看出，男性骑行者的速度集中在12.5~15.3km/h，女性骑行者的速度集中在12.1~14.3km/h，无论是最大速度，还是速度均值，男性的速度都明显大于女性。从统计数据还可以得出表3-23。

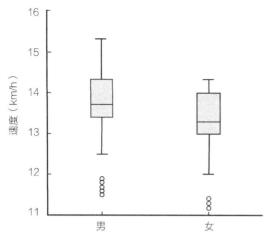

图3-53　不同性别骑行者的速度箱形图

不同性别速度统计量　　　表 3-23

性别	样本量	均值（km/h）	15%位速度（km/h）	85%位速度（km/h）
男性	50	13.6500	12.6650	14.5350
女性	50	13.2592	12.2500	14.1500

（3）历史街区不同道路类型对自行车速度的影响

历史街区中的再造历史街区一般在规划时都考虑到非机动车道的设置，而已有历史街区一般没有专用非机动车道。通过对历史街区各观测点的骑行者速度进行统计，对机—非隔离道路、机—非混行的双车道和四车道的道路上自行车速度进行统计，三种道路类型分别随机抽取30个速度样本，可以得到速度与三种道路类型的箱形图（图3-54）。

从图3-54可以看出，机—非隔离车道上的自行车速度集中分布在12.7～15.0km/h，双车道自行车速度集中分布在11.3～13.8km/h，

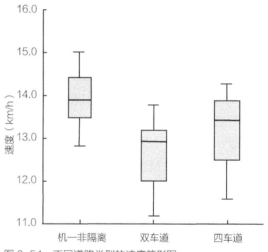

图3-54　不同道路类型的速度箱形图

四车道自行车速度集中分布在11.8～14.4km/h，有专用非机动车道的路面上自行车的速度显著大于无专用非机动车道上的速度，路面更宽的四车道的自行车速度也整体高于双车道上的自行车速度，对这三种道路类型的自行车速度统计量如表3-24所示。

三种道路类型自行车速度统计量　　　　　　　表 3-24

分类	机—非隔离	双向四车道（机非混行）	双向两车道（机非混行）
样本量	30	30	30
平均值（km/h）	13.9200	13.1867	12.6033
15%位速度（km/h）	13.2650	12.0300	11.4650
85%位速度（km/h）	14.5350	14.0350	13.5350

对历史街区三种不同道路类型上骑行者的年龄段进行记录，对四个年龄段的骑行速度求得平均值，可得出三种道路类型上不同年龄段速度的曲线，如图3-55所示。

图3-55中，1、2、3、4分别代表儿童、青年、中年、老年四个年龄段，从图中可以看出，机—非隔离路段的各年龄段速度都大于机非混行四车道上的速度，机非混行四车道上各年龄段的骑行速度都大于机非混行双车道上的骑行速度。

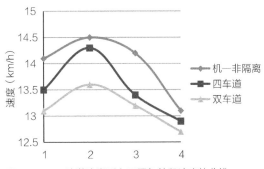

图3-55　三种道路类型上不同年龄段速度的曲线

（4）设计速度推荐值

根据本小节对历史街区自行车速度影响因素的研究，以样本均值为主要参考结合实际情况，对历史街区的自行车速度的设计推荐值如表3-25所示。可见历史街区自行车速度推荐值与常见的非机动车道自行车设计速度18km/h相比较小。

西安市历史街区非机动车道自行车设计速度推荐值（单位：km/h）　表3-25

分类	儿童	青年人	中年人	老年人	男性	女性	所有样本
均值	13.32	14.17	13.28	12.65	13.65	13.26	13.39
15%位速度	12.47	13.47	12.47	11.37	12.67	12.25	12.45
85%位速度	14.20	14.87	13.94	13.74	14.54	14.54	14.30
推荐值	13.35	14.15	13.30	12.65	13.65	13.30	13.40

3.2.2　历史街区自行车交通流特性

历史街区的自行车交通流主要参数包括自行车流交通量、自行车流速度、自行车密度，机非隔离路段内的自行车流所受干扰较小，对其进行研究可以了解历史街区中机非隔离路段自行车流的交通特性。

1.　历史街区自行车交通流参数

本小节通过在湘子庙片区、大唐西市片区、大唐不夜城片区三个观测点中机非隔离路段的自行车交通量进行统计，并采用摄像法对观测车流进行视频记录，从而计算得出自行车流的速度和密度参数。

（1）自行车交通量及其时空分布特征

自行车交通量是指单位时间内通过道路某一点或某一断面的单位宽度上的自行车实体数，单位是辆/（h·m）。

通过对湘子庙片区、大唐不夜城片区、大唐西市片区的各观测点的自行车交通量进行统计，统计的时间段分为早、中、晚三个时间段，三个时间段分别为8：00～9：30、14：00～15：30、17：00～18：30，对每个片区的各时间段的不同观测点的交通量求得的加权平均值，即为此片区这一时段的交通量。经统计整理可得出图3-56。

从图3-56中可以得出以下结论。

①湘子庙街区的晚上时间段自行车交通量最大，其次是早晨，中午时间段的交通量最小。这是因为对于已有历史街区，早、晚高峰时间段的上下班人流量较大，而自行车是上下学、上下班的主要交通工具之一，因此早、晚时间段的自行车交通量会大一些。

②再造历史街区晚上的交通量大于中午的交通量，中午的交通量大于早晨的交通量。这是因为对于再造历史街区，早晨上班、上学的人较少，主要的自行车流组成因素是旅游娱乐，所以出行人数晚上最多，中午次之，早晨最少。

③已有历史街区的自行车交通量在各时间段都比再造历史街区的自行车交通量大。而且无论是已有历史街区还是再造历史街区，自行车交通量最大的时间段都为晚上。

（2）自行车流速度及其时空分布特征

同行人速度量度方式一样，自行车速度分为时间平均速度和空间平均速度，本小节采用空间平均速度进行研究，空间平均速度是指自行车在一段距离行进时的平均速度。

在三个片区的机非隔离路段的非机动车道上任意选取的10m区域，对区域内单个自行车速度进行统计，求得每个观测点自行车的加权平均速度，作为这个观测点的自行车速度，再对每个片区各时间段的不同观测点的自行车速度求得的加权平均值，即为此片区这一时段的自行车速度值，单位为km/h。统计的时间段分为早、中、晚三个时间段。经过统计整理可得出三个片区的自行车速度柱状图如图3-57所示。

从图3-57可以得出历史街区自行车速度的以下特性。

①无论是已有历史街区的湘子庙片区还是再造历史街区，各时间段的自行车速度基本相当，且都集中在12.5～15km/h。

②大唐不夜城片区的自行车速度略大，主要是因为大唐不夜城有专用的非机动车道，且交通量并不大，故自行车主要处于自由流状态，因此速度较大。而另外两个片区的道路都较窄，没

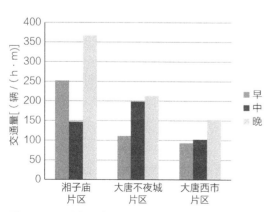

图 3-56　历史街区自行车流交通量时空分布柱状图

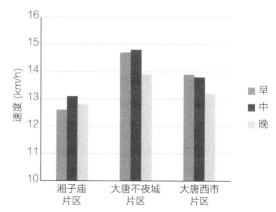

图 3-57　历史街区自行车流速度时空分布柱状图

有专门设置非机动车道，因此对自行车速度的
影响较大。

（3）自行车流密度及其时空分布特征

选取三个片区中机非隔离路段的非机动车
道，对非机动车道内的自行车交通量进行统
计，除以区域面积，便可以得到自行车的交通
密度，对每个观测点在同一时间段进行多次统
计，取加权平均值即可得到某个观测点每个时
间段的自行车交通密度。统计的时间段分为
早、中、晚三个时间段，经统计整理得出三个
片区的自行车密度柱状图（图3-58）。

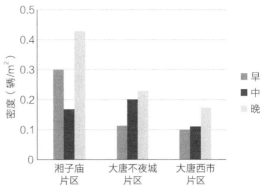

图 3-58　历史街区自行车流密度时空分布柱状图

从图3-58中可以得出以下结论。

①已有历史街区的湘子庙片区的早、中、晚3个时间段的自行车交通密度差别较大。早晨时
间段自行车密度为0.3辆/m²，中午时间段为0.16辆/m²，而晚上的自行车密度为0.42辆/m²。这是因
为已有历史街区早、晚高峰时间段的上下班交通流量远大于非高峰时间段，故早、晚时间段的自
行车密度远大于中午的自行车密度。

②再造历史街区的大唐不夜城片区和大唐西市片区的自行车流密度小于已有历史街区的密
度。这是因为已有历史街区交通量较大，路幅较窄，机非混行，所以密度较大；而再造历史街区
的交通量小，且设有非机动车专用道，故密度较小。

③再造历史街区的大唐不夜城片区和大唐西市片区的自行车流密度均符合早晨小于中午、
中午小于晚上这一规律。这是因为中午和晚上的交通量相对更大一些，所以导致出现这一规律。

④已有历史街区和再造历史街区自行车密度最大的时间段都是晚上，这是因为无论已有历
史街区还是再造历史街区在晚上的自行车交通量都更大一些，所以自行车密度也相应更大。

2. 历史街区机非隔离路段自行车流三参数之间的关系

自行车流的交通量（Q）、密度（K）、速度（V）三者之间的定量关系被称为自行车交通流
的基本模型，其变化规律反映了交通流的宏观运行特性。一般来说，$Q=V \cdot K$是表达三者之间的
基本公式。速度—密度关系描述了不同密度条件下个体间相互作用的强度；流量—密度关系则描
述了不同聚焦密度下道路断面单位时间内的自行车通过量，是确定设施通行能力与服务水平的重
要依据。

本节对自行车交通流建模的总体思路为：基于实测数据，通过对数据拟合程度的优劣以及对
实际交通现象解释能力的高低，选择并确定交通流模型。

（1）速度—密度模型

①模型拟合方法。

本小节模型的选取及回归系数显著性检验均参照行人速度—密度关系的建模方法。

②模型拟合结果。

A. 模型选取及建立。

观察自行车流的速度—密度关系散点图（图3-59）可知，速度—密度关系模型在密度小于0.5辆/m²时可认为服从Dick分段线性关系或者Bell-shaped曲线关系，通过统计回归分析，分别构建分段线性函数和Bell-shaped曲线拟合路段内水平通道速度—密度关系，得到Bell-shaped曲线的拟合度优于线性函数。此处采用Bell-shaped曲线拟合速度—密度关系。而在密度大于0.5辆/m²以后速度的变化离散性较强，变化规律不太明显，这是因为在自行车流密度较大时，自行车流处于跟驰状态，因此速度的大小取决于整个自行车流的速度。鉴于此特点，对速度—密度模型采用分段建模。

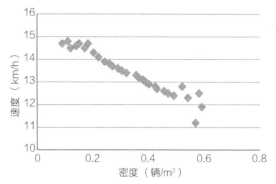

图 3-59　历史街区自行车流速度—密度散点图

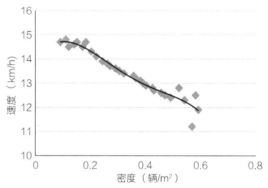

图 3-60　历史街区自行车流速度—密度拟合曲线

当自行车流密度小于0.5辆/m²时，采用Bell-shaped曲线，Bell-shaped曲线的函数关系式为$V=V_f e^{-\frac{1}{2}\left(\frac{D}{D_m}\right)^2}$，其中$V_f$为自行车自由流速度。通过线性变换，令$y=\ln V$，$x=D^2$，利用线性回归得到$y$与$x$之间的关系式为：

$$Y=-0.789x+2.689 \tag{3-15}$$

由此得到历史街区路段内水平通道的速度—密度关系如式（3-16）所示，判定系数$R^2=0.964$，速度—密度关系拟合曲线如图3-60所示。转换后可得出速度与密度的模型关系式为：

$$V=14.71e^{-\frac{1}{2}\left(\frac{D}{0.80}\right)^2} \tag{3-16}$$

由图3-60可以看出，当密度值小于0.2辆/m²时，速度随密度增加基本不发生变化。因此，可以认为当密度小于0.2辆/m²时，路段内自行车处于自由流状态，自由流速度为14.71km/h。

当自行车流密度大于或等于0.5辆/m²时，自行车处于跟驰状态，自行车流速度为跟驰速度，所以，自行车流的速度—密度关系式为：

$$V=\begin{cases}14.71e^{-\frac{1}{2}\left(\frac{D}{0.80}\right)^2} & (D<0.5辆/m²)\\ V_g & (D\geq 0.5辆/m²)\end{cases} \tag{3-17}$$

式中，V_g为自行车流密度大于或等于0.5辆/m²时自行车的跟驰速度。

B. 速度—密度关系统计检验。

在检验水平$\alpha=0.05$下，对式子的回归系数进行显著性检验，得到检验统计量T的观测值为-25.041，显著性概率p值为0.000<0.05。即拒绝t检验的零假设，说明线性关系是显著的，可以

建立线性模型。

（2）流量—密度模型

流量—密度模型反映了不同自行车密度下单位宽度路段在单位时间内的自行车交通量，本节对流量—密度模型的研究仍然基于各观测点的实测数据，分别对历史街区路段内的自行车流量以及对应的密度进行建模。

①模型拟合方法。

本小节模型的选取及回归系数显著性检验均参照行人流量—密度的建模方法。

②模型拟合结果。

A. 历史街区的流量—密度关系散点图如图3-61所示，从图中可以看出，随着密度的增加，交通量逐渐上升。分别利用多项式、指数、对数等模型回归流量—密度曲线，结果为多项式模型拟合程度最好。在利用多项式模型拟合时，还考虑增加如下约束条件：当密度小于0.6pcu/m²时，多项式方程中流量对密度的一阶导数大于0，由此得到路段内流量—密度关系如式（3-18）所示。判定系数$R^2=0.992$，流量—密度拟合曲线如图3-62所示。

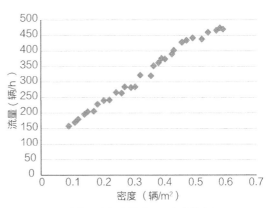

图 3-61　历史街区自行车流流量—密度散点图

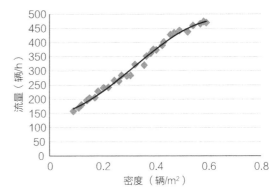

图 3-62　历史街区自行车流流量—密度拟合曲线

$$Q=-2356D^3+2223D^2+67.83D+144.3 \qquad （3-18）$$

B. 流量—密度关系统计检验。

在显著性水平$\alpha=0.05$下，对回归模型进行F检验，得到F统计量观测值为1111.965，远大于$F_{0.95}$临界值。因此，可认为采用式（3-18）回归实测的流量—速度数据具有显著意义。

（3）流量—速度模型

①模型拟合方法。

本小节模型的选取及回归系数显著性检验均参照行人交通量三要素的建模方法。

②模型拟合结果。

A. 历史街区的流量—速度关系散点图如图3-63所示，从图中可以看出，随着交通量的增加，速度逐渐下降。分别利用多项式、指数、对数等模型回归流量—速度曲线，结果为多项式模型拟合程度最好。在利用多项式模型拟合时，还考虑增加如下约束条件：当交通量小于400辆/h时，多项式方程中交通量对速度的一阶导数大于0，由此得到路段内流量—速度关系如式（3-19）所示。判定系数$R^2=0.930$，流量—速度拟合曲线如图3-64所示。

$$V=-6.66Q^3+5.522Q^2-10.33Q+16.40 \qquad （3-19）$$

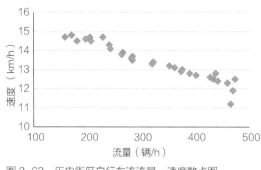

图 3-63 历史街区自行车流流量—速度散点图

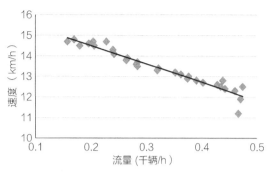

图 3-64 历史街区自行车流流量—速度拟合曲线

B. 流量—速度关系统计检验

在显著性水平$\alpha=0.05$下，对回归模型进行F检验，得到F统计量观测值为1111.965，远大于$F_{0.95}$临界值。因此，可认为采用式（3-19）回归实测的流量—速度数据具有显著意义。

3.2.3 历史街区混合交通流中机动车—自行车干扰特性

对于历史街区尤其是已有历史街区，道路中单幅路较多，没有专用非机动车道，所以机动车和自行车混合交通流较多，本小节对混合交通流中机动车对自行车骑行的干扰特性进行研究。

1. 混合交通流机动车—自行车干扰分析

历史街区混合交通流机动车—自行车干扰从干扰发生位置上可以分为两类，一种是路段上的机动车—自行车干扰，另一种是交叉口的机动车—自行车干扰。

（1）路段上的机动车—自行车干扰分析

①干扰的分类。

对于历史街区的混合交通流的机动车—自行车干扰现象，从机动车对自行车的干扰形式来说，可以分为以下两种形式。

A. 摩擦干扰：摩擦干扰是指当机动车侧向接近于自行车道的车辆时，自行车骑行者考虑到自身安全往往会采取降低车速、改变行驶轨迹等措施，如图3-65所示。

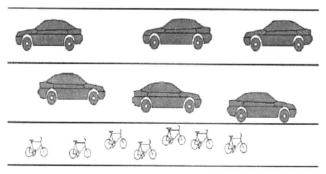

图 3-65　摩擦干扰示意

B. 阻滞干扰：阻滞干扰是指当机动车占用自行车道阻挡了自行车行驶，迫使自行车停止或减速行驶，如图3-66所示。机动车对自行车的阻滞干扰一般发生在早、晚高峰机动车道负荷较大时及公交车进出停靠时和路边停车驶入、驶出时。

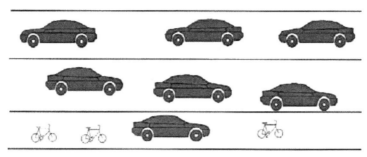

图 3-66 阻滞干扰示意

②机动车对自行车行驶的干扰因素分析。

自行车在机非混行路段上行驶，会受到机动车的干扰，主要有以下几种因素。

A. 车型比例。

机动车车型越大，对相邻自行车的横向干扰就越明显，大型车在路段上的行驶速度较低，会导致其后的小汽车在无法超越时进入自行车道的概率加大。

B. 路边停车。

机动车在停车和自行车的交织避让时会改变自行车速度和行驶轨迹，且路边停放的车辆缩减了车道宽度，使得自行车横向运行空间减少。

C. 公交车。

公交车在行驶时由于车型较大，对自行车的干扰较大；当公交车进站时，又会对自行车行驶造成阻滞干扰。公交站点的设置形式越复杂、平均进出站时间越长、停靠次数越多，对自行车的干扰就越大。

D. 机动车道负荷度。

机动车道负荷度越大，机动车越多，对自行车行进的摩擦干扰和阻滞干扰就越多，甚至会出现机动车占用自行车道，严重干扰自行车的情况。

E. 机动车行驶速度。

在机非混行道路上，机动车速度过大会对自行车骑行者产生较大的心理负担，会不自觉地靠近道路边缘，远离机动车。

F. 机非间距。

机动车与自行车流外侧的自行车之间横向的间隙距离，称为机非间距。当自行车与机动车的间距较小时，骑行者会有意避让，拉大与机动车的距离。

（2）信号交叉口机动车—自行车干扰分析

在历史街区的交叉口中，不同方向的交通流要通过同一交通共享区域，便会产生干扰。例如，在图3-67所示十字交叉口，会产生多个机动车—自行车冲突点，这都为自行车通过交叉口留下较大的安全隐患。

从图3-67可以看出，交叉口有三种干扰类型最常见：右转机动车与相邻车道直行自行车之间的干扰；对面直行机动车与左转自行车之间的干扰；左转机动车与对面直行自行车之间的干扰。这三种类型中，以第一种最为常见且影响最大，本节对交叉口的干扰研究主要是第一种情况。

对交叉口机动车—自行车的干扰区和干扰程度进行定义如下。

①干扰区。

自行车在交叉口内成群结队行驶，与右转机动车的运动轨迹之间的干扰经常出现在一个区域，称为干扰区，如图3-68所示。

②干扰程度。

交叉口机动车—自行车混合交通流的干扰程度是指在干扰区域内，由于机非之间的相互穿越行为而造成的时间损失占正常通行所需时间的比率。正常通行所需的时间是指在没有干扰情况下一定样本量的机动车通过干扰区的平均时间，计算公式为：

$$K=(t_干-t_无)/t_无 \qquad （3-20）$$

式中，$t_干$为干扰情况下通过干扰区时间（s）；$t_无$为无干扰情况下机动车通过干扰区的平均时间（s）。

2. 路段内机动车干扰下自行车速度分析

（1）阻滞干扰下自行车速度分析

机动车阻滞干扰下，自行车的速度会受到明显影响，有以下两种形式：当机动车只是短暂阻滞自行车运行，自行车的速度受到短暂影响，先变小后变大，变化示意如图3-69（a）所示；当机动车长时间阻滞自行车运行，自行车速度会先减小，然后跟驰机动车，最后再加速变大，如图3-69（b）所示。

为了研究历史街区自行车变化的情况，需要研究自行车的加速度和减速度，选取已有历史街区中粉巷路段的自行车在阻滞干扰下的加、减速度变化值进行统计，经过处理后得到60个数据，对数据从小到大排序后可得到图3-70，从图中可以看出自行车加速度和

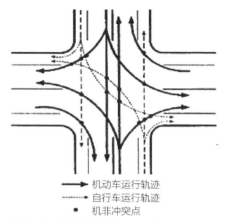

机动车运行轨迹
自行车运行轨迹
机非冲突点

图 3-67 两相位信号交叉口机非冲突点示意

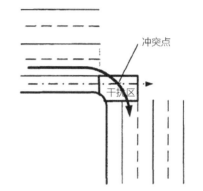

图 3-68 平面交叉口机非干扰冲突点示意

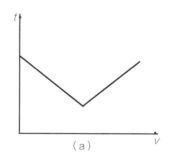

（a）

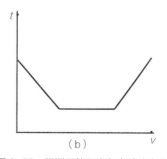

（b）

图 3-69 阻滞干扰下自行车速度变化

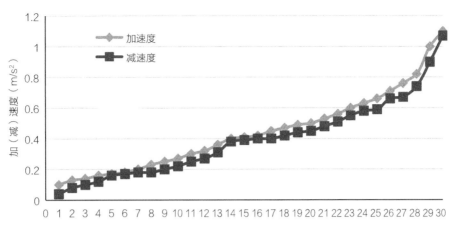

图 3-70 阻滞干扰下自行车加（减）速度散点图

减速度值的分布范围都为[0，1.5]，减速度整体上略小于加速度，经过统计后可以得出加速度均值为0.44m/s²，减速度均值为0.39m/s²。

（2）摩擦干扰下自行车速度分析

考虑到骑行者左、右有无邻近的自行车和距离机动车的远近，可将自行车的位置分为五种状态（图3-71）：①左边没有非机动车、右边有非机动车；②左边有非机动车、右边没有非机动车，与机动车的间距较大；③左、右均没有非机动车；④左、右均有非机动车；⑤最靠近机动车，与机动车间距较小。

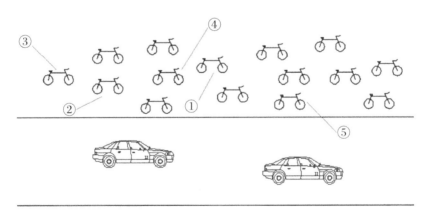

图 3-71 非机动车位置分布

因为本书只考虑邻近机动车道行驶，且确实受到机动车横向干扰的自行车，所以①～④均不在本书研究范围之内，本书研究的是第⑤种情况。

①摩擦干扰下自行车速度的影响因素。

历史街区自行车在摩擦干扰下速度的影响因素取决于三个参数：自行车与最靠近的机动车间隔、机动车速度和机动车流量。

②参数调查方法。

自行车和机动车的间隔对速度的影响按照以下方法获取数据：首先在道路上平行于路缘石

每隔0.5m做上记号，这就可以通过标记大致估算出自行车与离其最近的机动车的间隔，在记录间隔的同时记录自行车的空间平均行驶速度。

机动车的速度测定采用以下方法：选取道路上30m长的距离，记录机动车的空间平均速度，同时记录自行车在这一路段内的速度。

机动车流量通过以下方法计算得到：选取道路上30m长的距离，记录0.5h内该30m道路的机动车流量，同时记录自行车速度即可。

③各影响因素对速度影响分析。

A. 自行车与机动车之间的间隔对自行车速度的影响。

自行车与机动车之间的间隔对自行车速度的影响很大，通过对观测点的机动车与自行车间距进行调查统计后，得出散点图如图3-72所示，y轴为自行车速度（km/h），x轴为自行车与机动车的间距（m），图上曲线为趋势拟合线。

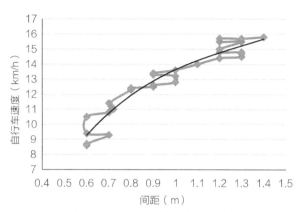

图3-72　机动车—自行车间距对自行车速度影响散点拟合图

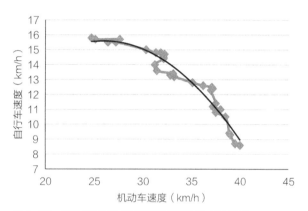

图3-73　机动车速度对自行车速度影响散点拟合图

从图3-72中可以看出，整体趋势为机非间距较小时，自行车的速度受机动车影响较大，速度较小，随着距离的增大，机动车对自行车的速度影响变小，自行车速度逐渐变大。通过对速度—间距散点拟合后可得出公式如式（3-21）所示，$R^2=0.930$，拟合度较高。

$$Y=7.504x^3-29.7x^2+43.66x-7.832 \tag{3-21}$$

B. 机动车速度对自行车速度的影响。

通过对观测点的机动车速度调查统计后，得出散点图如图3-73所示，y轴为自行车速度（km/h），x轴为相邻的机动车速度（km/h），图上曲线为趋势拟合线。

从图3-73可以看出，当机动车速度较小时，自行车的速度大，趋近于自由流，机动车对自行车速度的影响几乎不存在；当机动车速度变大时，对自行车的速度影响变大，自行车速度下降。通过对自行车与机动车速度散点拟合后可得出公式如式（3-22）所示，$R^2=0.943$，拟合度较高。

$$Y=-0.033x^2+1.718x-6.618 \tag{3-22}$$

C. 机动车流量对自行车速度的影响。

通过对观测点的机动车流量调查统计后，得出散点图如图3-74所示，y轴为自行车速度（km/h），x轴为机动车流量（辆/s），图上曲线为趋势拟合线。

从图3-74可以看出，当机动车流量较小时，自行车的速度大，趋近于自由流，机动车对自行车速度的影响几乎不存在；当机动车流量增大时，对自行车的速度影响变大，自行车速度下降。通过对速度—流量散点拟合后可得出公式如式（3-23）所示，$R^2=0.919$，拟合度较高。

$$Y=1033x^3-1985x^2+1226x-230.7 \quad （3-23）$$

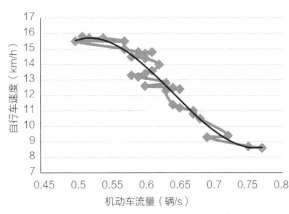

图3-74　机动车流量对自行车速度影响散点拟合图

④路段内自行车速度各影响因素的多元线性回归分析。

以自行车道外侧自行车速度V为因变量，影响自行车的机动车最大速度和影响自行车行驶的机动车流量为自变量，建立如下回归方程：

$$V=a+bv+cL+dq \quad （3-24）$$

式中，a、b、c、d为待定系数。

将观测数据导入SPSS分析软件内，进行多元线性回归，得到公式为：

$$V=18.052-0.152v+3.920L-0.630q \quad （3-25）$$

从式（3-25）可以看出，机非间距、机动车速度和机动车道路段流量分别与自行车速度正相关、负相关、负相关。

多元线性回归模型的拟合系数$R^2=0.919$，满足$R^2>0.8$的要求。在显著性水平$\alpha=0.05$下对模型进行F检验，检验过程如下：

$$F_{1-\alpha}(3.26)=F_{0.95}(3.26)=2.98$$

回归方程统计量$F=98.635>2.98=F_{0.95}(3.26)$，显然，线性回归模型$V=18.052-0.152v+3.920L-0.630q$通过检验，模型成立。

3. 信号交叉口机动车干扰下自行车交通特性

以历史街区信号交叉口右转机动车对直行过街自行车的干扰为研究对象，将直行过街自行车分为两种情况：一种是以"集团式"的自行车流通过交叉口，另一种是单辆自行车通过交叉口。对交叉口这两种情况下的自行车干扰特性进行研究。

（1）右转机动车对直行自行车过街速度的干扰分析

对"集团式"自行车流在有干扰和无干扰两种情况下其速度的观察统计，得到有效的有干扰和无干扰情况下各50个样本，可得出表3-26和百分比柱状图（图3-75）。

有干扰和无干扰下自行车流速度的统计量　　　　　　　　　　　　　表3-26

项目	样本量	速度均值（km/h）	速度方差	15%位速度（km/h）	85%位速度（km/h）
有干扰	50	5.39	2.21	3.57	7.14
无干扰	50	8.67	2.01	6.87	10.44

从表3-26和图3-75可以得出以下结论。

①在有干扰情况下的交叉路口，速度分布主要集中在2~8km/h；而在无干扰情况下的交叉路口，速度分布主要集中在6~10km/h。可以看出来有干扰的低速自行车流所占比例更大，无干扰的高速自行车流所占比例更大。

②有干扰的自行车流平均速度（5.39km/h）小于无干扰的自行车流的平均速度（8.67km/h）。可以看出右转机动车对自行车流的速度影响较大。

③自行车流在交叉口的速度受混合交通流的干扰，速度明显小于路段内的自行车流速度。

对单辆自行车在有干扰和无干扰两种情况下过街速度的观察统计，得到有效的有干扰和无干扰情况下各50个样本，可得出表3-27和图3-76。

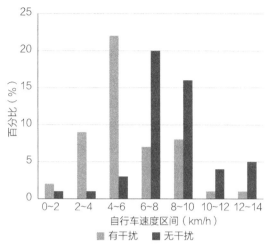

图3-75　有干扰和无干扰下自行车流速度所占百分比柱状图

有干扰和无干扰下单辆自行车速度的统计量　表3-27

项目	样本量	速度均值（km/h）	速度方差	15%位速度（km/h）	85%位速度（km/h）
有干扰	50	8.85	2.12	7.07	10.64
无干扰	50	11.55	2.21	9.77	13.34

从图3-76和表3-27可以得出以下结论。

①单辆自行车在有机动车干扰下的速度小于无干扰情况下的速度。无干扰情况下速度分布的区间整体大于有干扰情况。

②单辆自行车通过交叉口时，因为可以穿越机动车间隙，所以通过交叉口的平均速度大于自行车流通过的平均速度。

（2）对自行车流耗时的干扰分析

在右转机动车与直行自行车的干扰中，由于公交车的体积要比小汽车大很多，通过交叉口右转时会占用更多的道路空间和绿灯通行时间，对自行车通过交叉口耗时的影响更大。利用公式$K=(t_干-t_无)/t_无$便可以分别求出公交车和小汽车两种车型对自行车流的干扰强度。

对"集团式"自行车流通过交叉口时无干扰、有右转小汽车、有右转公交车三种情况下

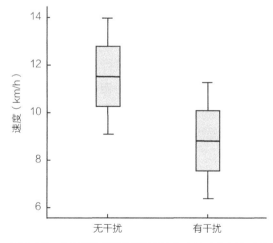

图3-76　有干扰和无干扰下单辆自行车速度分布箱形图

的耗时进行观测记录，统计分析后可得表3-28和图3-77。

不同机动车对自行车流的干扰程度统计量 表 3-28

项目	样本量	平均耗时（s）	干扰强度
无干扰	50	18.9	0
小汽车	50	27.5	0.46
公交车	50	35.8	0.89

从图3-77和表3-28中可以得出以下结论。

①公交车对自行车流穿越交叉口的干扰强度大于小汽车，干扰强度几乎是小汽车的2倍。

②从箱形图中可以看出，三种情况下的自行车流过街耗时差别较大。公交车干扰下耗时分布中最小值也比小汽车耗时分布中最大值大，可见车型对自行车流过街耗时影响巨大。

对单辆自行车通过交叉口时无干扰、有右转小汽车、有右转公交车三种情况下的耗时进行观测记录，统计分析后可得表3-29和图3-78。

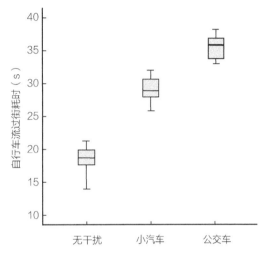

图 3-77 不同车型对自行车流过街耗时影响的箱形图

从图3-78和表3-29可以得出以下结论。

①右转公交车对直行单辆自行车的速度干扰大于小汽车，干扰强度远大于小汽车对直行自行车的干扰强度。

②单辆自行车在小汽车和公交车的干扰下过街时耗小于自行车流在干扰下的过街时耗。

不同机动车对单辆自行车的干扰程度统计量

表 3-29

项目	样本量	平均耗时（s）	干扰强度
无干扰	50	13.7	0
小汽车	50	15.9	0.16
公交车	50	22.2	0.62

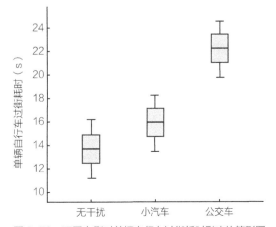

图 3-78 不同车型对单辆自行车过街耗时影响的箱形图

3.2.4　历史街区混合交通流对自行车交通干扰改善措施

通过以上研究可以发现，历史街区的机动车—自行车混合流在路段内和交叉口都对自行车的运行产生了较大干扰。

针对路段内的机非干扰问题，提出以下改善措施。

①根据现有的道路状况，尽可能设置非机动车专用道，采用机非隔离的横断面形式。再造历史街区一般都设置有非机动车专用道，因此主要是已有历史街区的路段在条件允许的情况下尽可能设置非机动车专用道。

②对公交站点进行改进。在道路条件允许的情况下，尽量将公交站点设置为港湾式站点，以减少对自行车的阻滞干扰，也可以使自行车道外绕公交站点，以减少对自行车的干扰。

③限制或取消路边的机动车停车泊位。对历史街区尤其是已有历史街区在道路较窄的路段，限制或者取消边的机动车停车泊位，这样可以为自行车通行提供更大空间。

针对交叉口的机非干扰问题，提出以下改善措施。

①信号灯优化设置。可以设置自行车专用相位，也可以将自行车通行绿灯与机动车通行绿灯错开，以减少彼此的干扰。

②采取渠化隔离措施，将自行车与机动车可能产生干扰的区域进行渠化隔离，以减少彼此的干扰。例如，设置右转弯专用道、左转弯专用道。

③将自行车停车线提前。提前自行车停车线可以使自行车在绿灯时能够更早地通过交叉口，加上自行车启动较快，可以使机动车对自行车的干扰降低（图3-79）。

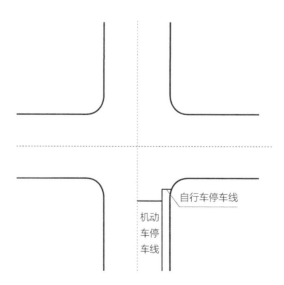

图 3-79　自行车停车线提前示意

第 **4** 章

历史街区
慢行交通需求预测

4.1 基于承载力的历史街区慢行交通预测模型

历史街区的可持续慢行交通规划是对街区有限的慢行时间和空间资源的优化，目标是保护街区环境、促进经济与社会和谐发展，实现街区环境可持续、文化可持续、经济可持续、社会可持续。通过对街区的慢行交通环境承载力进行评估，可以更好地掌握慢行交通供需关系，将慢行交通对街区环境造成的压力控制在自我修复的范围内，实现街区慢行交通与环境的和谐发展。

4.1.1 历史街区慢行交通环境承载力概述

1. 交通环境承载力相关概念

（1）交通环境

交通环境是作用于道路交通参与者的所有外界影响与力量的总和，即围绕交通活动的外部世界。它并不指单纯的自然环境，而是包含了与交通系统有关的社会、经济和自然环境在内的复合环境系统。其主要包括道路条件、道路绿化景观、道路交通设施、气象条件、地形地貌、动态的一些交通活动等。

交通环境问题的本质是交通发展与环境保护之间的矛盾冲突。交通发展对环境产生的负面影响，如果累积到一定程度使环境无法自我恢复，便会造成环境逐步恶化，甚至具有不可逆性。要使交通活动与环境系统协调发展，需要从交通与环境两方面共同着手，在了解环境容量的基础上合理控制交通发展规模。

（2）交通环境容量

交通环境容量是指环境系统允许交通系统所占用的环境资源的最大值，即指在一定时期、一定区域，现实或拟定的交通环境结构不发生恶性质变的前提条件下，交通环境系统能发挥正常功能时可以承受交通系统所占用的资金、容纳的污染物质和消耗的自然资源的最大值。作为环境容量的一部分，交通环境容量受到系统所在区域的自然环境特征、经济发展特征以及区域环境质量标准等因素的制约。

（3）交通环境承载力

根据交通环境容量的概念，环境所能提供的交通负载能力是有限的，即交通环境只能承担有限的交通负荷。所以环境对交通系统的负载能力即可称为交通环境承载力，它是指在一定的时间和空间范围内，不致使交通环境系统恶化的最大交通发展规模。张开冉等将交通环境承载力分为交通环境污染承载力、交通环境自然资源承载力、交通环境心理承载力、交通环境经济承载力。

根据上述理论，假设某一区域交通环境容量一定，交通环境承载力主要取决于单位交通量的排污强度、资源消耗量以及区域居民的心理承受能力和区域经济发展水平的限制。由于不同交通工具的特征指标有很大差异，所以，不同交通结构的交通承载力也是不同的。

2. 慢行交通环境承载力相关介绍

（1）慢行交通环境承载力概念

慢行交通环境承载力由交通环境承载力的概念派生而来，是交通环境承载力细化后的一部分。根据前述概念的描述，可将慢行交通环境承载力定义为：在一定空间环境和一定时间范围内，交通环境系统的功能和结构不向恶性方向转变的条件下，在满足不危害环境系统自我恢复的基础上，在一定的环境质量和出行质量要求下，某一区域或局部道路上单位时间所能容纳的最大慢行交通量。对步行交通而言是每小时的人数，对非机动车交通而言是每小时的非机动车车辆数。

根据慢行交通环境承载力的概念，可将其分为宏观和微观两个层面。

①宏观层面。

宏观层面上的慢行交通环境承载力主要针对某一区域的慢行路网，指单位时间内该区域慢行路网可容纳的最大慢行交通量。这是在区域的社会、经济、文化等环境条件对其慢行交通发展规模的约束基础上提出来的。

②微观层面。

微观层面上的慢行交通环境承载力主要研究某一具体路段或交叉口的慢行负荷情况，指在该路段或交叉口特定的交通条件下，单位时间内可通过的最大慢行交通量。该层面主要针对区域内道路慢行负荷分布不均的问题，便于进行针对性研究，局部改善道路慢行交通条件，促使整个区域慢行交通需求的均衡分布，实现慢行交通环境资源利用最大化。这也是本书后续研究的侧重点。

（2）慢行交通环境承载力组成体系

慢行交通被称为绿色出行，其环境污染相对较小，故本书不考虑慢行的环境污染承载力，结合历史街区慢行交通特征可将慢行交通环境承载力（STECC）分为慢行交通环境空间承载力（STESCC）、慢行交通环境心理承载力（STEMCC）、慢行交通环境经济承载力（STEECC），如图4-1所示。

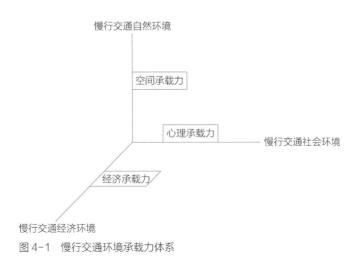

图 4-1　慢行交通环境承载力体系

①慢行交通环境空间承载力（STESCC）。

慢行交通的发生需要占用一定的空间资源，有限的空间容量决定了慢行环境的负载能力，即慢行交通环境空间承载力。不同的慢行出行方式所占用的空间资源不同，如单位个体进行步行交通和进行非机动车交通所需的空间大小不同，所以在一定的慢行空间容量下，可根据不同慢行出行方式计算得到各自的承载力大小。

②慢行交通环境心理承载力（STEMCC）。

慢行交通环境心理承载力主要表征慢行交通出行者的心理感知情况，具体指慢行出行者心理上能承受的慢行交通规模，其意义为保持一定慢行出行质量的交通使用水平或使用量。当慢行交通发展规模超过一定心理容忍阈值时，慢行交通较为拥挤，往往会使慢行出行者拥有较低的安全感知、舒适性感知等。

③慢行交通环境经济承载力（STEECC）。

某一区域的慢行交通环境经济承载力在很大程度上取决于该地区的经济发展水平。一方面区域所能提供的慢行交通基础设施建设费用和基础设施改善费用是一定的，它能承担的慢行发展规模是一定的；另一方面，区域的慢行交通发展规模会反作用于当地经济发展，一般随着慢行交通规模的发展，会拉动当地经济的发展，而随着慢行交通规模发展到一定水平时，继续增长不再继续增加经济效益，反而会促使区域环境恶化，慢行出行质量下降，抑制经济进一步增长。所以慢行交通环境经济承载力取决于当地经济发展水平和经济与慢行交通之间的相互刺激规律。

3. 历史街区慢行交通环境承载力研究意义

历史街区道路以支路为主，路幅较窄，并且汇集了旅游、商业、居住等多种功能，慢行交通为其主要的出行方式。虽然慢行交通相对于机动车交通是一种绿色出行，但是近几年，随着城市的不断扩张、经济的快速发展，很多历史街区存在着慢行交通高频率拥堵，安全性低，以及慢行环境脏、乱、差的问题，慢行交通需求与慢行交通环境容量非常不平衡。所以亟待对历史街区进行合理的慢行交通规划，对有限的街区慢行时间和空间资源进行优化，保护街区环境、促进经济与社会和谐发展，实现街区环境可持续、经济可持续、社会可持续。这些都需要建立在对慢行交通环境承载力合理评估的基础上，以便更好地掌握慢行交通供需关系。

根据街区慢行交通需求与慢行交通环境承载力的大小关系，可以得到慢行交通发展规模对慢行交通环境产生的压力大小。当慢行交通需求小于慢行交通环境承载力时，表明街区慢行交通较为顺畅，慢行交通环境压力较小；当慢行交通需求等于慢行交通环境承载力即达到了环境饱和的临界值，需要采取适当需求管理措施，以缓解慢行交通环境压力；当慢行交通需求大于慢行交通环境承载力时，表明交通环境已经超负荷，环境在被破坏，需要加强交通需求管理。故对历史街区慢行交通环境承载力的研究，有利于更好地进行街区慢行交通发展规模控制，以及街区慢行交通资源的合理利用，具有十分重要的意义。

4.1.2　基于环境承载力的历史街区慢行交通系统规划框架

历史街区慢行交通系统规划需要处理好近期与远期、局部与整体、保护与更新的问题。对于历史街区近期慢行交通需求与环境承载力的矛盾，采取措施改善慢行交通条件、提高环境承载力，是缓解和维持其有序发展的重要措施；而解决远期矛盾的根本在于基于承载力研究的需求管理。历史街区慢行交通局部规划着眼点是慢行交通设施的改善以及交通需求管理措施的制定，旨在提高慢行交通环境承载力和减少局部慢行交通需求，对于整体规划则需重点考虑慢行交通系统的连通性和均衡性，可以合理进行局部慢行交通设施改造和慢行交通需求管理来达到整体规划协调的目的。历史街区慢行交通基础设施的改造受到街区文化保护、交通需求、环境资源的多方面约束，改造的同时需要保护，保护的同时需要更新。所以为了更好地彰显历史街区的文化特色，应结合历史街区的文化特征、慢行交通资源、交通需求进行慢行交通系统规划，如图4-2所示。

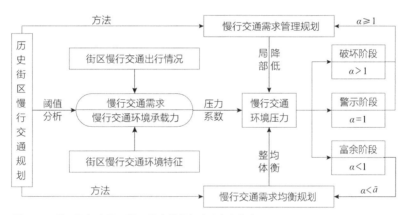

图 4-2　基于慢行交通环境承载力的慢行交通规划框架

4.1.3　历史街区步行交通环境承载力（WTECC）

行人步行速度相对于机动车和自行车都较低，对于行人来说，街区整体的交通空间承载力高并不意味着街区内部各路段的承载能力和服务水平都高，故只考虑街区整体的空间承载能力，对于改善行人日常出行条件并不见得有效，本书将从微观层面入手，着眼于街区内各路段的行人出行情况，研究各路段上的步行交通承载能力。

根据对慢行交通环境承载力的定义，步行交通环境承载力应包含步行交通环境空间承载力（SC_W）、步行交通环境心理承载力（MC_W）、步行交通环境经济承载力（EC_W）。因此，步行交通环境承载力（WTECC）可用如下函数式表达：

$$WTECC = \min(SC_W, MC_W, EC_W) \tag{4-1}$$

1. 步行交通环境空间承载力（SC_w）

（1）计量模型

$$SC_w = 3.6 \cdot v_w \cdot k_w = 3.6 \cdot v_w \cdot \frac{N_w}{L_w} \qquad （4-2）$$

$$N_w = \frac{(1000L_w \cdot d_w - S_{障})}{S_w} \cdot \gamma_w \qquad （4-3）$$

式中，SC_w为历史街区某条路段上的步行交通环境承载力（人/h）；v_w为行人在某路段上的平均步行速度（m/s）；k_w为行人在某路段上的高峰小时最大人流密度（人/km）；L_w为某路段人行道长度（km）；N_w为某路段内的行人总数（人）；$S_{障}$为障碍物占用人行道面积（m²）；d_w为某路段人行道宽度（m）；S_w为人行道上人均占地面积（m²）；γ_w为路旁干扰修正系数。

（2）参数确定

①行人平均步行速度（v_w）。

根据实地调查统计，得到历史街区不同出行目的下的行人步行速度，如表4-1所示，计算时可根据不同道路人行道上的主要步行出行目的进行取值。

历史街区人行道上步行速度情况 表4-1

出行目的	文化旅游	通勤出行	商业购物	休闲娱乐
步行速度（m/s）	0.8～1.0	1.0～1.3	0.9～1.2	0.6～0.9

②障碍物占用人行道面积（$S_{障}$）。

障碍物占用人行道面积，主要包括绿化、报亭、邮箱、电话亭、垃圾箱、广告牌、停车位、违章占道经营、违章停放非机动车、机动车等，计算时根据实际调查情况进行面积估算。表4-2所示为实际测量的一些主要障碍物占地面积情况，还有部分如违章经营等需要根据实际情况进行测量。

历史街区人行道上主要障碍物占地面积 表4-2

障碍物名称	单位占地面积（m²）	障碍物名称	单位占地面积（m²）
树坑	2.25	报亭	3.0～6.0
邮箱	0.6	电话亭	1.0
垃圾箱	0.5	机动车停车位	15～20
广告牌	1.0	非机动车停车位	1.2～1.4

③人行道上人均占地面积（S_w）。

人行道上人均占地面积可由式（4-4）和式（4-5）计算：

$$S_w = l_w \cdot d_w' \qquad （4-4）$$

$$l_{\mathrm{w}} = \frac{3600 \cdot v_{\mathrm{w}}}{N_{\mathrm{w}}} \qquad (4\text{-}5)$$

式中，l_{w} 为步行中前后人之间的距离（m）；d'_{w} 为行人步行宽度（m），通常情况下因携带行李物品的差异而取值不同。一般城市道路上，步行宽度可平均取0.75m，而在火车站、港口、码头、大型商场附近道路上，考虑到携带物品的行人众多，可平均取0.9m，而历史街区既不同于前者，也不完全类似后者，基本上介于两者之间，故本书 d'_{w} 取平均值0.8m。N_{w} 为一条步行带的最大通行能力（人/h），一般道路上一条步行带的最大通行能力 N_{w} 为1800人/h，车站、码头、人行天桥和地道为1400人/h，历史街区因为承担着旅游、购物、通勤、娱乐等多种功能，N_{w} 取值应大于前者而小于后者，故此处 N_{w} 取1600人/h。

综上所述，可以计算得到各种出行目的下的人行道人均占地面积，如表4-3所示，其中以休闲娱乐为目的的出行因为步行速度小，计算得到的人均占地面积较小，这与实际情况不符，一般休闲娱乐状态下行人要求有活动自如的空间，故该出行目的下的人均占地面积按照行人活动自如的标准取3.7m²，此时可以不考虑行人间的相互影响。

历史街区人行道上人均占地面积情况　　　　　　　　　　表 4-3

出行目的	文化旅游	通勤出行	商业购物	休闲娱乐
人均占地面积（m²）	1.4 ~ 2.0	2.0 ~ 2.7	1.8 ~ 2.5	>3.7

④路旁干扰修正系数（γ_{w}）。

γ_{w} 为机动车和非机动车干扰修正系数，即路旁干扰修正系数。历史街区因为人、机、非混行的情况时常发生，大大降低了人行道的有效使用率，需要修正。当人行道与非机动车道间有隔离（绿化带、隔离栅等）时，$\gamma_{\mathrm{w}}=1$；当人行道与非机动车道和机动车道间无隔离时，γ_{w} 的取值主要依据干扰情况确定，如表4-4所示。

城市各类道路路旁干扰修正系数推荐表　　　　　　　　表 4-4

类别	快速路	主干路	次干路	支路
γ_{w}	1	0.85 ~ 0.95	0.8 ~ 0.9	0.7 ~ 0.75

历史街区外围道路一般为主干路或次干路，街区内主要以支路为主，有少量次干路。街区外围道路和街区内的次干路断面形式跟城市道路差不多，但支路往往断面形式丰富，很多都没有单独的人行道，应在表4-4的基础上取下限或再降低一些，具体如表4-5所示。

历史街区各类道路路旁干扰修正系数推荐表　　　　　　表 4-5

类别	主干路	次干路	支路
γ_{w}	0.85 ~ 0.95	0.8 ~ 0.9	0.6 ~ 0.7

2. 步行交通环境心理承载力（MC$_W$）

步行交通环境心理承载力主要是指行人的心理承载能力，其意义为保持一定行人出行质量的交通使用水平或使用量。因为人的心理承受能力不易于系统的定性分析，更难对其进行量化，需要借助一些便于量化和分析的指标来对其进行更好的定量，同时分析与其相关的影响因素，借用一些数学方法来求得交通环境心理承载力的量化值。

（1）步行交通环境心理承载力影响因素

根据相关研究和调查分析，影响步行交通环境心理承载力的因素主要有以下几项。

①交通环境因素。

在研究交通环境心理承载力时将交通环境影响因素分为静态因素和动态因素。静态因素主要包括人行道宽度、人行道与非机动车道或机动车道隔离情况、人行道路面条件、人行道绿化情况、垃圾箱及路灯等设施的布置情况、机动车与非机动车停车位分布情况、所属道路等级等。动态因素主要指步行交通量密度、是否有机动车停车干扰、与非机动车的冲突等。

②行人因素。

不同行人因各自特征、经历、出行目的、同行人数等的不同，会产生不同的出行体验，伴随不同的心理感知。其中，行人自身特征主要包括性别、年龄、职业、性格等；行人的经历主要包括其常住地是否拥挤、日常出行拥挤频率等；不同出行目的主要指文化旅游出行、上下班通勤出行、商业购物出行、悠闲娱乐出行等；结伴人数不同一般会产生不同的心理孤寂感受，对心理承载力的认知也会有差异，此处将不同出行人数分为独行、二三人行、成群行。

③其他因素。

其他因素主要指一些不可预测或偶发性事件，如意外事件的发生、天气状况等。

（2）拥挤感知的探讨

①步行交通环境心理承载力与拥挤感知的关系。

出行者对交通环境的心理承载力同样表征其对交通环境负面影响的容忍程度，而交通环境主要的负面影响有交通拥挤、环境污染、噪声污染等，对于步行交通而言，对环境的污染相对拥挤产生的负面效应几乎可以忽略，所以本书选择步行拥挤来进一步研究步行交通环境心理承载力。

步行拥挤的产生由步行交通环境的客观因素和行人的主观因素共同决定。为了将步行拥挤这一定性指标进行量化分析，引入行人拥挤感知。行人出行拥挤感知是对抽象的拥挤体验的具体感知，当行人密度达到一定程度，受到一定的空间和时间上的阻碍时，行人通过视觉和触觉对外在拥挤的交通环境评估后，所产生的内在心理层面的情绪感受，进而产生相应的行为反应的一种情绪体验，所以它可以较好地反映行人的心理承载力。

通过对拥挤感知影响因子的分析，确定拥挤感知主要影响因素及拥挤感知阈值，分析拥挤感知、行人流密度及其他相关因素的相互关系，建立行人流密度预测模型，在已知拥挤感知阈值的前提下可推算出达到拥挤感知阈值时人行道上行人密度，继而可获得步行交通环境心理承载力的量化值。

②拥挤感知影响因素。

在户外游憩研究中，很多学者提出游客数量会对拥挤感知产生显著影响，但是拥挤感是一个人的主观判断，会因为个人对社会与环境等因素的不同认知而改变。Graefe（1984）、Altman（1975）等认为拥挤感知也会受到其他变量的影响，如社会、环境、个人特征等。Shelby等在对拥挤感知的研究中，总结出影响拥挤感知的因素为时间、资源的可利用性、可及性或方便性、经营管理等。从环境心理学的角度来看，Choi（1976）提出的拥挤模型将影响拥挤的因素分为必要条件即密度，及充分条件即社会因素、自然因素和个人因素。社会因素包括活动类型、人际关系种类、环境中的标准、文化对拥挤的规范等，自然环境因素包括温度、噪声等，个人因素包括身体状况、感情状态、素质与习惯等。

综上所述，在对步行交通环境心理承载力的研究中，行人的拥挤感知应取决于当时所处步行环境的人流密度、人行道"硬件"条件、外部干扰、个人特征等因素的影响。可将其概况为内部影响因素和外部影响因素两类。

A. 内部影响因素。

现实情况中，不同个体对拥挤的认知不尽相同，各自独有的一些特征或多或少影响着其对拥挤的不同认知，可将这些内部影响因素主要概括为个人属性、出行特征、行为习惯等。

a. 个人属性：个人属性主要表现为行人个体物理属性特征，主要包括身体尺寸、性别、年龄、性格、社会经历等。

行人的身体尺寸影响主要体现为行人个体在不同人流密度下会产生不同空间挤压感，身体尺寸的差异会导致不同的空间约束感知。

行人的性别、年龄的差异会对个体拥挤感知产生显著影响，一方面性别、年龄在一定程度上会影响个体身体尺寸，另一方面影响着行人个体的步频、步幅、步速，还会导致社会经历的差异。

行人的性格差异将会导致个体运动过程中的心理偏好不同，使不同个体具有不同的拥挤感知阈值。

行人的社会经历会影响个体思维模式和行为习惯。伴随着不同的思维和习惯，行人会对步行交通环境的动、静态体验情况产生不同的感知信息，形成个体拥挤感知的差异。

b. 出行特征：从拥挤角度分析步行交通行人出行特征，主要包括出行目的、出行时间要求、同行人数等。

历史街区行人出行目的主要分为通勤出行、文化旅游、商业购物、休闲娱乐等。可将上述出行目的概括为通勤及非通勤两类。不同的出行目的会伴随不同的出行心理状态，对拥挤的容忍程度也不尽相同。

行人出行时间要求主要指出行时间紧迫程度。通常情况下，行人处在赶时间的状态下，对拥挤变得较为敏感，环境越拥挤，行人心理感应到的时间就越长，就越容易排斥拥挤，对拥挤感知的阈值也会相应降低；相反，在出行时间充裕的情况下，行人对外界干扰刺激会变得相对包容，拥挤感知阈值相对会高一些。

行人出行同行人数是指出行结伴人数。一般情况下，多人出行情况下，相互之间的谈论交流可以分散行人注意力，从而减弱外界环境干扰影响；相反，单独出行时行人自我防范意识较强，注意力比较集中，可能具有较低的拥挤感知阈值。

c. 行为习惯：行人的行为习惯是指在特定情境下基于条件反射完成某种动作行为的需求或倾向，在步行交通中主要指步行的视野范围、习惯与他人保持的意向距离等，这与个体社会经历类似，间接性地影响行人拥挤感知。

B. 外部影响因素。

行人对外部因素的体验情况是步行交通个体拥挤感知形成的客观因素和直接诱因。通过调查分析和文献论证，可将外部因素分为道路条件、设施配置、周边环境、行人流状态等。

a. 道路条件：道路条件是步行交通的"硬件"条件，直接或间接影响着行人对外界环境的感知情况。不同的道路条件使慢行交通环境差异显著，进而对个体的拥挤感产生不同影响。对于步行交通的道路条件而言，主要包括人行道宽度、所在道路等级、与车行道分隔情况、人行道路面条件、人行道绿化情况、卫生情况以及人行道上是否有乱停乱放等。

人行道宽度直接决定着可承载的行人交通量。在步行交通量一定的前提下，人行道越宽，拥挤程度就越低；在人行道宽度一定的情况下，步行交通量越大，拥挤程度就越高。所以，人行道宽度客观决定了行人的拥挤感知。

人行道所在道路等级主要取决于道路功能，主要有交通性功能、集散性功能、服务性功能。不同道路功能下，步行交通量差异较大，对拥挤感知的影响较为显著。

人行道与车行道分隔情况，主要考虑的是非机动车或机动车的干扰影响。人行道与非机动车道或机动车道存在机械分隔的情况下，一般不会对步行交通构成干扰；相反，二者之间没有分隔时（多数为一块板的情况），视非机动车流量饱和度，会对人行道步行交通产生一定影响，在此干扰刺激下，行人的拥挤感知也会有相应调整。

人行道路面条件、绿化情况、卫生情况会直接影响行人的步行舒适度，不同的舒适度的刺激会使行人的心理感知产生差异。

人行道上乱停乱放是行人顺畅通行的障碍区域，也会压缩行人步行空间，这样的外界阻隔在主观和客观上都减少了步行交通量的容量。

b. 设施配置：设施配置如同步行交通环境的"软件"条件，人行道上设施配置合理与否会影响人行道空间大小，行人步行的舒适性和连续性，这些都会直接或间接影响行人的心理感知。通常情况下，人行道上设施配置主要影响因素包括垃圾箱设置情况、机动车停车位和非机动车停车位布置情况。

c. 周边环境：人行道周边环境以及不同土地性质会对行人产生不同的吸引力，这可以帮助人们改变对空间和时间的感知，这是因为行人对外界环境的感知受主观影响非常大，如果沿途景色格局使行人沉浸其中，往往感知到的时间短于真实时间，空间拥挤感也会随之降低。与步行交通有关的周边环境主要包括道路两侧建筑风格、道路两侧建筑功能。

d. 行人流状态。

行人流状态是步行交通的一个宏观特性。在拥挤状态下，行人交通流的时空动态特性可以通过四种交互影响的因素进行描述，即时间、空间、信息和精神。其中，时间（time）是拥挤持续的时长，空间（space）是拥挤区域的形态和大小，信息（information）是导致群体行为涌现的个体感知信息，精神（energy）是对行为导致后果的风险认知。在历史街区步行交通环境的空间约束下，描述行人流的步速和交通量主要影响拥挤时长，描述行人流的密度主要影响拥挤区大小和形态。相比于道路条件、设施配置、周边环境等静态因素，行人流状态对行人拥挤感知具有更加显著的影响。考虑到行人流密度是由行人步行速度和流量共同决定，此次研究只将行人流密度作为影响因素来研究。

综上所述，历史街区步行交通环境拥挤感知影响因素主要分为描述行人个体特征的内部因素和体现慢行交通环境的外部因素两个方面，如表4-6所示。对上述因素进行分析，可将其对行人拥挤感知的影响归纳为三个层次，分别是影响行人拥挤感知的空间约束、拥挤感知阈值和感知信息。

历史街区行人拥挤感知内、外部影响因素　　　　　表4-6

类别	因素	变量	影响
内部因素指标	个人属性	身体尺寸	空间约束差异
		性别	拥挤感知阈值差异
		年龄	拥挤感知阈值差异
		性格	拥挤感知阈值差异
		社会经历	感知信息差异
	出行特征	出行目的	拥挤感知阈值差异
		时间要求	拥挤感知阈值差异
		同行人数	拥挤感知阈值差异
	行为习惯	视觉范围	感知信息差异
		与他人意向间距	拥挤感知阈值差异
外部因素指标	道路条件	人行道宽度	空间约束差异
		所在道路等级	空间约束差异
		人行道与车行道分隔情况	空间约束差异
		人行道路面条件	感知信息差异
		人行道绿化情况	感知信息差异
		人行道卫生情况	感知信息差异
		是否有乱停乱放	空间约束差异
	设施配置	垃圾箱设置情况	感知信息差异
		机动车停车位	空间约束差异
		非机动车停车位	空间约束差异
	周边环境	道路两侧建筑风格	感知信息差异
		道路两侧建筑功能	感知信息差异
	行人流状态	行人流密度	感知信息差异

（3）拥挤感知影响因素量化分析

①数据获取。

历史街区行人个体拥挤感知差异较大，为细致地描述行人拥挤感知，将其划分为9个等级，可取值1，2，3，…，9，如图4-3所示，1代表非常不拥挤，9代表非常拥挤，5代表拥挤程度由可接受状态至不可接受状态的临界点。由此可见，行人拥挤感知属于典型的有序离散数据，可采用有序离散选择模型对其进行影响因素分析。对于拥挤感知样本数据的获取则主要通过问卷调查方式。

图4-3　行人拥挤感知程度等级划分

历史街区行人拥挤感知影响因素复杂繁多，对于10个内部因素变量，取值主要通过调查问卷获取。对于描述外在诱因的15个外部因素变量，主要通过实地观测、录像、拍照等采集数据。

通过对历史街区进行实地调研和文献研究，选取郑州书院街、开封鼓楼街2个历史街区的26个较为有代表性的路段，共发放调查问卷1200份，回收问卷1052份，其中有效问卷960份。

②模型构建。

由于选择变量拥挤感知为有序离散变量，可通过离散选择模型对行人个体拥挤感知影响因素加以分析，研究选择变量被选择的概率及各解释变量影响强度大小。

A. 模型选择。

既有研究表明，多项选择Logit模型等无序选择模型具有针对有序离散数据建模的能力，且模型参数估计具有较好的一致性，计算效率尚可接受。然而，标准或嵌套多项离散选择模型虽然对有序离散数据具有较好的建模分析能力，但其并没有充分考虑离散数据之间所固有的排序特点，造成样本数据中的排序信息被忽略，从而导致数据信息失真。因此，针对有序离散数据的研究，通常采用有序离散选择模型进行建模分析。

B. 模型描述。

定义行人个体拥挤感知为选择变量Y，取值为1，2，…，m，解释变量为X，$X = (x_1, x_2, \cdots, x_k)$，假定一个隐变量$Y^*$与解释变量$X$呈线性关系：

$$Y^* = X\beta' + \varepsilon \qquad (4-6)$$

式中，β'为代估参数（影响因素系数向量）；ε为随机误差项，表征模型中未考虑到但对拥挤感知具有影响的其他因素，假设其服从标准正态分布，即$\varepsilon \sim N(0, 1)$。

如果Y有m种选择，则被解释变量Y与隐变量Y^*存在如下关系：

$$y_i = \begin{cases} 1, & y_i^* \leqslant \gamma_1 \\ 2, & \gamma_1 < y_i^* \leqslant \gamma_2 \\ 3, & \gamma_2 < y_i^* \leqslant \gamma_3 \\ \vdots & \vdots \\ m, & \gamma_{m-1} < y_i^* \end{cases} \qquad (4-7)$$

式中，$y_i(i=1, 2, \cdots, m)$ 表示拥挤感知分类；$\gamma_j(j=1, 2, \cdots, m-1)$ 表示阈值。

故可将式（4-7）写为：

$$y_i = j, \quad if \ \gamma_{j-1} < y_i^* \leqslant \gamma_j, \quad j = 1, 2, \cdots, m \tag{4-8}$$

式中，$\gamma_0 = -\infty$，$\gamma_m = \infty$。

据式（4-8），如果 Y 与 Y^* 的变化关系对应有序：

$$
\begin{aligned}
P(y_i = j) &= P(\gamma_{j-1} < y_i^* \leqslant \gamma_j) \\
&= P(\gamma_{j-1} < X_i\beta' + \varepsilon \leqslant \gamma_j) \\
&= P(\gamma_{j-1} - X_i\beta' < \varepsilon \leqslant \gamma_j - X_i\beta') \\
&= F(\gamma_j - X_i\beta') - F(\gamma_{j-1} - X_i\beta')
\end{aligned}
\tag{4-9}
$$

有序因变量的条件概率为：

$$P(y_i = j \mid X_i, \beta', \gamma) = F(\gamma_j - X_i\beta') - F(\gamma_{j-1} - X_i\beta') \tag{4-10}$$

式中，$F(\cdot)$ 表示 ε 的正态累积概率分布函数。

对于有序因变量模型，阈值 γ 和回归系数 β 可根据极大似然估计理论进行估计。对数似然函数为：

$$
\begin{aligned}
\ln L(\beta, \gamma) &= \sum_{i=1}^{n} \sum_{j=1}^{m} \ln\left[P(y_i = j \mid X_i, \beta', \gamma)\right] \cdot D(y_i = j) \\
&= \sum_{i=1}^{n} \sum_{j=1}^{m} \ln\left[F(\gamma_j - X_i\beta') - F(\gamma_{j-1} - X_i\beta')\right] \cdot D(y_i = j)
\end{aligned}
\tag{4-11}
$$

式中，$D(y_i=j)$ 为指示函数，当 $y_i=j$ $(j=1, 2, \cdots, m)$ 为真时，$D(y_i=j)=1$，否则为0。

C.　模型假设。

通过问卷调查方式得到的样本统计数据往往具有一定的差异性。为此，在步行交通行人拥挤感知有序选择Probit模型建立之前，作出如下假设。

a.　假设在 N 个不同历史街区路段上的 M 次调查独立重复（独立性假设）。

b.　假设历史街区任意行人具有相同拥挤感知影响因素（一致性假设）。

c.　假设行人拥挤感知偏好相似（趋同性假设）。

D.　模型估计。

a.　描述统计与变量特征。

根据前述对各影响因素的分析，对各因素进行合理的定量化，得到各变量的解释及取值方法，如表4-7所示。

行人拥挤感知变量解释及赋值　　　　　　　　　　　　　　表 4-7

变量类别	变量名称		变量描述及赋值	预期
拥挤程度	拥挤感知	Y	被调查者做出人行道步行环境拥挤度的评价，拥挤度评分为1，2，…，9	
个人属性	身体尺寸	x_1	个体身体尺寸在水平坐标平面的投影，抽象为半径为 r 的圆形，以行人个体最大肩宽 $2r$ 带入模型计算	+

续表

变量类别	变量名称		变量描述及赋值	预期
个人属性	性别	x_2	被调查者性别。性别为女，$x_2=0$；性别为男，$x_2=1$	−
	年龄	x_3	被调查者年龄。17岁以下，$x_3=1$；18～25岁，$x_3=2$；26～45岁，$x_3=3$；46～60岁，$x_3=4$；60岁以上，$x_3=5$	+
	性格	x_4	被调查者气质类型。胆汁型，$x_4=1$；多血型，$x_4=2$；黏液型，$x_4=3$；抑郁型，$x_4=4$；无明显气质类型特征，$x_4=5$	+
	社会经历	x_5	常住地是否拥挤。拥挤，$x_5=0$；不拥挤，$x_5=1$	+
出行特征	出行目的	x_6	非通勤，$x_6=0$；通勤，$x_6=1$	−
	时间要求	x_7	出行是否赶时间。是，$x_7=0$；否，$x_7=1$	−
	同行人数	x_8	出行结伴人数。独行，$x_8=1$；2～3人，$x_8=2$；3人以上，$x_8=3$	+
行为习惯	视觉范围	x_9	步行时习惯于关注前方的范围。小于5m，$x_9=1$；5～7.5m，$x_9=2$；7.5～10m，$x_9=3$；10～15m，$x_9=4$；20m以上，$x_9=5$	+
	与他人意向间距	x_{10}	步行时习惯与他人保持的距离。0～0.5m，$x_{10}=1$；0.5～1m，$x_{10}=2$；1～1.5m，$x_{10}=3$；1.5～2.5m，$x_{10}=4$；>2.5m，$x_{10}=5$	+
道路条件	人行道宽度	x_{11}	以实际测量为准	−
	所在道路等级	x_{12}	支路，$x_{12}=1$；次干路，$x_{12}=2$；主干路，$x_{12}=3$	−
	与车行道分隔情况	x_{13}	与人行道相邻的非机动车道或机动车道是否有分隔栅。否，$x_{13}=0$；是，$x_{13}=1$	−
	人行道路面条件	x_{14}	人行道路面是否平整（破坏）。否，$x_{14}=0$；是，$x_{14}=1$	−
	人行道绿化情况	x_{15}	人行道绿化是否美观。是，$x_{15}=0$；否，$x_{15}=1$	+
	人行道卫生情况	x_{16}	人行道卫生情况是否良好。是，$x_{16}=0$；否，$x_{16}=1$	−
	是否有乱停乱放	x_{17}	机动车或非机动车是否有乱停乱放现象。是，$x_{17}=0$；否，$x_{17}=1$	+
设施配置	垃圾箱设置情况	x_{18}	实测地的垃圾箱设置间距。以实际测量为准	+
	机动车停车位	x_{19}	人行道上是否有机动车停车位。是，$x_{19}=0$；否，$x_{19}=1$	−
	非机动车停车位	x_{20}	人行道上是否有非机动车停车位。是，$x_{20}=0$；否，$x_{20}=1$	−
周边环境	道路两侧建筑风格	x_{21}	仿古风格，$x_{21}=1$；现代风格，$x_{21}=2$；风格多样，$x_{21}=3$	−
	道路两侧建筑功能	x_{22}	商业为主，$x_{22}=1$；商住混合，$x_{22}=2$；住宅为主，$x_{22}=3$；宗教建筑，$x_{22}=4$	+
行人流状态	行人流密度	x_{23}	根据现场实测高峰小时人行道上行人密度（高峰小时行人流量/行人速度）	+

通过对调查样本进行统计分析，得到样本特征情况（表4-8）。从表中可以看出，被调查者，女性占46%，男性占54%，比例基本持平，女性略低于男性。从年龄来看，被调查者以18～45岁的群体为主，占55%；其次是46～60岁，占27%；60岁以上很少。模型中涉及的相关研究变量特征值如表4-9所示。

调查样本特征统计表　　　　表4-8

样本特征	描述	样本量	百分比
性别	女	445	0.46
	男	515	0.54
年龄	17岁以下	86	0.09
	18～25岁	169	0.18
	26～45岁	352	0.37
	46～60岁	258	0.26
	60岁以上	95	0.10

行人拥挤感知相关变量特征值　　　　　　　　　　表 4-9

变量	单位	最小值	最大值	均值	标准差	变量	单位	最小值	最大值	均值	标准差
Y	—	1.00	9.00	4.27	1.66	x_{12}	—	1.00	3.00	1.75	0.80
x_1	m	0.36	0.52	0.45	0.05	x_{13}	—	0.00	1.00	0.68	0.47
x_2	—	0.00	1.00	0.54	0.50	x_{14}	—	0.00	1.00	0.50	0.50
x_3	—	1.00	5.00	3.11	1.07	x_{15}	—	0.00	1.00	0.63	0.48
x_4	—	1.00	5.00	2.63	1.22	x_{16}	—	0.00	1.00	0.38	0.48
x_5	—	0.00	1.00	0.53	0.50	x_{17}	—	0.00	1.00	0.35	0.48
x_6	—	0.00	1.00	0.51	0.50	x_{18}	m	8.00	100.00	55.37	19.66
x_7	—	0.00	1.00	0.53	0.50	x_{19}	—	0.00	1.00	0.72	0.45
x_8	—	1.00	3.00	1.50	0.62	x_{20}	—	0.00	1.00	0.41	0.49
x_9	—	1.00	5.00	2.73	1.33	x_{21}	—	1.00	3.00	2.06	0.84
x_{10}	—	1.00	5.00	2.53	1.19	x_{22}	—	1.00	4.00	2.03	1.04
x_{11}	m	1.50	9.00	4.37	1.76	x_{23}	人/km	25.76	1040.74	381.59	160.77

b. 样本数据处理。

由表4-7可知，各解释变量的量纲不统一，为便于比较各因素影响强度大小，将其标准化后再带入有序选择Probit模型。所用到的数据标准化公式如下：

$$x'_{ik} = \frac{x_{ik} - \min x_{ik}}{\max x_{ik} - \min x_{ik}} \quad (i = 1, 2, \cdots, 960; \ k = 1, 2, \cdots, 23) \tag{4-12}$$

式中，x_{ik}表示第i个样本的第k个解释变量的标准化数值；$\min x_{ik}$和$\max x_{ik}$分别表示影响行人拥挤感知的第k个解释变量的样本数据最小值和最大值。

c. 模型估计与分析。

借助Eviews6.0软件，本书采用极大似然估计理论进行模型估计，得到行人拥挤感知影响因素有序选择Probit模型的参数估计，如表4-10所示。模型1为带入全部23个解释变量进行估计的结果，模型2为经过优化筛选，剔除一些影响不显著或影响很小的解释变量后再次估计的结果。

模型估计结果　　　　　　　　　　表 4-10

变量	模型1		模型2	
	系数	z-Statistic	系数	z-Statistic
x_1	−0.489783*	−2.090309	—	—
x_2	0.165077	1.169761	—	—
x_3	0.609220**	4.523160	0.612994**	4.593780
x_4	0.504402 **	4.073206	0.526559**	4.389711
x_5	0.077197	1.072167	—	—
x_6	−0.161960*	−2.233502	−0.184775**	−2.576290

续表

变量	模型1		模型2	
	系数	z–Statistic	系数	z–Statistic
x_7	−0.774981 **	−10.35056	−0.744086**	−10.07437
x_8	0.364215 **	3.166022	0.322235 **	2.852092
x_9	0.160564	1.446309	—	—
x_{10}	2.950797 **	20.50615	2.941704 **	20.79159
x_{11}	−1.860624 **	−5.513288	−1.523258**	−4.780679
x_{12}	0.090840	0.777830	—	—
x_{13}	−0.548384 **	−5.138397	−0.439860**	−4.660919
x_{14}	−1.751330 **	−10.23408	−1.818376**	−10.88392
x_{15}	2.267516 **	10.69133	2.263387 **	11.90603
x_{16}	−0.265526 *	−2.328410	—	—
x_{17}	−0.757029 **	−4.681438	−0.470713**	−3.841756
x_{18}	1.393206 **	4.830879	1.539820**	5.555519
x_{19}	−0.158586	−1.240815	—	—
x_{20}	−1.417911 **	−8.067905	−1.328507**	−8.930509
x_{21}	−0.903132 **	−5.448435	−0.742339**	−4.707880
x_{22}	1.684453 **	9.957626	1.733322 **	11.20441
x_{23}	7.268044 **	18.98009	7.007939 **	19.21854
γ_1	−1.517540 **	−3.697799	−0.808554 **	−2.778893
γ_2	−0.075705	−0.190587	0.605697 *	2.206519
γ_3	1.020592 **	2.588981	1.674522 **	6.137810
γ_4	2.519102 **	6.316147	3.148257**	11.10815
γ_5	3.663155 **	8.954710	4.292578 **	14.35970
γ_6	4.676599 **	11.12712	5.290899**	16.87952
γ_7	5.768547 **	13.21894	6.373459 **	19.04759
γ_8	6.941869 **	14.36519	7.573819 **	19.14012
Log likelihood	−1200.172		−1210.983	
Pseudo R–squared	0.341910		0.335938	
Prob.	0.000000		0.000000	
N	960		960	

注：*，**分别表示在5%和1%的水平上显著。

　　根据表4–10的估计结果，可以看出模型1整体拟合度较好，大部分变量和阈值都在5%的水平上显著，只有x_2、x_5、x_9、x_{12}、x_{19}、γ_2对选择变量的影响未通过显著性水平检验。将模型2和模型1进行比较，发现模型2中各解释变量对选择变量的解释程度明显高于模型1，且模型2中所有变量和阈值均通过显著性检验，且多数在1%的水平上显著。所以，后续将重点研究模型2中解释变量的影响作用。

　　根据模型1的拟合结果，发现行人性别、社会经历、视觉范围、所在道路等级、人行道上机动车停车位设置几个变量未通过显著性检验，说明这几个因素对历史街区行人拥挤感知影响较小。一方面，历史街区范围内主干路和次干路数量较少，且多数处在历史街区边界位置，街区内则主要以支路为主，道路等级分布呈明显的支路导向型，所以，该指标作为研究历史街区行人拥挤感知缺乏一定的合理性；同样，针对以支路为主的历史街区，人行道几乎不具备设置机动车停车位的功能，故人行道上机动车停车位不能有效解释历史街区行人拥挤感知差异。另一方面，历史街区内的行人个体多数为街区范围内的居民或附近生活居民，只有少数兼具旅游功能的历史街区外来游客稍具规模，若是前一种情况，则大家的社会经历背景相似，该变量不具有解释作用；若是后一种情况，考虑到街区本身非景观类游玩场所，游客多数以参观购物为主，这与平日里的休闲购物拥挤程度差别不大，故该变量不能有效反映历史街区内行人拥挤感知差异。最后针对表征个体属性的性别、视觉范围，笔者认为相对于性别对行人心理的影响，性格则起到更加重要的作用，相对于行人视觉范围对心理的作用，与他人倾向保持的意向距离则更为直接地决定着行人拥挤感知差异，故行人性别和视觉范围对行人拥挤感知影响较弱，这与模型参数拟合结果一致。

　　同样，根据模型1的结果，行人身体尺寸与人行道卫生情况的参数符号与预判不符，且影响系数均较小，说明用这两个变量来分析行人拥挤感知还缺乏一定说服力。笔者认为身体尺寸对行人个体心理感知作用机理较为复杂，对于身体尺寸较大者，可能因为会感觉到更多的空间约束，增大拥挤感知，对于身体尺寸较小者也可能会因为空间占有率较低而感觉到较大的拥挤感知，故该变量尚不能合理解释行人拥挤感知差异。人行道卫生情况这一变量与垃圾箱设置情况作用效果应殊途同归，但后者带入模型拟合效果较好，这是因为前者在一日内可发生诸多变化，而后者在一定程度上能反映人行道卫生的平均水平。

　　将模型2中各估计参数的正负情况与表4-10中各变量的预期符号进行对比，发现预期结果与模型估计结果一致。其中，具有正向影响的解释变量有x_3、x_4、x_8、x_{10}、x_{15}、x_{18}、x_{22}、x_{23}，即年龄、性格、同行人数、与他人意向间距、人行道绿化情况、垃圾箱设置情况、道路两侧建筑功能、行人流密度这些变量取值的增加，会增大行人拥挤感知；相反，具有负向影响的变量x_6、x_7、x_{11}、x_{13}、x_{14}、x_{17}、x_{20}、x_{21}，随着变量取值的增大，会降低行人拥挤感知，这些变量分别代表行人出行目的、时间要求、人行道宽度、人行道与车行道分隔情况、人行道路面条件、人行道上是否有乱停乱放、人行道上是否有非机动车停车位、道路两侧建筑风格。

　　（4）拥挤感知影响因素作用强度分析

　　在模型拟合的基础上，为进一步研究各解释变量作用强度大小，引入边际效应进行衡量。边际效应是描述自变量的单位改变量对因变量取值的影响程度的重要指标，其旨在衡量在特定的数据生成过程中，解释变量对因变量变化的显著性或重要性。在行人拥挤感知有序选择Probit模型中，各影响因素的边际效应是指在解释变量x_k变化一个单位后，行人拥挤感知Y的概率变化情况，即各影响因素对行人个体拥挤感知的作用强度。相关计算公式如下：

$$\frac{\partial P(y = j)}{\partial x_k} = \frac{\partial F(\gamma_j - X_i \beta')}{\partial x_k} - \frac{\partial F(\gamma_{j-1} - X_i \beta')}{\partial x_k}$$

$$= \left[\phi(\gamma_j - X_i \beta') - \phi(\gamma_{j-1} - X_i \beta') \right](-\beta_k)$$

（4-13）

式中，$\phi(\cdot)$ 为正态概率密度函数。

综上所述，在模型2的基础上，根据公式（4-13），计算得到行人个体拥挤感知各解释变量的边际效应，如图4-4与表4-11所示。

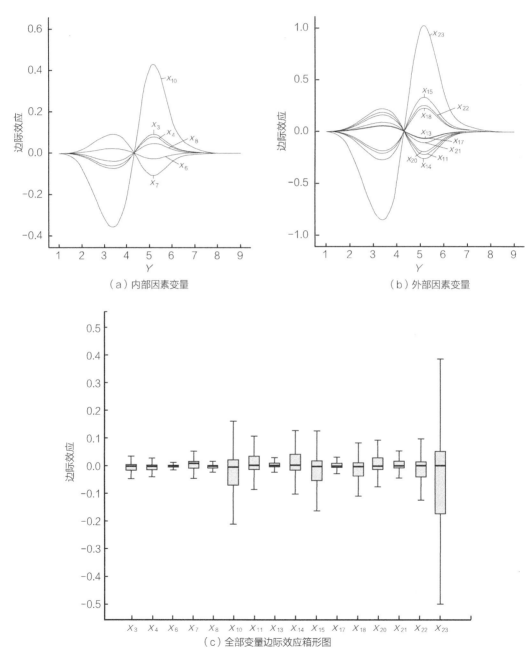

（a）内部因素变量　　　　　　　　　　　　（b）外部因素变量

（c）全部变量边际效应箱形图

图4-4　拥挤感知解释变量边际效应对比

拥挤感知影响因素边际效应 表4-11

解释变量X		边际效应Y								
		$y=1$	$y=2$	$y=3$	$y=4$	$y=5$	$y=6$	$y=7$	$y=8$	$y=9$
x_3	年龄	−0.00029	−0.01503	−0.06603	−0.04357	0.08595	0.03413	0.00468	0.00016	0.0000010
x_4	性格	−0.00025	−0.01291	−0.05672	−0.03743	0.07383	0.02932	0.00402	0.00014	0.0000008
x_6	出行目的	0.00009	0.00453	0.01990	0.01313	−0.02591	−0.01029	−0.00141	−0.00005	−0.0000003
x_7	时间要求	0.00035	0.01824	0.08016	0.05289	−0.10433	−0.04143	−0.00568	−0.00020	−0.0000012
x_8	同行人数	−0.00015	−0.00790	−0.03471	−0.02290	0.04518	0.01794	0.00246	0.00009	0.0000005
x_{10}	与他人意向间距	−0.00139	−0.07211	−0.31689	−0.20909	0.41247	0.16378	0.02244	0.00078	0.0000047
x_{11}	人行道宽度	0.00072	0.03734	0.16409	0.10827	−0.21358	−0.08481	−0.01162	−0.00040	−0.0000024
x_{13}	人行道与车行道分隔情况	0.00021	0.01078	0.04738	0.03126	−0.06167	−0.02449	−0.00336	−0.00012	−0.0000007
x_{14}	人行道路面条件	0.00086	0.04457	0.19588	0.12924	−0.25496	−0.10124	−0.01387	−0.00048	−0.0000029
x_{15}	人行道绿化情况	−0.00107	−0.05548	−0.24382	−0.16087	0.31736	0.12601	0.01727	0.00060	0.0000036
x_{17}	是否有乱停乱放	0.00022	0.01154	0.05071	0.03346	−0.06600	−0.02621	−0.00359	−0.00012	−0.0000007
x_{18}	垃圾箱设置情况	−0.00073	−0.03774	−0.16587	−0.10944	0.21591	0.08573	0.01175	0.00041	0.0000024
x_{20}	非机动车停车位	0.00063	0.03256	0.14311	0.09443	−0.18628	−0.07396	−0.01014	−0.00035	−0.0000021
x_{21}	道路两侧建筑风格	0.00035	0.01820	0.07997	0.05276	−0.10409	−0.04133	−0.00566	−0.00020	−0.0000012
x_{22}	道路两侧建筑功能	−0.00082	−0.04249	−0.18672	−0.12320	0.24304	0.09650	0.01322	0.00046	0.0000027
x_{23}	行人流密度	−0.00332	−0.17178	−0.75492	−0.49810	0.98262	0.39017	0.05347	0.00186	0.0000111

内部因素变量主要包括年龄（x_3）、性格（x_4）、出行目的（x_6）、时间要求（x_7）、同行人数（x_8）、与他人意向间距（x_{10}）六个变量。由表4-11可以看出，年龄（x_3）在拥挤感知$Y=1$、2、3、4时，边际效应均为负值，说明年龄在量值上每增加一个单位时，处在相应步行交通环境下的拥挤感知的概率降低；当$Y=5$、6、7、8、9时，其边际效应均为正值，说明年龄在量值上每增加一个单位，对应拥挤感知的概率增加。所以，在相同步行交通环境下，年龄大的个体具有较高拥挤感知的概率增加。同理可得到，性格（x_4）越内向的个体，拥有较高拥挤感知的概率越高；对于出行目的（x_6），非通勤的行人较通勤的行人更容易产生较高的拥挤感知，说明非通勤状态下，对步行环境舒适度要求要高一些；时间要求（x_7）上，赶时间的行人比不赶时间的行人处在较高拥挤感知状态的概率大，这是因为赶时间的人对时间变得比较敏感，拥挤环境会使感知的时间延长，也会加剧拥挤感；同行人数（x_8）越多，越容易处在较高的拥挤感知状态，说明结伴出行更容易遭到外界干扰；与他人意向间距（x_{10}）越大，越容易获得高拥挤感知。

外部因素变量主要有人行道宽度（x_{11}）、人行道与车行道分隔情况（x_{13}）、人行道路面条件（x_{14}）、人行道绿化情况（x_{15}）、是否有乱停乱放（x_{17}）、垃圾箱设置情况（x_{18}）、非机动车停车位（x_{20}）、道路两侧建筑风格（x_{21}）、道路两侧建筑功能（x_{22}）以及行人流密度（x_{23}）10个变量。根据表4-11的估计结果，在一定的步行交通环境下，人行道宽度（x_{11}）越大，行人处于较低拥挤感知的概率增加；人行道与车行道分隔情况（x_{13}）中，无分隔较有分隔更容易拥有较高的拥挤感知；关于人行道路面条件（x_{14}）、人行道绿化情况（x_{15}）、是否有乱停乱放（x_{17}）三个变量，都是在较好条件下，行人处于低拥挤感知状态的概率增加；对垃圾箱设置情况（x_{18}）计算结果表明，垃圾箱布设间距越大，拥有较高拥挤感知的概率增加，这是因为垃圾箱承载着吸纳垃圾、净化环境的作用，垃圾箱间距布设合理，有利于环境卫生，也有利于降低行人拥挤感知；而是否有乱停乱放（x_{17}），结果显然证实，乱停乱放情况下，行人拥有较高拥挤感知的概率也相应增加；非机动车停车位（x_{20}）在设置情况下较不设置情况下，更容易产生较高拥挤感知；道路两侧建筑风格（x_{21}）中，单一风格较多样风格更容易使行人拥有较高拥挤感知，仿古风格较近代风格更容易使行人处在较高拥挤感知下，这表明多样化的风格中行人拥有更宽容的心态，而相比于近代风格，仿古风格中行人对出行质量的心理要求明显提高；道路两侧建筑功能（x_{22}）边际效应表明，商业为主、商住混合、住宅为主、宗教建筑四种情况中，行人拥有较高拥挤感知状态的概率依次增加；对于行人流密度（x_{23}），毋庸置疑高密度较低密度情况下行人获得较高拥挤感知的概率增加。

根据上述分析，明显发现各解释变量边际效应的正负变化转折点为拥挤感知$Y=4$、5时，故可认为行人拥挤感知由可接受到不可接受状态的变化区间为[4，5]，这与最初定义的拥挤感知水平等级时划分一致。所以，历史街区步行交通行人拥挤感知阈值（R）区间为[4，5]，具体取值可以根据所要控制的服务水平来确定，要达到较好的服务水平，拥挤感知取下限；仅达到可接受服务水平，拥挤感知取上限。

由图4-4可以看出，内部因素变量中，与他人意向间距（x_{10}）对行人拥挤感知作用最为显著；外部因素变量中，行人流密度（x_{23}）的作用强度明显高于其他变量；将内、外部因素一起比较，发现外部环境因素变量作用强度高于表征个体属性的内部因素变量，且作用强度差异显著。

为了便于通过拥挤感知评估步行交通环境心理承载力，有效减少不必要的工作量和提高模型精度，同时考虑到表征行人个体属性的内部变量不方便观测、主观性较强且影响较小，笔者挑选内部因素变量中的与他人意向间距（x_{10}）及全部外部因素变量进行后续承载力评估，将其他作用不大的内部因素假设为随机效用。

（5）步行交通环境心理承载力评估模型构建

通过对前述历史街区步行交通行人拥挤感知的影响因素分析，可以得知行人拥挤感知与行人个体和他人意向间距（x_{10}）、人行道宽度（x_{11}）、人行道与车行道分隔情况（x_{13}）、人行道路面条件（x_{14}）、人行道绿化情况（x_{15}）、是否有乱停乱放（x_{17}）、垃圾箱设置情况（x_{18}）、非机动车停车位（x_{20}）、道路两侧建筑风格（x_{21}）、道路两侧建筑功能（x_{22}）以及行人流密度（x_{23}）等变量密切相关，故可将行人拥挤感知描述为：

$$Y = F(x_{10}, x_{11}, x_{13}, x_{14}, x_{15}, x_{17}, x_{18}, x_{20}, x_{21}, x_{22}, x_{23}) \tag{4-14}$$

根据对拥挤感知的描述，历史街区步行交通心理承载力（MC_w）可以理解为在一定拥挤感知阈值和行人个体属性下，根据历史街区不同的动、静环境条件所确定的最大行人交通量，如图4-5所示。

图 4-5　历史街区步行交通环境心理承载力计算描述

根据公式（4-14），可以假设x_{23}可由如下公式计算得到：

$$x_{23} = f(Y, x_{10}, x_{11}, x_{13}, x_{14}, x_{15}, x_{17}, x_{18}, x_{20}, x_{21}, x_{22}) \tag{4-15}$$

考虑到行人流密度（x_{23}）为连续型变量，建立多元线性回归模型。

$$x_{23} = C + \alpha_1 Y + \alpha_2 x_{10} + \alpha_3 x_{11} + \alpha_4 x_{13} + \alpha_5 x_{14} + \alpha_6 x_{15} + \\ \alpha_7 x_{17} + \alpha_8 x_{18} + \alpha_9 x_{20} + \alpha_{10} x_{21} + \alpha_{11} x_{22} \tag{4-16}$$

式中，C为常数项；$\alpha_1 \sim \alpha_{11}$为回归系数。

借助Eviews6.0，采用最小二乘法（OLS）进行估计，考虑到自变量之间可能存在多重共线性，同时应用逐步回归分析法运算，得到模型回归结果，如表4-12所示。

行人流密度回归方程估计结果　　　　　　　　　表 4-12

变量	系数	Std. Error	t-Statistic	Prob.
Y	39.60334	1.683986	23.51761	0.0000
x_{10}	−24.38617	2.038746	−11.96136	0.0000
x_{11}	48.64292	1.770637	27.47199	0.0000
x_{13}	34.26181	4.861886	7.047019	0.0000
x_{14}	28.49270	6.275558	4.540265	0.0000
x_{15}	−22.55133	6.568592	−3.433206	0.0006
x_{21}	−18.44480	3.566064	−5.172312	0.0000
x_{22}	−12.73856	2.460373	−5.177494	0.0000
C	128.4080	17.38884	7.384508	0.0000
R-squared	0.836923	Mean dependent var		181.5948
Adjusted R-squared	0.835551	S.D. dependent var		160.7712
S.E. of regression	65.19638	Akaike info criterion		11.20202
Sum squared resid	4042290	Schwarz criterion		11.24764
Log likelihood	−5367.967	Hannan-Quinn criter		11.21939
F-statistic	610.0756	Durbin-Watson stat		2.060017
Prob（F-statistic）	0.000000			

由表4-12所示结果，线性回归模型的R^2、调整的R^2分别为0.837、0.836，对于截面数据而言，可以说明该模型拟合效果较好。并且经过逐步回归，剩余变量全部以较好的水平通过显著性检验。最终得到行人流密度预测模型如下：

$$x_{23} = 128.4080 + 39.60334Y - 24.38617x_{10} + 48.64292x_{11} + 34.26181x_{13} + \\ 28.49270x_{14} - 22.55133x_{15} - 18.44480x_{21} - 12.73856x_{22} \tag{4-17}$$

由行人流密度和拥挤感知阈值可以计算得到行人心理承载力，计算公式如下：

$$MC_w = 3.6v_w \cdot x_{23} \tag{4-18}$$

$$MC_w = 3.6v_w \cdot (128.4080 + 39.60334Y - 24.38617x_{10} + 48.64292x_{11} + 34.26181x_{13} + \\ 28.49270x_{14} - 22.55133x_{15} - 18.44480x_{21} - 12.73856x_{22}) \tag{4-19}$$

式中，v_w 为行人流平均速度（m/s）；Y 为拥挤感知阈值，$Y \in [4，5]$。

3. 步行交通环境经济承载力（EC_w）

从投资的角度看，交通环境经济承载力的确定与区域提供的交通系统发展建设资金有关，该资金主要包括用于扩大交通系统发展规模和提高交通系统服务质量的资金，即交通基建资金；以及用于补偿交通系统正常运转所造成的交通环境不良影响的资金，及为了提高交通环境质量而需支付的资金，即交通环境补偿金。对于历史街区，为更好地保护其风貌，重新规划建设路网可能性较小，多数会采取路网改造及整治的方式进行改善，所以用于历史街区的交通基建资金应为交通整治改善基金（EI）；对于步行交通而言，对环境污染较小，所产生的环境补偿金较小，可忽略不计。故历史街区步行交通环境经济承载力的确定主要取决于交通整治改善基金（EI），不同力度的改善基金可承担的交通发展规模差异显著。

$$EC_w = g_w(EI) \tag{4-20}$$

式中，g_w（EI）为 EI 资金可支持的步行交通的发展规模。

从效用的角度看，不同规模的历史街区步行交通环境，对当地经济增长的效用不同，如图4-6所示。步行交通量较少时，不利于经济增长；过度拥挤的环境得不到及时治理，又会反作用于经济，不利于当地经济增长，即所研究交通方式的交通量超过一定规模时，会对当地经济增长产生负效应。所以，在一定步行交通环境下，不再将当地经济增长时的临界步行交通量作为步行交通环境的经济承载力。

$$EE = h_w(x_i) \tag{4-21}$$

式中，EE 为经济效应；x_i 为不同规模步行交通量；$h_w(x_i)$ 为步行交通量产生的经济效应函数。

根据图4-6及公式（4-21），令 $EE' = 0$，即可求出 EC_w^2，如下式所示：

$$h_w'\left(EC_w^2\right) = 0 \tag{4-22}$$

综上所述，历史街区步行交通环境经济承载力 EC_w 应为：

$$EC_w = \min(EC_w^1, EC_w^2) \tag{4-23}$$

考虑到对步行交通环境经济承载力的研究需要考虑整个历史街区范围的经济效应，这是一个偏宏观的层面，不适于应用在以研究路段承载力为主的微观层面；而且经济承载力的大小与空间承载力和心理承载力密切相关，相互影响。所以，本研究中只提出了

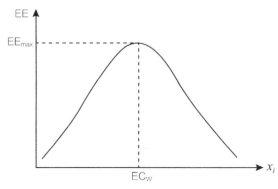

图4-6　不同步行交通量下的经济效应

经济承载力计算的概念表达式，后续不再做进一步研究。

4.1.4 历史街区非机动车交通环境承载力（NTECC）

历史街区以支路为主的路网格局在一定程度上限制了机动车的发展，使得非机动车交通所占出行比例较大，所以对历史街区非机动车交通的承载力研究对改善街区非机动车交通环境具有重要意义。同样从微观层面入手，结合历史街区具体特征，研究各路段上非机动车的交通承载能力。

根据对慢行交通环境承载力的定义，非机动车交通环境承载力应包含非机动车交通环境空间承载力（SC_N）、非机动车交通环境心理承载力（MC_N）、非机动车交通环境经济承载力（EC_N）。因此，非机动车交通环境承载力（NTECC）可用如下函数式表达：

$$NTECC = \min(SC_N, MC_N, EC_N) \tag{4-24}$$

1. 非机动车交通环境空间承载力（SC_N）

（1）计量模型

考虑到电动车与自行车之间有一个折算关系，此处空间承载力以自行车为标准进行计算。

$$SC_N = v_b \cdot k_b = v_b \cdot \frac{N_b}{L_b} \tag{4-25}$$

$$N_b = \frac{(1000 L_b \cdot d_b - S_{障})}{S_b} \cdot \gamma_b \tag{4-26}$$

式中，SC_N 为某条路段上的非机动车交通量（辆/h），以自行车为单位计算；v_b 为某路段上高峰小时自行车平均速度（km/h）；k_b 为某路段上的高峰小时自行车流密度（辆/km）；L_b 为路段长度（km）；N_b 为某路段内行驶的自行车总数（辆）；$S_{障}$ 为障碍物占用非机动车道面积（m^2），主要包括停车位、违章占道经营、违章停放非机动车与机动车等；d_b 为某路段非机动车道宽度（m）；S_b 为非机动车道上自行车平均占地面积（m^2）；γ_b 为路旁干扰修正系数。

（2）参数确定

①某路段高峰小时自行车平均速度（v_b）。

根据实地调查统计，得到历史街区不同等级道路上高峰小时自行车平均骑行速度范围，如表4-13所示。

历史街区自行车平均骑行速度情况　　　　　　　　　　　表4-13

道路等级	主干路	次干路	支路
骑行速度（km/h）	14.5 ~ 16.0	14.0 ~ 15.0	13.0 ~ 14.0

②非机动车道上自行车平均占地面积（S_b）。

非机动车道上自行车平均占地面积可由式（4-27）计算：

$$\begin{cases} S_{\text{b}} = l_{\text{b}} \cdot d_{\text{b}}' \\ l_{\text{b}} = \dfrac{v_{\text{b}}}{3.6}t_{\text{b}} + \dfrac{v_{\text{b}}^{\,2}}{254(\varphi \pm i)} + l_{\text{b0}} + l_{\text{b1}} \end{cases} \tag{4-27}$$

式中，l_{b}为自行车最小安全车头间距（m）；d_{b}'为自行车动态宽度（m），自行车静态车身宽可取0.5m，加上两侧0.25m的横向摆动距离，一般其动态车身宽可取1.0m；t_{b}为骑车人的反应时间（s），一般取0.7s；φ为轮胎与路面摩擦系数，可取0.4；i为道路纵坡（%），当道路纵坡很小时可忽略不计；l_{b0}为纵向安全距离（m），一般取1.0m；l_{b1}为自行车车身长（m），一般取1.9m。

由式（4-27）可计算得到不同等级道路单位自行车动态占地面积，如表4-14所示。

历史街区自行车动态占地面积情况   表4-14

道路等级	S_{b}（m²）	v_{b}（m/s）	d_{b}'（m）
主干路	7.8 ~ 8.5	14.5 ~ 16.0	1.0
次干路	7.6 ~ 8.0	14.0 ~ 15.0	1.0
支路	7.0 ~ 7.6	13.0 ~ 14.0	1.0

③障碍物占用非机动车道面积（$S_{\text{障}}$）和路旁干扰修正系数（γ_{b}）。

$S_{\text{障}}$、γ_{b}确定方法可分别参照表4-2、表4-5。

2. 非机动车交通环境心理承载力（MC_{N}）

非机动车交通环境心理承载力主要是指自行车出行者及电动车出行者的心理承载能力，其意义为保持一定非机动车出行质量的交通使用水平或使用量。心理感知是个定性问题，承载力研究是定量问题，所以对自行车和电动车出行者心理承载力的界定可以归纳为定性问题的定量化研究，类比步行交通行人心理承载力的研究，分析非机动车交通环境承载力的影响因素，找出影响非机动车出行者心理承载力的关键变量，借用一些数学方法进行定量研究。

（1）非机动车交通环境心理承载力影响因素

考虑到以自行车和电动车代步的非机动车平均速度高于步行，结合相关研究和调查分析，非机动车交通环境心理承载力影响因素应有别于步行交通环境心理承载力，同时也有很多相似之处。将其主要影响因素概括如下。

①骑车者特征。

自行车及电动自行车驾驶者的一些个人特征，如性别、年龄、性格、出行目的、驾驶技术等的不同，会对非机动车交通环境的外界刺激产生不同的心理认知。

②非机动车辆特征。

自行车和电动自行车繁杂多样的品牌和车型决定着车辆之间技术指标和性能的较大差异，导致车辆具有不同的设计时速、续航能力等，这些使骑车者拥有不同的心理感知基础和抵御干扰能力，进而产生差异化的心理承载能力。

③交通环境条件。

交通环境条件影响因素可分为静态和动态两类。静态影响因素主要指非机动车道宽度、与相邻车行道及人行道是否有物理分隔、路面是否平整、坡度及道路等级情况。动态影响因素主要包括车流量及行人干扰、出入口干扰、机动车占道影响等。

④其他因素。

天气状况、非机动车道下的管道维修及其他一些意外事件的发生也会影响非机动车交通环境心理承载力。

（2）非机动车交通环境心理承载力评价指标分析

①非机动车交通环境心理承载力评价指标。

非机动车交通环境心理承载力不能直接定量，类比步行交通环境心理承载力评估方法，引入一个心理承载力评价指标，通过研究该指标与非机动车流量及其他主要影响因素的关系，即可有效评估非机动车交通环境心理承载力。对于非机动车驾驶者，相比于步行交通，更在乎时间感受，在一定的非机动车交通环境下，非机动车可以达到的骑行速度直接决定了行驶时间；同时，骑车者对行驶速度具有较为直接的感受，流畅的骑行环境、中高速的骑行状态一般为骑车者所乐意接受的，而不连续的骑行环境和低速骑行状态会使骑车者产生抵触心理。所以，选取非机动车骑行速度作为非机动车交通环境心理承载力评价指标具有较好的解释能力。

②评价指标影响因素及其量化。

作为非机动车交通环境心理承载力的评价指标，骑行速度与心理承载力影响因素基本相同。通过对步行交通环境心理承载力的研究，发现出行者个体特征对心理感知的影响并不显著，对于速度更快的非机动车交通，骑车者个体特征对心理感知的影响还会进一步减弱，所以此处对骑行者个体特征不做进一步研究。对于非机动车辆特征，虽对车辆速度有一定影响，但是该影响主要表现在非机动车道自由流状态下，这对心理承载力研究意义不大，在一定约束流下，车辆特征并不是决定车速的关键因素，起主导作用的应是道路条件，所以关于骑行速度的影响指标体系同样忽略车辆特征的影响。最后，因为调查研究均未遇到意外事件的发生，且这些事件为偶发性事件，此次研究不做主要因素研究。

在本次调查范围内，道路坡度均不大，且非机动车道路面也都较平整，故本次研究不考虑这两个因素，但须明确这两个因素对车速是有一定影响的，对于心理承载力，它们会产生差异显著的心理感知阈值。

综上所述，得到非机动车交通环境心理承载力评价指标及主要影响变量，如表4-15所示。

非机动车交通环境心理承载力评价指标及主要影响变量　　　　　表 4-15

	变量名称及表示	预期符号	变量描述
评价指标	非机动车骑行速度（V）		据实测高峰小时自行车平均车速（v_b）和电动自行车平均车速（v_e）计算。$V = \dfrac{f_b \cdot v_b + f_e \cdot v_e}{f_b + f_e}$，其中 f_b、f_e 分别为自行车和电动自行车实测高峰小时流量

续表

	变量名称及表示	预期符号	变量描述
静态影响变量	非机动车道宽（W）	+	以实际测量为准
	所在道路等级（G）	+	支路，$G=1$；次干路，$G=2$；主干路，$G=3$
	隔离情况（S）	+	与相邻车道及人行道有无物理隔离。无，$S=0$；有，$S=1$
动态影响变量	流量（F）	−	根据现场实测高峰小时自行车流量（f_b）和电动自行车流量（f_e）计算，$F=f_b+n_{eb}\cdot f_e$，其中$n_{eb}=1.2295$
	干扰（I）	+	有无机动车占道或出入口干扰影响。是，$I=0$；否，$I=1$

（3）非机动车交通环境心理承载力评估

①非机动车交通环境心理承载力评估思路。

根据对非机动车交通环境心理承载力评价指标的分析，非机动车骑行速度（V）可以描述为：

$$V = f(F,W,G,S,I) \tag{4-28}$$

非机动车骑行者一般都有一个可接受和不可接受的骑行速度范围，将可接受到不可接受状态的临界速度称为骑行速度容忍阈值，超过该容忍阈值时，非机动车骑行者的出行体验质量会迅速下降。由公式（4-28）可知，根据F、W、G、S、I可以推出V的情况。当骑行速度容忍阈值已知，且非机动车道情况一定时，可反推出非机动车道所能承担的非机动车流量，即非机动车交通环境心理承载力，如图4-7所示。

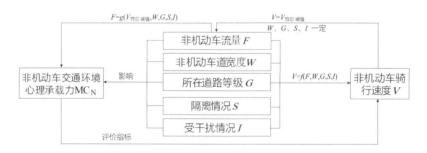

图4-7 非机动车交通环境心理承载力评估思路

②数据获取。

本次调研选取郑州书院街、开封鼓楼街两个历史街区的24个路段为调查对象，对每条路段都进行了8个时间段的非机动车数据观测，分别是工作日和周末的早高峰、晚高峰、早晚两个非高峰时段的自行车及电动自行车流量和对应时段的自行车及电动自行车各自的平均骑行速度。

为避开交叉口对非机动车流的影响，调查的观测点选在距上游交叉口大于60m的位置，此段的非机动车流较为稳定。在同一时间段内分别记录自行车和电动自行车的车流量及车流平均速度。其中，对自行车流和电动自行车流平均速度的观测采取录像的方式，每个观测点的观测范围均大于10m。通过视频分别统计出每辆自行车和电动自行车的通过时间，用观测距离除以通过时间即可得到每辆车的速度，最后分别求出自行车流和电动自行车流的平均速度。

③模型选择。

根据公式（4-28），假设非机动车流量（F）与骑行速度（V）及其他变量具有如下关系：

$$F = g(V,W,G,S,I)$$（4-29）

式（4-29）中非机动车流量（F）为计数因变量，既不符合正态分布也不符合连续分布，可以假设其服从泊松分布，通过试算发现该因变量不满足泊松分布的条件均值与条件方差相等这一重要假设，样本数据表现为过度离散状态，该情况可采用修订后的泊松回归模型，即允许方差超过均值的负二项回归模型。

④模型构建。

负二项分布模型是基于泊松分布的修订模型，具体如下：

$$\ln \lambda_i = \ln K_i + \beta_0 + \sum_{j=1}^{5} \beta_j X_{ij} + \varepsilon_i \quad i=1,2,\cdots,192$$（4-30）

式中，K_i为过度离散率，服从均值为0，方差为α的Gamma分布，α的大小决定着过度离散程度，当$\alpha=0$时，负二项模型退化为泊松模型；X_{ij}为第i条道路的第j个变量数据（依次为V、W、G、S、I）；β_j为模型第j变量的回归系数；β_0为常数项；ε_i为误差项；λ_i为因变量非机动车流量F的估计参数，F服从泊松分布：

$$\text{prob}(F_i = y_i) = \frac{\exp(-\lambda_i)\lambda_i^{y_i}}{y_i!} \quad (i=1,2,\cdots,192)$$（4-31）

$$E(F)=\lambda \quad \text{Var}(F)=\lambda(1+\frac{1}{\alpha}\lambda)$$（4-32）

⑤回归结果与分析。

以实地调查得到的三个历史街区的非机动车流量作为被解释变量，选取非机动车骑行速度（V）、非机动车道有效宽度（W）、所处道路等级（G）、与相邻车道及人行道分隔情况（S）、受干扰情况（I）五个变量为解释变量，形成192个有效样本，其中各变量特征值如表4-16所示。

非机动车交通环境心理承载力研究相关变量特征值　　表4-16

变量	单位	最小值	最大值	均值	标准差
F	辆/h	20	4467	1261	1106.14
V	km/h	13.40	27.24	20.59	3.84
W	m	1.00	5.00	2.98	0.93
G	—	0	1	1.75	0.83
S	—	0	1	0.46	0.49
I	—	0	1	0.45	0.50

借助Eviews6.0软件，将解释变量全部带入负二项回归模型，得到模型1的回归结果，考虑到非机动车道宽度与所处道路等级具有很高的相关性，将上述2个解释变量分别引入负二项回归模型，得到模型2和模型3的估计结果，如表4-17所示。

负二项模型回归结果 表4-17

变量	模型1		模型2		模型3	
	系数	z-Statistic	系数	z-Statistic	系数	z-Statistic
V	−0.232704**	−8.422188	−0.204240	−7.935199	−0.277272**	−13.32806
W	0.278422**	2.657762	—	—	0.410396**	4.546145
G	0.314295*	2.387963	0.488450	4.324232	—	—
S	0.287609*	1.859463	0.240196	1.553130	0.394372**	2.674341
I	0.260155	1.568760	0.334152	2.077242	0.355328*	2.198893
β_0	10.08913	15.19467	9.991112	14.94404	11.18371	22.86089
Log likelihood	−1471.993		−1475.609		−1474.864	
R-squared	0.866781		0.696331		0.854637	
N	192		192		192	

注：*，**分别表示在5%和1%的水平上显著。

由表4-17所示回归结果可以看出，模型1的伪判系数R^2为0.866781，说明带入全部解释变量的负二项回归模型整体拟合效果较好，所选择的解释变量能较好地解释因变量，但个别解释变量没有通过显著性检验。将模型2与模型3的估计结果进行比较，发现模型2的R^2值远大于模型3，表明模型3的拟合结果更好，并且模型3中的解释变量全部通过了显著性检验。所以本书最后采用模型3的拟合结果得到历史街区非机动车流量的预测模型：

$$F = \exp(-0.277272V+0.410396W+0.394372S+0.355328I+11.18371) \tag{4-33}$$

根据图4-7，可得到历史街区非机动车交通环境心理承载力MC_N的计算公式：

$$MC_N = \exp(-0.277272V_{容忍阈值}+0.410396W+0.394372S+0.355328I+11.18371) \tag{4-34}$$

式中，$V_{容忍阈值}$根据对当地非机动车出行者的抽样调查估计得出，一般自行车可取8～10km/h，电动自行车可取18～20km/h，其余变量根据实际非机动车道情况确定。

3. 非机动车交通环境经济承载力（EC_N）

非机动车交通环境经济承载力的研究可类比步行交通环境经济承载力，主要取决于历史街区的非机动车发展规模与经济发展的相互关系，一定的交通整治改善基金（EI）会决定非机动车的发展规模，反过来非机动车的发展规模也会作用于经济的发展。

$$EC_N^{\ 1} = g_N(EI) \tag{4-35}$$

式中，$g_N(EI)$为EI资金可支持的非机动车交通发展规模。

$$EE = h_N(x_i) \tag{4-36}$$

式中，EE为经济效应；x_i为不同规模非机动车交通量；$h_N(x_i)$为非机动车交通量产生的经济效应函数。

根据图4-8及公式（4-36），令$EE'=0$，即可求出EC_N^2，如下式所示：

$$h_N'\left(EC_N^{\ 2}\right) = 0 \tag{4-37}$$

综上所述，历史街区非机动车交通环境经济承载力EC_N应为：

$$\mathrm{EC_N} = \min\left(\mathrm{EC_N^1}, \mathrm{EC_N^2}\right) \qquad (4-38)$$

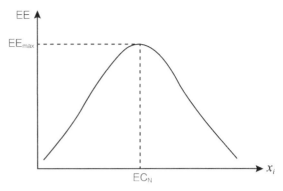

图 4-8　不同非机动车交通量下的经济效应

同样对非机动车交通环境经济承载力的研究不适于应用在以研究路段承载力为主的微观层面，且经济承载力的大小与空间承载力和心理承载力密切相关，相互影响，所以后续不再做进一步研究。

作为城市中的老城区，历史街区慢行交通系统规划有其特殊性。街区内以支路为主的格局造成人机非混行的局面，而且原有的路网格局和路网容量也渐渐不能满足街区内居民日常出行，要不就是熙熙攘攘一条街，要不就是冷冷清清一条街，多数街道都存在脏乱差的现象，出行环境无论在舒适性还是安全性上都不合格。目前基于环境承载力的交通规划研究多以机动车为背景，对历史街区而言，其路网格局、道路基础设施建设等多方面因素导致其以慢行交通为主导的出行格局，根据实际调研情况，发现历史街区存在较为明显的慢行交通流分布不均衡、部分路段慢行交通出行负荷较大及干扰较多的现象。针对这些问题及前面对慢行交通环境承载力的研究基础，后续将有针对性地研究历史街区慢行交通规划问题。

4.1.5　历史街区慢行交通规划阈值研究

1. 压力系数

根据历史街区慢行交通可持续发展模式，可以发现可持续发展模式下的慢行交通与环境之间存在一个动态平衡关系，慢行交通需求始终未超越慢行交通环境承载力，即慢行交通需求在一定慢行交通环境质量标准的可负荷范围内；相反，则慢行交通系统发展不是可持续的。由此可定义一个压力系数来表征慢行交通需求对慢行交通环境负荷的压力大小，如下式所示：

$$\alpha = \frac{\mathrm{STD}}{\mathrm{STECC}} \qquad (4-39)$$

式中，STD 为慢行交通需求（步行单位为人/h，非机动车单位为辆/h）；STECC 为慢行交通环境承载力（步行单位为人/h，非机动车单位为辆/h）；α 为压力系数。

根据公式（4-39），三种可持续发展模式随着时间的递增，压力系数会发生改变，但始终小于1。因此，得出以下结论。

当 $\alpha>1$ 时，即慢行交通需求超过慢行交通环境承载力，在该情况下，慢行交通环境超载负荷。一方面，慢行交通出行者会感觉到拥挤、出行时间延长、舒适度降低等多种负面情绪，影响街区慢行交通出行质量；另一方面，慢行交通环境超负荷运载，可能会造成不可修复的交通环境破坏或加速破坏。所以称这一阶段为破坏阶段。

当 $\alpha=1$ 时，即慢行交通需求等于慢行交通环境承载力，慢行交通环境达到临界饱和状态。从资源利用最大化角度来说，这是最佳状态，但是这一临界状态也是一种不稳定状态，系统平衡易被打破。从出行质量角度考虑，这是出行最不利状态里的最佳状态，也是出行质量介于满意与不满意的临界状态，部分出行者觉得还可以接受，也有相当一部分出行者会觉得不满意，所以这一状态需要进行优化。可将这一阶段称为警示阶段。

当$\alpha<1$时，即慢行交通需求小于慢行交通环境承载力，对应三种慢行交通系统的可持续发展模式，这是慢行交通系统与环境协调发展的理想状态。该状态下，慢行交通环境供给能力富余，慢行交通出行质量相对较高。可将这一阶段称为富余阶段。

当慢行交通系统处于警示阶段和破坏阶段时，表明慢行交通环境已饱和，慢行交通出行质量开始下降或处在较低水平。为了满足可持续发展的要求，提高慢行交通出行质量，以及阻止慢行交通环境恶化，合理地进行慢行交通系统规划势在必行。当慢行交通系统处于富余阶段时，虽然系统较为稳定，但是过低的压力系数也意味着慢行交通资源利用率低，从整个街区来看，也间接反映了慢行交通流分布不均衡，这种情况虽不会对交通环境产生什么负面影响，但对其合理规划改善后可以在一定程度上缓解街区内慢行交通负荷较大路段压力，有益于实现整个街区的均衡发展。

2. 阈值分析

一个领域或一个系统的界限称为阈，其数值称为阈值。阈值又叫临界值，是触发某种行为或者反应产生所需要的最低值。此名词广泛用于各方面，包括建筑学、生物学、飞行学、化学、电信、电学、心理学等，如生态阈值。本书在慢行交通环境压力系数定义的基础上，针对基于承载力的慢行交通规划提出慢行交通需求管理阈值和慢行交通需求均衡阈值（表4-18）。

历史街区慢行交通规划阈值　　　　　　　　　　　　　表4-18

规划手段	规划阈值	慢行交通状态
慢行交通需求管理规划	$\alpha=1$	破坏阶段、警示阶段（$\alpha \geqslant 1$）
慢行交通需求均衡规划	$\alpha=\bar{\alpha}$	富余阶段（$\alpha<\bar{\alpha}$）

（1）慢行交通需求管理阈值

慢行交通需求管理阈值是指使慢行交通系统处于非富余阶段的最低压力系数值，即进入警示阶段时的临界值（$\alpha=1$），当某路段压力系数高于该值时，慢行交通系统处于非平衡状态，慢行交通环境受到冲击，慢行交通出行质量下降，亟待对该类路段进行合理规划，以求得历史街区慢行交通系统的良性循环。所以，当某道路慢行交通环境达到需求管理规划阈值时，必须对其进行需求管理规划。

（2）慢行交通需求均衡阈值

慢行交通需求均衡阈值为某历史街区范围内各路段压力系数算数平均值$\bar{\alpha}$，当某路段压力系数低于整个街区平均水平时，尽管该路段处在慢行交通环境容量富余阶段，但低压力系数的路段所占比例较高时也可反映出街区慢行交通流分布不均衡，慢行交通环境资源利用率较低。为了实现整个街区慢行交通系统的协调发展，建议对该类路段进行规划。当某道路处在慢行交通需求均衡阈值范围内时，可以视具体情况有选择性地进行需求均衡规划。

4.2　历史街区出行方式选择模型

目前国内外出行方式选择模型主要分为两种：集计模型和非集计模型。集计模型是基于距离曲线法基本原理的选择模型，非集计模型是基于效用最大化理论的离散选择模型。上述两种模型都属于确定性模型，对出行方式选择的不确定性研究不足，且无法对各影响因素之间的相互作用关系给出定量解释。贝叶斯网络作为研究不确定性系统的理论模型之一，将概率论与图论相结合，能够有效地描述系统中各变量之间的相互作用，最终以图论的语言直观地表述出来。因此，本书将公共自行车视为出行方式中的一种，基于贝叶斯网络的相关理论进行出行方式选择模型的建立，在定量分析出行方式选择影响因素之间相互关系的基础上，对出行方式选择的不确定性进行研究。

4.2.1　基于贝叶斯网络的出行方式选择模型

1.　贝叶斯网络基本理论

贝叶斯网络是一种有向无环图，是基于概率论和图论的不确定知识表示和推理模型。自从1986年提出贝叶斯网络以来，其已经成为研究人工智能、模式识别、专家系统等不确定性问题和关联性问题的重要理论方法。在交通工程领域也有相关应用，但将该理论应用到出行方式选择方面的研究相对较少，此前多用于交通事故预测。

贝叶斯网络（BN）包括定性和定量两部分，定性部分是有向无环图（DAG），有向无环图由若干节点和有向边组成。不同的节点对应不同的随机变量，节点变量是任一具体问题的抽象，如调查的数值、征集的意见等，有向边代表的是该有向边两端节点之间的概率依赖关系（由父节点指向其后代节点）；定量部分是表示节点之间依赖强度的条件概率表（CPT）。贝叶斯网络可表示为 (V, E, P)，$V = \{v_1, v_2, \ldots, v_n\}$ 用来表示节点的集合，$E = \{v_i v_j \mid v_i \neq v_j, v_i, v_j \in V\}$ 用来表示有向边的集合，$P = \{P[v_i \mid \text{parents}(v_i)]\}$ 用来表示条件概率的集合。贝叶斯网络的联合概率分布表示为：

$$P(v_1, v_2, \ldots, v_n) = \prod_{i=1}^{n} P[v_i \mid \text{parents}(v_i)] = \prod_{i=1}^{n} \frac{P[v_i, \text{parents}(v_i)]}{P[\text{parents}(v_i)]} \tag{4-40}$$

贝叶斯网络的理论基础源于概率论，相关概念简介如下。

① 条件概率。设 A、B 为2个事件，且 $P(A) > 0$，称 $P(B \mid A) = \dfrac{P(AB)}{P(A)}$ 是在事件 A 发生的前提下事件 B 发生的条件概率。

② 贝叶斯公式。设试验的样本空间为 Ω，A 为 E 的事件，B_1，B_2，$\cdots$，B_n 为 E 的一组事件，满足：$\sum_{i=1}^{n} B_i = \Omega$，$P(B_i) > 0$ $(i = 1, 2, \cdots, n)$，B_1，B_2，$\cdots$，B_n 互不相容，则有：

$$P(B_i \mid A) = \frac{P(A \mid B_i) P(B_i)}{\sum_{j=1}^{n} P(A \mid B_j) P(B_j)} \quad (i = 1, 2, \cdots, n) \tag{4-41}$$

③先验概率。根据历史资料或主观判断所确定的各事件发生的概率，该概率没有经过试验证实，属于检验前的概率。

2. 贝叶斯网络学习

贝叶斯网络学习的目的就是寻找一个能与给定的样本数据集匹配效果最好的网络。此网络的学习分为两部分：结构学习和参数学习。结构学习可以得到一个有向无环图（DAG），参数学习可以得到有向无环图中各节点的条件概率表（CPT）。

（1）贝叶斯网络的结构学习

贝叶斯网络在结构学习过程中综合考虑了先验信息与给定的样本数据集信息。结构学习一般有两方面要求：一是要求构建的网络拓扑结构相对比较丰富，以保证学习精度；二是要求构建的模型应尽量简单，降低应用复杂度，简而言之，就是在保证精度的同时力求简单。

贝叶斯网络的结构学习方法分为两类：基于评分搜索的方法以及基于独立性测试的方法。

①基于评分搜索的结构学习方法。

运用该方法进行学习的最终目标是找到一个评分最高的贝叶斯网络结构，即将结构学习过程看作最优化问题进行求解。评分函数与搜索算法是影响结构学习过程复杂度和精确度的主要因素。评分函数的优劣会直接影响算法的复杂度和精确度，搜索算法的好坏会直接影响算法搜索的快慢。因而，该算法的核心问题就是选择合理的评分函数和优化搜索算法。

A. 评分函数。

评分函数用来评价网络拓扑结构与样本数据集的匹配程度。常用的评分函数有贝叶斯评分（MAP）和最小描述长度评分（MDL）。

贝叶斯评分的核心思想为：结合关于贝叶斯网络的先验知识，选择具有最大后验概率（Maximum A Posterior, MAP）的网络结构，$G^*=\arg\max\limits_{G} P\left(G|D\right)$。

假设网络结构G的先验概率为$P(G)$，对于给定的样本数据集D，根据贝叶斯公式，可得网络结构G的后验概率为：

$$P\left(G|D\right)=\frac{P(G)P\left(D|G\right)}{P(D)} \tag{4-42}$$

由式（4-42）可以看出，D是给定的样本数据集，因此$P(D)$的大小不受网络结构变化的影响，若网络结构G能够使$P(G)P(D|G)$取得最大值，则该网络结构同时可使$P(G, D)$取得最大值。故定义$\log P(G, D)=\log P(G)P(D|G)=\log P(G)+\log P(D|G)$为网络结构$G$的贝叶斯评分，即MAP测度。若假设网络结构的先验概率服从Dirichlet分布，则$\log P(G, D)$表示的是Cooper和Herskovits提出的CH评分。若进一步假设网络结构的先验概率服从均匀分布，在这一假设条件下的CH评分又被称为BDE（Bayesian Dirichlet Equivalent）评分。

最小描述长度评分同时考虑了网络结构以及数据两者的描述长度。最优的网络结构就是网络结构自身的描述长度与基于该网络的数据训练集的描述长度之和达到最小。

基于MDL的评分函数由测度量和惩罚量两项组成，测度量（第一项）是对结构拟合程度的表征，惩罚量（第二项）是对结构复杂程度的表征。MDL评分函数表示如下：

$$\mathrm{MDL}(G,D)=\sum_{i=1}^{n}\sum_{j=1}^{q_i}\sum_{k=1}^{r_i}m_{ijk}\log(\frac{m_{ijk}}{m_{ij}})-\frac{1}{2}\log m\sum_{i=1}^{n}(r_i-1)q_i \quad\quad (4\text{-}43)$$

式中，m 表示样本数据集 D 的样本总量；与变量集 $U=\{X_1,X_2,\cdots,X_n\}$ 相应的可能取值用 $r_1,r_2,\cdots,r_n$ 表示，变量 X_i 有 r_i 个取值，其父节点 $\mathrm{Pa}(X_i)$ 的取值组合数为 q_i 个，用 $q_i=\prod_{X_i\in\mathrm{Pa}(X_i)}r_i$ 表示，$\sum_{i=1}^{n}(r_i-1)q_i$ 表示网络中包含的参数总量。

MDL评分函数存在以下缺陷：根据样本数据量大小的不同，惩罚量所占的比重会相应地受到影响，最终导致数据集与网络结构的拟合程度不够。因此，在实际应用过程中，MDL评分的精度不高。

B. 搜索算法。

当贝叶斯网络结构中的节点数目大于1时，通常选用启发式搜索算法进行最优网络结构的搜寻。常用的算法有爬山法、$K2$ 搜索算法等。爬山法通常容易陷入局部最优；$K2$ 搜索算法属于经典搜索算法范畴，1992年由Cooper等提出。$K2$ 搜索算法首先需要给定一个初始节点次序，同时确定最大父节点个数，通过选择评分最高的节点作为当前节点的父节点来对网络结构进行及时更新，最终搜寻到最优网络结构。由于 $K2$ 算法可以很好地对给定的样本数据集进行拟合，拟合效果好，较为常用，故本书在之后的模型求解过程中采用 $K2$ 算法。

②基于独立性测试的结构学习方法。

贝叶斯网络是一种表示变量间因果关系或依赖关系的有向无环图，在BN结构中，给定任意变量 X_i 和 X_j，若 X_i 和 X_j 之间存在有向边 $X_j\rightarrow X_i$ 或 $X_i\rightarrow X_j$，则表示 X_i 和 X_j 两个变量相互关联；反之，若两个变量之间不存在有向边，则这两个变量相互独立。

通常用于独立性检验的方法有 χ^2 检验和基于互信息的检验方法。

A. χ^2 检验。

若独立性 $I(X_i,X_j)$ 成立，则满足 $P(X_i,X_j)=P(X_i)P(X_j)$，因此检验独立性 $I(X_i,X_j)$ 是否成立的 χ^2 检验统计量 U^2 表示如下：

$$U^2=-2\sum_{X_i,X_j}P(X_i,X_j)\log\left[\frac{P(X_i,X_j)}{P(X_i)P(X_j)}\right] \quad\quad (4\text{-}44)$$

给出统计量计算公式之后，可以通过 χ^2 检验确定是否接受 X_i 和 X_j 相互独立的原假设。χ^2 检验的显著性水平 α 一般取0.05、0.001等。

B. 基于互信息的检验。

X_i 和 X_j 之间的互信息 $\mathrm{MI}(X_i,X_j)$：

$$\mathrm{MI}(X_i,X_j)=\sum_{X_i,X_j}P(X_i,X_j)\log\left[\frac{P(X_i,X_j)}{P(X_i)P(X_j)}\right] \quad\quad (4\text{-}45)$$

由式（4-45）可得，当 $P(X_i,X_j)=P(X_i)P(X_j)$ 时，即 X_i 与 X_j 相互独立，互信息 $\mathrm{MI}(X_i,X_j)=0$，所以，互信息 $\mathrm{MI}(X_i,X_j)$ 的值越小，变量 X_i 与 X_j 相互独立的可能性越大。在基于互信息的独立性检验方法中，当 $\mathrm{MI}(X_i,X_j)$ 小于给定的阈值 ε 时，则 X_i 与 X_j 相互独立。

基于独立性测试的结构学习方法具有学习效率相对较高且可得到全局最优解的优点，但也相应地存在以下缺陷：

a. 任意给定两个变量，确定其是否相互独立不太容易，由式（4-44）和式（4-45）可知，其需要进行的检验次数通常呈指数级。

b. 阶数过高，检验结果的精确度受到限制，因此，独立性检验的次数和阶数是衡量此算法性能的关键性指标。

（2）贝叶斯网络的参数学习

贝叶斯网络参数学习综合考虑了先验知识与样本数据集信息，以此来确定贝叶斯网络结构中各变量节点的条件概率。参数学习比较规范，常用的学习方法有最大似然估计法（Maximum Likelihood Estimation, MLE）和贝叶斯估计法（Bayesian Estimation, BE）。上述两种参数学习方法均要求给定的数据集满足独立同分布（Independent Identify Distribution i.i.d）假设。

给定数据集 $D=\{D_1,D_2,\cdots,D_m\}$，数据集D中包含n个变量，有m个样本，$D_l=\{D_{l1},D_{l2},\cdots,D_{ln}\}$（$l=1,2,\cdots,m$），则$D$中各样本满足：参数$\theta$一定时，$D$中各样本相互独立，即$P(D|\theta)=\prod_{l=1}^{m}P(D_l|\theta)$；各样本的$P(D_l|\theta)$相同。

需要说明的是，与变量集$U=\{X_1,X_2,\cdots,X_n\}$相应的可能取值用r_1，r_2，…，r_n表示，变量X_i有r_i个取值，其父节点$Pa(X_i)$的取值组合数为q_i个，用$q_i=\prod_{X_i\in Pa(X_i)}r_i$表示。当$X$取其第$k$个值，$Pa(X_i)$取其第$j$个值时的条件概率用$\theta_{ijk}=P\left[X_i=x_{ik}\middle|Pa(X_i)=Pa(X_i)_j\right]$表示，显然有：$0\leq\theta_{ijk}\leq1,\sum_k\theta_{ijk}=1$。

①最大似然估计（MLE）。

MLE是根据参数与样本数据集的似然程度来进行参数估计。似然函数的一般形式为$L(\theta|D,G)=P(D|\theta,G)$，通常对其取对数以方便计算，即

$$L(\theta|D,G)=\log P(D|\theta,G)=\lg\prod_{l=1}^{m}P(D_l|\theta,G)=\sum_{i=1}^{n}\sum_{j=1}^{q_i}\sum_{k=1}^{r_i}m_{ijk}\log\theta_{ijk} \quad （4-46）$$

式中，m_{ijk}表示数据集D中满足$X_i=x_{ik}$，$Pa(X_i)=Pa(X_i)_j$条件的样本数。记$m_{ij}=\sum_{k=1}^{r_i}m_{ijk}$，则最大似然估计为：

$$\hat{\theta}_{ijk}=\frac{m_{ijk}}{m_{ij}} \quad \left(\forall i\in[1:n],\forall j\in[1:q_i],\forall k\in[1:r_i]\right) \quad （4-47）$$

当数据集D中的数据不够充分时，最大似然估计的计算精度相对会比较低，尤其是当$m_{ij}=0$时，式（4-47）没有意义，使得此估计法失效，贝叶斯估计可以规避最大似然估计的不足之处，故本书选取贝叶斯估计进行贝叶斯网络的参数估计。

②贝叶斯估计（BE）。

BE与MLE两者最大的区别在于对不确定性的看法不同。MLE认为概率是频率的逼近，属于传统统计范畴；而BE基于贝叶斯公式，将待定参数视为随机变量，结合先验知识和样本信息对其进行估计，充分考虑了先验信息对参数估计结果的影响，与MLE相比，估计结果更为合理。

用θ表示所有参数组成的向量，记$\theta=\left\{\theta_{ijk}|i=1,2,\cdots,n;j=1,2,\cdots,q_i;k=1,2,\cdots,r_i\right\}$；用$\theta_{ij}$表示所有关于分布$P\left[X_i|Pa(X_i)=Pa(X_i)_j\right]$的参数，记由$\theta_{ij1}$，$\theta_{ij2}$，…，$\theta_{ijr_i}$组成的子向量；用$\theta_i$表示所有关于

变量X_i的条件概率分布$P[X_i|\mathrm{Pa}(X_i)]$的参数，记由$\theta_{i1},\theta_{i2},\cdots,\theta_{iq_i}$组成的子向量。BE方法需要假设先验参数满足以下2个条件。

a.（全局独立性）不同变量X_i的相关参数相互独立，即$P(\theta|G)=\prod_{i=1}^{n}P(\theta_i|G)$。

b.（局部独立性）对于变量X_i的父节点Pa(X_i)的不同取值，其相应的参数相互独立，即$P(\theta_i|G)=\prod_{j=1}^{q_i}P(\theta_{ij}|G)$。

BE方法学习未知网络参数分两步：首先确定待估参数θ的先验分布$P(\theta)$；然后根据式（4-48）计算待估参数θ的后验概率，从而实现对未知参数的估计。

$$P(\theta|D)=\frac{P(\theta)P(D|\theta)}{P(D)}=\frac{P(\theta)P(D|\theta)}{\int P(\theta)P(D|\theta)\mathrm{d}\theta} \tag{4-48}$$

BE方法在进行参数学习过程中结合了先验知识和样本信息，考虑到参数θ先验分布与后验分布应服从同一分布，Raiffa等学者提出选取共轭分布作为参数θ的先验分布。常用的共轭分布有正态分布、二项分布、Dirichlet分布、poisson分布和Gamma分布，其中Dirichlet分布应用最为广泛[38]。故此处假设参数θ的先验分布$P(\theta|G)$为Dirichlet分布，即

$$P(\theta_{ij}|G)=\mathrm{Di}(\alpha_{ij1},\alpha_{ij2},\cdots,\alpha_{ijr_i})=\frac{\Gamma(\alpha_{ij})}{\prod_k\Gamma(\alpha_{ij})}\prod_k\theta_{ijk}^{\alpha_{ijk}} \tag{4-49}$$

式中，$\alpha_{ij}=\sum_k\alpha_{ijk}$，$\alpha_{ijk}(\forall i\in[1:n],\forall j\in[1:q_i],\forall k\in[1:r_i])$为超系数，$\Gamma(\alpha_{ij})=\int_0^{+\infty}t^{\alpha_{ij}-1}\mathrm{e}^{-t}\mathrm{d}t$为伽玛函数。在给定样本数据集$D$的情况下，参数$\theta$的后验分布也为Dirichlet分布，即

$$P(\theta_{ij}|G,D)=\frac{P(\theta_{ij}|G)P(D|G,\theta_{ij})}{P(D)}=\frac{\Gamma(\alpha_{ij}+m_{ij})}{\prod_k\Gamma(\alpha_{ijk}+m_{ijk})}\prod_k\theta_{ijk}^{(\alpha_{ijk}+m_{ijk})} \tag{4-50}$$
$$=\mathrm{Di}(\alpha_{ij1}+m_{ij1},\alpha_{ij2}+m_{ij2},\cdots,\alpha_{ijr_i}+m_{ijr_i})$$

式中，m_{ijk}表示样本数据集D中满足$X_i=x_{ik}$，$\mathrm{Pa}(X_i)=\mathrm{Pa}(X_i)_j$条件的样本数。则参数$\theta$的后验估计为：

$$\hat{\theta}_{ijk}=\frac{\alpha_{ijk}+m_{ijk}}{\sum_k(\alpha_{ijk}+m_{ijk})}=\frac{\alpha_{ijk}+m_{ijk}}{\alpha_{ij}+m_{ij}}\quad(\forall i\in[1:n],\forall j\in[1:q_i],\forall k\in[1:r_i]) \tag{4-51}$$

贝叶斯估计基于贝叶斯公式，结合了先验知识与样本信息来学习网络参数，保证了参数学习的精度。

3. 贝叶斯网络模型的建立与应用

对于相同的城市，城市空间布局形态、城市自然环境条件、城市发展政策以及城市道路状况等外在因素于居民而言都是相同的，体现了城市的共同特征，故对居民出行方式选择的影响是相同的，可将其视为常量，故在下面建模过程中不需要考虑此类因素。下面主要分析影响城市居民出行方式选择的变量因素。

（1）模型的建立

①模型变量确定。

前述分析了公共自行车选择行为的影响因素，这些影响因素作为输入变量进行贝叶斯网络建

模，为了满足贝叶斯网络建模需求，将连续型变量变换为离散型变量。居民出行方式选择的贝叶斯网络模型中的变量设置如表4-19所示。

变量定义及取值 表4-19

变量名	表示符号	变量取值
性别	Ge	①男，②女
年龄（岁）	Ag	①<18，②18~35，③36~55，④>55
月收入（元）	In	①<2000，②2000~5000，③5000~10000，④>10000
从事职业	Jo	①学生，②工人，③职员，④个体，⑤其他
是否拥有私家车	Ow	①有，②无
出行目的	Ai	①刚性出行（上下班、上下学、办理公务等），②弹性出行（购物、休闲娱乐、健身等）
出行距离（km）	Di	①<1，②1~3，③3~6，④>6
出行时间	Ti	①<30min，②0.5~1h，③>1h
出行时段	Pe	①早晚高峰，②其他时段
出行费用	Co	①费用低，②中等，③费用高
公共自行车服务水平	BS	①良好，②一般，③差劲
出行方式	Wa	①步行，②私家自行车及助力车，③小汽车，④公共交通（公交车、地铁），⑤公共自行车

需要指出的是，表4-19中的变量即对应下面贝叶斯网络中的节点。

②贝叶斯网络结构学习。

针对以往贝叶斯网络结构学习所面临的问题，本书提出基于互信息和K2算法相结合的贝叶斯网络结构学习方法（Bayesian Network Structure Learning Base-on Mutual Information and K2，MI-K2）。该方法首先利用互信息生成初始节点（即变量）次序作为K2算法的输入，然后利用K2搜索算法来进行搜索，得到最优网络结构。以下将对该算法在出行方式选择上的应用进行详细描述。

A. 变量间依赖关系的确定。

有向无环图能够很好地表示数据集中节点（即变量）之间的依赖关系，要构建一个有向无环图，需要确定节点之间的关联性（即边）以及关联性的大小（即边的权值）。模型中的变量主要包括各影响因素和出行方式。设变量集合为$X=\left\{X_i \mid i \in[1:n]\right\}$（$n$为样本数据集中变量总数），任意两个变量之间关联性的大小可以通过变量间的互信息（Mutual Information，MI）值来表示，互信息的值越大，X_i与X_j($i,j \in [1:n]$)之间关联性越强。X_i和X_j之间的互信息$\mathrm{MI}(X_i, X_j)$定义如下：

$$\mathrm{MI}(X_i, X_j)=\sum_i^{r_i} \sum_j^{r_j} P(x_i, x_j) \log \left[\frac{P(x_i, x_j)}{P(x_i)P(x_j)}\right] \quad (4-52)$$

式中，r_i表示自变量X_i所有可能的取值个数；x_i表示自变量X_i取其第i个值；r_j表示自变量X_j所有可能的取值个数。

由互信息的定义可以看出，两变量之间的互信息是对称的，即$MI(X_i, X_j)=MI(X_j, X_i)$。同时可以看出，当$P(X_i, X_j)=P(X_i)\ P(X_j)$时，互信息$MI(X_i, X_j)=0$，即$X_i$与$X_j$相互独立，所以，互信息$MI(X_i, X_j)$的值越小，变量$X_i$与$X_j$相互独立的可能性越大。

在基于互信息的关联性确定过程中，当$MI(X_i, X_j)$小于给定的阈值ε时，则X_i与X_j相互独立，即X_i与X_j之间不存在边；否则，X_i与X_j之间相互关联，即X_i与X_j之间存在边，将其互信息的值设置为边的权值。

将出行方式作为决策变量，研究各影响因素与该决策变量之间的关联性，为了得到出行方式的主要影响因素，根据互信息值的大小进行变量筛选，当互信息取值低于0.002bits时，变量间的关联性极低，故选取0.002bits作为临界值。

B.　$K2$算法搜索过程。

$K2$搜索算法是基于给定的初始节点次序，从一个网络节点开始，根据给定的最大父节点个数，通过选择评分最高的节点作为当前节点的父节点来对网络结构进行及时更新，最终搜寻到最优的网络结构。当采用$K2$算法为每个变量X_i搜索最优的父变量集合$Pa(X_i)$时，利用BDE（Bayesian Dirichlet Equivalent）评分评价当前搜索到的父变量集合$Pa_0(X_i)$。假定评分值为S。

若此时$Pa(X_i)$为空集合，则令$Pa(X_i)=Pa_0(X_i)$，作为当前搜索到的最优的父变量集合，并令最优父变量集合的评分值$S_{max}=S$；若此时$Pa(X_i)$不为空集合，则需比较评分值S与最优父变量集合的评分值S_{max}的大小，若$S>S_{max}$，则接受新的父变量集合作为最优的父变量集合，即$Pa(X_i)=Pa_0(X_i)$；否则保持原本的最优父变量集合以及评分值不变。

$K2$算法搜索最优父变量集合的终止条件（满足其中任意一个条件即可）为：变量的父变量个数已经达到初始设定的父变量个数上限，变量所有可能的父变量已经全部进行了搜索，增加新的变量到父变量集合评分值不再提高。

C.　MI–$K2$算法步骤详述。

根据上面描述的算法思路，基于互信息和$K2$算法的贝叶斯网络结构学习算法（MI–$K2$）的详细步骤描述如下。

输入：数据集合D，变量集合$X=\{X_1, X_2, \cdots, X_n\}$。

输出：每个变量的最优父变量集合$Pa(X_i)\ (1\leq i\leq n)$。

Step 1　采用MI确定各影响因素与决策变量之间的关联性，得到初始变量次序。

Step 2　初始化各变量的父变量集合$\varnothing \to Pa(X_i)$。

　　　　While仍有变量的父变量集合尚未确定。

　　　　For对当前变量X_i所有可能的父变量集合$Pa^*(X_i)$。

Step 3　计算评分函数值S。

Step4　若$Pa(X_i)=\varnothing$或$Pa(X_i)\neq\varnothing$且$S>S_{max}$，更新变量X_i的最优父变量集合及其评分函数值，即令$Pa(X_i)=Pa^*(X_i)$，$S_{max}=S$。

End for

Step5　更新当前变量为下一个变量。

End While。

③贝叶斯网络参数学习。

基于上面分析的贝叶斯估计（BE）与最大似然估计（MLE）的区别，考虑到参数估计的合理性，本书采用贝叶斯估计方法来进行参数学习。贝叶斯网络结构学习完成之后，利用样本数据对网络结构进行参数学习。

需要说明的是，与变量集$U=\{X_1,X_2,\cdots,X_n\}$相对应的可能取值用r_1，r_2，$\cdots$，r_n表示，变量X_i有r_i个取值，其父变量Pa(X_i)的取值组合数为q_i个，用$q_i=\prod_{X_i\in\mathrm{Pa}(X_i)}r_i$表示。用$\boldsymbol{\theta}$表示所有变量参数组成的向量，记$\boldsymbol{\theta}=\{\theta_{ijk}|i=1,2,\cdots,n;j=1,2,\cdots,q_i;k=1,2,\cdots,r_i\}$；用$\boldsymbol{\theta}_{ij}$表示所有关于分布$P\left[X_i\middle|\mathrm{Pa}(X_i)=\mathrm{Pa}(X_i)_j\right]$的参数，记由$\theta_{ij1}$，$\theta_{ij2}$，$\cdots$，$\theta_{ijr_i}$组成的子向量；用$\boldsymbol{\theta}_i$表示所有关于变量$X_i$的条件概率分布$P\left[X_i\middle|\mathrm{Pa}(X_i)\right]$的参数，记由$\theta_{i1}$，$\theta_{i2}$，$\cdots$，$\theta_{iq_i}$组成的子向量。当$X_i$取其第$k$个值，Pa$(X_i)$取其第$j$个值时的条件概率用$\theta_{ijk}=P\left[X_i=x_{ik}\middle|\mathrm{Pa}(X_i)=Pa(X_i)_j\right]$表示，显然有：$0\leqslant\theta_{ijk}\leqslant1,\sum_k\theta_{ijk}=1$。

贝叶斯估计基于两个假设条件，其先验参数也需满足两个假设条件，鉴于上面已经描述过，故此处不再赘述。具体步骤如下。

a. 选择网络参数θ的先验分布$P(\theta)$，根据以往经验，选取应用最为广泛的Dirichlet分布作为其先验分布，即

$$P(\theta_{ij}|G)=\mathrm{Dir}(\alpha_{ij1},\alpha_{ij2},\cdots,\alpha_{ijr_i})=\frac{\Gamma(\alpha_{ij})}{\prod_k\Gamma(\alpha_{ij})}\prod_k\theta_{ijk}^{\alpha_{ijk}}$$

式中，$\alpha_{ij}=\sum_k\alpha_{ijk}$，$\alpha_{ijk}\left(\forall i\in[1:n],\forall j\in[1:q_i],\forall k\in[1:r_i]\right)$为超参数，超参数的确定应充分利用先验信息，可采用先验矩估计法来确定；$\Gamma(\ )$为伽玛函数，$\Gamma(a)=\int_0^\infty t^{a-1}\mathrm{e}^{(-bt)}\mathrm{d}t$。

b. 根据贝叶斯公式计算参数的后验分布，对未知参数进行推断。

$$P(\theta|D)=\frac{P(\theta)P(D|\theta)}{P(D)}=\frac{P(\theta)P(D|\theta)}{\int P(\theta)P(D|\theta)\mathrm{d}\theta}\qquad(4-53)$$

由于Dirichlet分布为共轭分布，即满足：参数θ后验分布和先验分布属于同一类型的分布。故在给定数据集D的情况下，参数θ的后验分布也为Dirichlet分布，即

$$P(\theta_{ij}|G,D)=\frac{P(\theta_{ij}|G)P(D|G,\theta_{ij})}{P(D)}=\frac{\Gamma(\alpha_{ij}+m_{ij})}{\prod_k\Gamma(\alpha_{ijk}+m_{ijk})}\prod_k\theta_{ijk}^{(\alpha_{ijk}+m_{ijk})}$$
$$=\mathrm{Dir}(\alpha_{ij1}+m_{ij1},\alpha_{ij2}+m_{ij2},\cdots,\alpha_{ijr_i}+m_{ijr_i})\qquad(4-54)$$

式中，m_{ijk}表示数据集D中满足$X_i=X_{ik}$，Pa$(X_i)=$Pa$(X_i)_j$条件的样本数。则参数θ的后验估计为：

$$\hat{\theta}_{ijk}=\frac{\alpha_{ijk}+m_{ijk}}{\sum_k(\alpha_{ijk}+m_{ijk})}=\frac{\alpha_{ijk}+m_{ijk}}{\alpha_{ij}+m_{ij}}\quad\left(\forall i\in[1:n],\forall j\in[1:q_i],\forall k\in[1:r_i]\right)$$

④模型有效性验证。

经过上面的结构学习和参数学习，贝叶斯网络模型建立完成，建立模型的目的是预测各种出行方式的分担率，本书通过计算各种出行方式预测结果的命中率来验证所建立贝叶斯网络模型的有效性。模型预测结果命中率计算方法如下。

假设可供选择的出行方式种类为n，第k个样本数据选择第i种出行方式记为$d_k=i$，其相应的预测概率记为P_{ik}；当$P_m=\max P_{ik}\ (i=1,2,\cdots,n),\delta_k=i$。

令

$$s_k = \begin{cases} 1 & \delta_k = d_k \\ 0 & \delta_k \neq d_k \end{cases} \quad (4-55)$$

则 $HitR = \sum_{k=1}^{m} s_k \Big/ m$

式中，m 为选择第 i 种出行方式的样本总数。

一般当命中率达到80%时，即认为模型预测取得了较好效果。

（2）模型应用

①结构学习。

A. 关联性分析。

将出行方式作为决策变量，基于问卷调查的统计数据，采用式（4-55）计算各影响因素与该决策变量之间的互信息值。计算结果如表4-20所示。

出行方式与各变量之间的互信息值（单位：bits）　表 4-20

项目	Ge	Ag	In	Jo	Ow	Ai	Di	Ti	Pe	Co	BS
Wa	0.0007	0.084	0.145	0.127	0.152	0.103	0.178	0.229	0.181	0.001	0.001

通过计算，得出性别、出行费用、公共自行车自身特性三个因素与出行方式之间的互信息值低于0.002bits，故将其从变量集中剔除。最终筛选出8个主要的影响因素，即年龄、月收入、职业、是否拥有小汽车、出行目的、出行距离、出行时间以及出行时段等。

B. 确定初始变量次序。

基于①中各影响因素与决策变量（出行方式）之间的关联性大小，确定初始变量次序为 Ag、Jo、Ai、In、Ow、Di、Pe、Ti、Wa。

C. 应用MATLAB软件中的BNT工具箱进行结构学习，源程序如下。

```
n = 9;
ns = [4,4,4,2,2,4,3,2,5];
Ag = 1;In = 2;Jo = 3;Ow = 4;Ai = 5;Di = 6;Ti = 7;Pe = 8;Wa = 9;
names = {'Ag','In','Jo','Ow','Ai','Di','Ti','Pe','Wa'};
order = [1 3 5 2 4 6 8 7 9];
max_fan_in = 2;
result_matrix = zeros[ns(Wa),ns(Wa)];
data_train1 = xlsread('date.xlsx');
[num_attrib,num_cases] = size(data_train1);
data_train = zeros(num_attrib,num_cases);
dag_gbn = zeros(n,n);
dag_gbn = learn_struct_K2(data_train1',ns,order,'max_fan_in',max_fan_in);
bnet2 = mk_bnet(dag_gbn,ns);
bnet2;
```

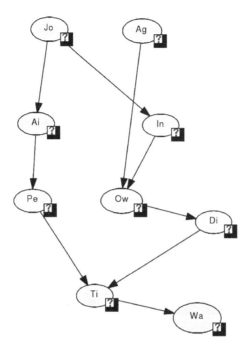

图 4-9　居民出行方式选择贝叶斯网络结构

采用工具箱 BNT 中的 $K2$ 算法进行结构学习，在结构学习过程中可以适当调整节点次序，以得到最优网络结构。运行上述程序，最终获得包含 9 个变量（8 个影响因素和 1 个决策变量）和若干有向边的网络结构，结构学习结果如图 4-9 所示，系采用 GENIE 软件绘制而成。

②参数学习。

应用 MATLAB 软件中的 BNT 工具箱进行参数学习，源程序如下。

```
%对生成的网络结构进行参数学习
priors = 1;
seed = 0;
rand('state', seed);
for i = 1:n
bnet2.CPD{i} = tabular_CPD(bnet2,i,'CPT','unif','prior_type','dirichlet',
'dirichlet_type','BDeu','dirichlet_weight', priors)%选取Dirichlet分布作为先验分布
end
bnet4 = bayes_update_params(bnet2, data_train1');%采用贝叶斯估计法学习参数
CPT3 = cell(1,n);
for i = 1:n
s = struct(bnet4.CPD{i});
CPT3{i} = s.CPT;
CPT3{1},CPT3{2},CPT3{3},CPT3{4},CPT3{5},CPT3{6},CPT3{7},CPT3{8},CPT3{9}
end
```

运行上述程序，可得到参数学习结果，如表4-21～表4-29所示。

节点 Wa 参数估计　　　　　　　　表 4-21

| Ti | Wa1 | Wa2 | Wa3 | Wa4 | Wa5 |
	步行	私家自行车及助力车	小汽车	公交车及地铁	公共自行车
1. <30min	0.198	0.087	0.176	0.460	0.079
2. 0.5～1h	0.029	0.178	0.245	0.487	0.061
3. >1h	0.002	0.150	0.259	0.565	0.024

节点 Ti 参数估计　　　　　　　　表 4-22

| Pe | Di | Ti1 | Ti2 | Ti3 |
		<30min	0.5～1h	>1h
1	1	0.881	0.079	0.040
1	2	0.762	0.214	0.024
1	3	0.093	0.715	0.192
1	4	0.011	0.027	0.962
2	1	0.946	0.039	0.015
2	2	0.847	0.147	0.008
2	3	0.123	0.834	0.043
2	4	0.042	0.231	0.727

节点 Di 参数估计　　　　　　　　表 4-23

| Ow | Di1 | Di2 | Di3 | Di4 |
	<1km	1～3km	3～6km	>6km
1. 有	0.137	0.245	0.583	0.035
2. 无	0.328	0.429	0.162	0.081

节点 Ow 参数估计　　　　　　　　表 4-24

| In | Ag | Ow1 | Ow2 | In | Ag | Ow1 | Ow2 |
		有	无			有	无
1	1	0.004	0.996	3	1	0.015	0.985
1	2	0.083	0.917	3	2	0.439	0.561
1	3	0.079	0.921	3	3	0.624	0.376
1	4	0.111	0.889	3	4	0.018	0.982
2	1	0.008	0.992	4	1	0.017	0.983
2	2	0.337	0.623	4	2	0.602	0.398
2	3	0.278	0.722	4	3	0.783	0.217
2	4	0.197	0.803	4	4	0.008	0.992

节点 Pe 参数估计   表 4-25

Ai	Pe1	Pe2
	早、晚高峰	其他时段
1. 刚性目的	0.897	0.103
2. 弹性目的	0.112	0.888

节点 In 参数估计   表 4-26

Jo	In1	In2	In3	In4
	<2000	2000~5000	5000~10000	>10000
1	0.996	0.002	0.001	0.001
2	0.347	0.639	0.011	0.003
3	0.008	0.543	0.362	0.087
4	0.003	0.462	0.433	0.102

节点 Ai 参数估计   表 4-27

Jo	Ai1	Ai2
	刚性目的	弹性目的
1	0.872	0.228
2	0.634	0.366
3	0.878	0.122
4	0.435	0.565

节点 Jo 参数估计   表 4-28

Jo1	Jo2	Jo3	Jo4
学生	工人	职员	个体
0.153	0.170	0.492	0.185

节点 Ag 参数估计   表 4-29

Ag1	Ag2	Ag3	Ag4
<18岁	18~35岁	35~55岁	>55岁
0.167	0.386	0.359	0.088

③模型有效性验证。

为了方便验证模型有效性，故将建立好的贝叶斯网络模型输入到GENIE软件以方便快速计算，假设某出行个体数据如表4-30所示。

某出行个体数据 表 4-30

Ag	Jo	Ai	In	Pe	Ow	Di	Ti
2	3	1	2	1	2	2	1
18~35岁	职员	刚性目的	2000~5000元	早、晚高峰	无	1~3km	<30min

将其输入到图4-9所示模型中，可得各出行方式选择概率，如表4-31所示。

各出行方式选择概率 表 4-31

Wa1	Wa2	Wa3	Wa4	Wa5
步行	私家自行车及助力车	小汽车	公交车、地铁	公共自行车
0.274	0.086	0.001	0.560	0.079

比较各出行方式选择的概率大小，最终可得该出行者将会选择公交车或地铁作为其出行工具。根据上面给出的命中率计算方法，可得各出行方式命中率如表4-32所示。

各出行方式命中率 表 4-32

Wa1	Wa2	Wa3	Wa4	Wa5
步行	私家自行车及助力车	小汽车	公交车、地铁	公共自行车
86.5%	84.2%	85.5%	89.7%	90.1%

由表4-32可知，各出行方式命中率均大于80%，命中率较高，模型精度较好。

④各因素对出行方式影响情况分析。

利用所建立的贝叶斯网络模型，选取城市居民是否有私家小汽车、居民年龄、出行时段以及出行目的等因素对出行方式的影响情况进行分析，分析过程通过GENIE软件实现，分析结果如表4-33~表4-36所示。

是否有私家小汽车对居民出行方式的影响 表 4-33

变量名称	有私家小汽车	无私家小汽车
步行	0.102	0.157
私家自行车及助力车	0.095	0.198
小汽车	0.464	0.027
公共交通（公交车、地铁）	0.315	0.502
公共自行车	0.051	0.116

从表4-33可以看出，有私家小汽车的居民主要选择小汽车出行，无私家小汽车的居民主要选择公交车、地铁出行，但从公共自行车选择结果来看，无私家小汽车的居民选择公共自行车的比例要明显高于有私家小汽车的居民。

年龄对居民出行方式的影响 表4-34

变量名称	<18岁	18~35岁	36~55岁	>55岁
步行	0.182	0.140	0.092	0.268
私家自行车及助力车	0.163	0.167	0.154	0.113
小汽车	0.059	0.189	0.295	0.162
公共交通（公交车、地铁）	0.549	0.421	0.401	0.424
公共自行车	0.047	0.083	0.067	0.033

从表4-34可以看出，任何年龄阶段的居民选择公交车、地铁出行的比例都很高，说明西安市的公交车、地铁是居民的主要出行方式。同时，可以看出18~35岁的居民选择公共自行车的比例最高，其次是36~55岁，年龄超过55岁的居民选择公共自行车的比例很低，可能是考虑到体力不足等因素。

出行时段对居民出行方式的影响 表4-35

变量名称	早、晚高峰	其他时段
步行	0.091	0.125
私家自行车及助力车	0.178	0.134
小汽车	0.142	0.168
公共交通（公交车、地铁）	0.467	0.502
公共自行车	0.122	0.071

从表4-35可以看出，不论早、晚高峰还是其他时段，西安市居民选择公交车、地铁的比例都很高，早、晚高峰居民出行选择公共自行车的比例高于其他时段。

出行目的对居民出行方式的影响 表4-36

变量名称	刚性目的	弹性目的
步行	0.105	0.142
私家自行车及助力车	0.197	0.153
小汽车	0.166	0.248
公共交通（公交车、地铁）	0.408	0.372
公共自行车	0.124	0.085

从表4-36可以看出，西安市居民选择公共自行车出行的刚性目的所占比例大于弹性目的，当为弹性出行时，居民更注重出行的舒适性，故较刚性出行更倾向于选择私家小汽车。

综上可知，是否有私家小汽车、居民年龄、出行时段以及出行目的等因素均对公共自行车的选择有显著影响。无私家小汽车的出行者选择公共自行车的概率高于有私家小汽车的出行者；年龄偏大（>55岁）或偏小（<18岁）选择公共自行车的比例都很低；居民在早、晚高峰期选择公共自行车出行的概率高于其他时段，与出行目的主要为刚性的结论相符。

4.2.2　基于结构方程模型的居民出行方式选择

在许多经济、心理、管理、市场等社会科学研究领域中，有时可能涉及诸如客户满意度、工作自主权等不能直接、准确地进行测量的变量（即潜变量）。这时，只能退而求其次地利用一些便于测量的外显指标来间接测量这些潜变量。例如，以工作方式选择、工作目标调整作为工作自主权（潜变量）的指标，以目前工作满意度、工作兴趣、工作乐趣、工作厌恶程度（外显指标）作为工作满意度的测量指标。有时还需要处理多个自变量、多个因变量之间的关系，这些问题用传统的统计学方法很难得到有效解决。而结构方程模型却能同时有效地处理潜变量与其测量指标之间的内在关系。

结构方程模型是一种建立、估计和检验因果关系模型的方法，自20世纪80年代以来得到迅速发展。模型中既包含有可直接观测的显变量，也包含难以直接观测的潜变量。现阶段结构方程模型往往可以代替多重回归、通径分析、因子分析、协方差分析等传统的统计分析方法，来清晰分析测量指标对潜变量的作用和测量指标之间的相互关系。因为结构方程模型弥补了传统统计方法的不足，使其逐渐成为广泛应用的重要多元数据分析工具。

1.　结构方程模型的理论介绍

结构方程模型（Structural Equation Model，SEM）是一种基于变量协方差矩阵来分析变量之间关系的统计方法，所以也称为协方差结构分析。它的原理是基于已有的因果理论关系，用与因果关系相对应的线性方程来表示该因果理论的一种统计分析方法和技术。模型构建以探索相关事物间的内在因果关系为目的，并通过路径图等方法将变量间的因果关系表现出来。结构方程模型是一种用测量变量来求解显变量和潜变量、潜变量和潜变量之间相关关系的多元统计方法。

在结构方程模型中，影响其他变量，而自身变化又是由结构模型外部的其他影响因素所决定的变量称为外生变量；把由外生变量和其他变量相关关系来解释的变量称为内生变量；而将那些不能直接、准确测量的变量称为潜变量。结构方程模型的实质是验证性因子分析（验证性因子模型）和路径分析（因果模型）的组合模型。研究者利用一定的统计手段，对理论模型加以处理，根据模型与数据关系的一致性程度，对理论模型做出评价，从而证实或证伪事先假设的理论模型。所包含的因子模型又称为测量模型，其中的方程称为测量方程，描述了潜变量与观察变量之间的关系；所包含的因果模型又称为潜变量模型，也称为结构模型，其中的方程称为结构方程，描述了潜变量之间的关系。模型如下。

测量方程：

$$x = \Lambda_x \xi + \delta \tag{4-56}$$

$$y = \Lambda_y \eta + \varepsilon \tag{4-57}$$

式中，x为q个外生变量组成的$q \times 1$向量；y为p个内生变量组成的$p \times 1$向量；$\varLambda_x$为外生变量x在外生潜变量ξ上$q \times n$因子负荷矩阵；δ为外生变量q个测量误差组成的$q \times 1$向量；$\varLambda_y$为内生变量y在内生潜变量η上的$p \times m$因子负荷矩阵；ε为内生变量p个测量误差组成的$p \times 1$向量。

结构方程：

$$\eta = B\eta + \varGamma\xi + \zeta \tag{4-58}$$

式中，η为m个内生潜变量组成的$m \times 1$向量；ξ为n个外生潜变量组成的$n \times 1$向量；B为$m \times n$系数矩阵，描述内生潜变量η之间的彼此影响；$\varGamma$为$m \times n$系数矩阵，描述外生潜变量ξ与内生潜变量η之间的彼此影响；ζ为结构方程$m \times 1$的残差向量。

结构方程模型假设如下。

①测量方程误差项ξ、ε的均值为零。

②结构方程残差项ζ的均值为零。

③误差项δ、ε与因子η、ξ之间不相关，δ与ε不相关。

④残差项ζ与ξ、ε、δ之间不相关。

2. 基于居民出行决策的模型变量设计

出行决策是根据各影响因素对出行者心理相对满意度的影响，对街区内各种出行方式的相对价值进行综合比较和科学分析的决策过程。须按照一定的客观标准，从安全性、舒适性、经济性、快速性、便捷性等方面出发，来综合评定街区内各出行方式相对价值的大小，是一个对各影响因素进行比对、评估等系统衡量的过程。根据出行方式的相对价值，可以确定不同人群的出行心理需求倾向，并据此建立客观、公正的预测指标。

在街区运输市场中，出行者为满足自身出行目的的需要，必须在街区现有的多种交通方式中选择其中适合自身消费需求的一种或者多种出行方式的组合来完成出行。因此，出行者主要是根据自身需求来权衡各种出行方式以及其组合所提供的运输服务的出行费用，并采取费用最小的出行方式及组合来实现自身出行效益的最大化。因此，不同出行者对各出行方式的出行影响因素表现出了不同的心理权重值。

与此同时，交通方式的运营商为取得自身的利益最大化，也将从安全性、舒适性、经济性、快速性、便捷性等所掌握的可调控资源方面进行策略上的调控。

例如，当出行方式达不到预期的客流量时，出行方式会采取相应的价格策略和服务策略等来提升自身的竞争力。总的来说，出行方式能够调控的策略也是评价服务标准的几个指标，可简化为安全性、舒适性、经济性、快速性和便捷性5个指标。本书将针对这几个指标进行建模分析。

为了构建出行方式影响因素评价的结构方程模型，本书添加了当前出行方式的顾客满意度这一潜变量。出行者每一次做出的出行方式选择，都与对该种出行方式的满意度成正比。满意度越高，选择该种方式出行的可能性越大，反之亦然。因此，在本书中，需要将顾客满意度进行客观公正的度量，考察各因素对出行方式满意度的影响。影响出行方式满意度的要素主要有安全性、舒适性、经济性、快速性和便捷性，如图4-10所示。

因此，在出行方式顾客满意度评价的结构方程模型中，安全性、舒适性、经济性、快速性和

安全性 { 车 辆 安 全 属 性
　　　　 驾 驶 者 安 全 意 识
　　　　 人 身 财 产 安 全

舒适性 { 车 内 乘 坐 环 境
　　　　 候 车 环 境
　　　　 服 务 态 度

经济性 { 车 票 价 格
　　　　 购 车 费 用
　　　　 停 车 费 用
　　　　 其 他 费 用（燃 油、充 电、保 险 等 支 出）

快速性 { 车 辆 行 驶 速 度
　　　　 候 车 时 间
　　　　 延 误 时 间

便捷性 { 站 点 密 度
　　　　 换 乘 次 数
　　　　 停 车 距 离

图 4-10　顾客满意度评价的变量构建

便捷性等指标由运输市场内的其他因素和模型内的外生观测变量决定，为模型的外生潜变量；出行方式满意度主要由安全性、舒适性、经济性、快速性、便捷性五个外生潜变量决定，为模型的内生潜变量。综上所述，我们可以建立影响旅客出行决策的因素评价路径图，如图4-11所示。

根据上述变量之间关系的描述，可得当前出行方式顾客满意度的结构模型，表达式如下：

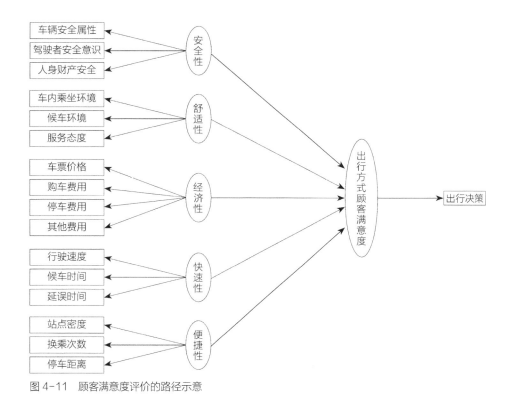

图 4-11　顾客满意度评价的路径示意

$$\eta = \begin{pmatrix} \gamma_1 & \gamma_2 & \gamma_3 & \gamma_4 & \gamma_5 \end{pmatrix} \cdot \begin{bmatrix} \xi_1 \\ \xi_2 \\ \xi_3 \\ \xi_4 \\ \xi_5 \end{bmatrix} + \zeta \qquad (4\text{-}59)$$

式中，$\gamma_j = (j=1, 2, 3, 4, 5)$表示第$j$个外生潜变量$\xi$对内生潜变量$\eta$（当前出行方式的顾客满意度）的影响系数，相关系数的值通过结构方程模型的评估来确定；ζ表示残差向量。

测量模型是指能反映潜变量与测量变量关系的方程，又分为两种形式：一种是外生变量ξ的测量方程，另一种是内生变量η的测量方程。可用公式表示为：

$$x = \lambda_x \xi + \delta \qquad (4\text{-}60)$$
$$y = \lambda_y \eta + \varepsilon \qquad (4\text{-}61)$$

且

$$E[\delta] = E[\varepsilon] = 0$$

式中，x为外生测量变量的向量组合；y为内生测量变量（出行决策）；λ_x为外生变量的负载矩阵；λ_y为内生变量的负载矩阵（满意度对出行决策的影响系数）；δ、ε为外生测量变量和内生测量变量的误差。

根据上述分析，出行方式的顾客满意度受到五个外生潜变量的影响，每个外生潜变量受到各自的外生测量变量影响，最终求得内生测量变量（出行决策）与出行方式的顾客满意度相关。因此，定义模型变量如表4-37所示。

出行方式影响因素评价结构方程模型变量定义　　　表4-37

变量类型		变量代码	变量名称	变量操作定义及说明
潜变量	外生潜变量	ξ_1	安全性	多变量间接测量
		ξ_2	舒适性	多变量间接测量
		ξ_3	经济性	多变量间接测量
		ξ_4	快速性	多变量间接测量
		ξ_5	便捷性	多变量间接测量
	内生潜变量	η	当前出行方式的顾客满意度	多变量间接测量
测量变量	外生测量变量	x_1	车辆安全属性	车辆自身对安全性的影响
		x_2	驾驶者安全意识	驾驶者素质对安全性的影响
		x_3	人身财产安全	出行者人身财产安全状况
		x_4	车辆乘坐环境	出行者乘坐车辆的舒适感
		x_5	候车环境	出行者候车时的舒适感
		x_6	服务态度	服务态度带来的舒适感
		x_7	车票价格	出行者支付的车票价格
		x_8	购车费用	出行者购车支付的费用

续表

变量类型		变量代码	变量名称	变量操作定义及说明
测量变量	外生测量变量	x_9	停车费用	出行者支付的停车管理费
		x_{10}	其他费用	燃油、充电、保险等费用
		x_{11}	行驶速度	车辆运营时的巡航速度
		x_{12}	候车时间	出行者等候车辆消耗的时间
		x_{13}	延误时间	车辆正常运营过程中的延误
		x_{14}	站点密度	车辆停车及候车站点的密度
		x_{15}	换乘次数	出行者途中的换乘次数
		x_{16}	停车距离	停车地点距目的地的距离
	内生测量变量	y	出行决策	出行者最终决定的出行方式

因此，外生潜变量（安全性、舒适性、经济性、快速性和便捷性）的测量模型可表示为：

$$
\begin{bmatrix} x_1 \\ x_2 \\ x_3 \\ x_4 \\ x_5 \\ x_6 \\ x_7 \\ x_8 \\ x_9 \\ x_{10} \\ x_{11} \\ x_{12} \\ x_{13} \\ x_{14} \\ x_{15} \\ x_{16} \end{bmatrix} = \begin{bmatrix} \lambda_{1,1} & 0 & 0 & 0 & 0 \\ \lambda_{2,1} & 0 & 0 & 0 & 0 \\ \lambda_{3,1} & 0 & 0 & 0 & 0 \\ 0 & \lambda_{4,2} & 0 & 0 & 0 \\ 0 & \lambda_{5,2} & 0 & 0 & 0 \\ 0 & \lambda_{6,2} & 0 & 0 & 0 \\ 0 & 0 & \lambda_{7,3} & 0 & 0 \\ 0 & 0 & \lambda_{8,3} & 0 & 0 \\ 0 & 0 & \lambda_{9,3} & 0 & 0 \\ 0 & 0 & \lambda_{10,3} & 0 & 0 \\ 0 & 0 & 0 & \lambda_{11,4} & 0 \\ 0 & 0 & 0 & \lambda_{12,4} & 0 \\ 0 & 0 & 0 & \lambda_{13,4} & 0 \\ 0 & 0 & 0 & 0 & \lambda_{14,5} \\ 0 & 0 & 0 & 0 & \lambda_{15,5} \\ 0 & 0 & 0 & 0 & \lambda_{16,5} \end{bmatrix} \cdot \begin{bmatrix} \xi_1 \\ \xi_2 \\ \xi_3 \\ \xi_4 \\ \xi_5 \end{bmatrix} + \begin{bmatrix} \delta_1 \\ \delta_2 \\ \delta_3 \\ \delta_4 \\ \delta_5 \\ \delta_6 \\ \delta_7 \\ \delta_8 \\ \delta_9 \\ \delta_{10} \\ \delta_{11} \\ \delta_{12} \\ \delta_{13} \\ \delta_{14} \\ \delta_{15} \\ \delta_{16} \end{bmatrix} \quad (4-62)
$$

式中，$\lambda_{i,j}$ 为第 j 个外生潜变量对它的第 i 个测量变量 x_i 的影响系数，系数越大，表示影响也越大。

3. 案例分析

（1）模型计算

为获取调查数据，笔者针对历史街区的出行状况进行了问卷调查。限于研究成本和时间，难以进行全方位大样本的调查。特选取郑州书院街历史街区作为调查对象，对于街区内的常住人员进行了问卷调查。问卷共发放231份，收回223份，并最终确定216份有效问卷。样本的描述性统计结果如表4-38所示。

书院街历史街区出行构成样本统计结果 表4-38

人口统计特征	分类	频次	比例
性别	男	110	50.8%
	女	106	40.2%
年龄	17岁以下	3	1.38%
	18~30岁	72	33.3%
	31~40岁	78	36.1%
	41~50岁	42	19.2%
	51~60岁	13	6.0%
	60岁以上	8	4.0%
教育程度	初中及以下	39	18.1%
	高中/中专	67	31.0%
	大专	51	23.6%
	本科	53	24.5%
	研究生	6	2.8%
职业	学生	48	22.2%
	机关单位人员	22	10.2%
	企业职员	64	29.6%
	个体劳动者	61	28.2%
	离退休人员	15	6.9%
	其他	6	2.8%

　　为了了解出行者对乘客满意度以及各影响因素的感知程度，通过SPSS软件对上述模型中各研究变量所涉及的测量问题进行统计并运算。因极大似然法具有无偏性、一致性、有效性及不受测量单位影响等特点，模型采用极大似然法（ML）进行参数估计。根据运算得出路径图，由图可以得出模型中各潜变量和其相对应的测量变量的路径系数。对模型进行修正检验后，求得不同出行方式的路径图和拟合指标（图4-12~图4-15，表4-39~表4-42）。

　　从表4-39可以看出，经检验、修正后的步行出行结构模型与数据有着良好的拟合度。相对卡方即卡方统计值与自由度之比为1.762＜3，处于可以接受的范围；近似均方根误差为0.054＜0.1，也处于可以接受的范围；增值拟合指数（0.913）、非规范拟合指数（0.909）、拟合优度指数（0.916）的值都大于0.9，均处于可以接受的范围，经修正后的模型具有较好的拟合度。

　　从表4-40可以看出，经检验、修正后的自行车（电动摩托车）出行结构模型与数据的拟合程度比较高。相对卡方即卡方统计值与自由度之比为1.514＜3，处于误差可以接受的范围；近似均方根误差为0.045＜0.1，也处于可以接受的范围；增值拟合指数（0.908）、非规范拟合指数（0.906）、拟合优度指数（0.912）的值都大于0.9，均处于可以接受的范围，经修正后的模型具有较好的拟合度。

　　从表4-41可以看出，经检验、修正后的小汽车出行结构模型与数据有着良好的拟合度。相对卡方即卡方统计值与自由度之比为1.652＜3，误差处于可以接受的范围；近似均方根误差为0.046＜0.1，也处于可以接受的范围；增值拟合指数（0.912）、非规范拟合指数（0.905）、拟合

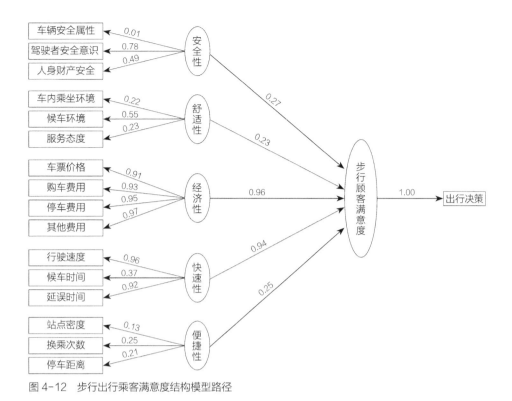

图 4-12　步行出行乘客满意度结构模型路径

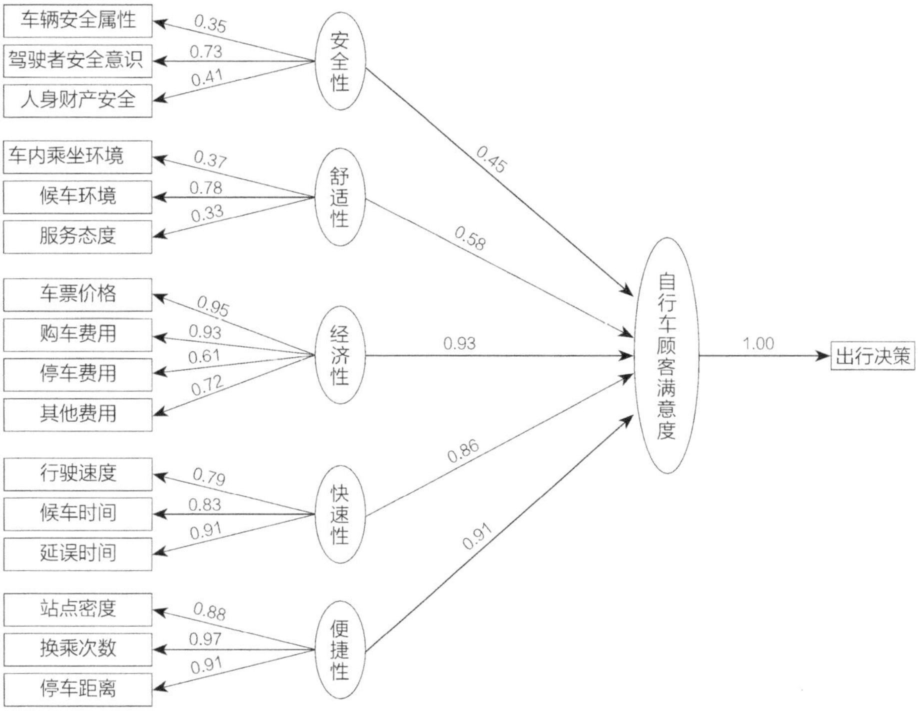

图 4-13　自行车（电动摩托车）出行乘客满意度结构模型路径

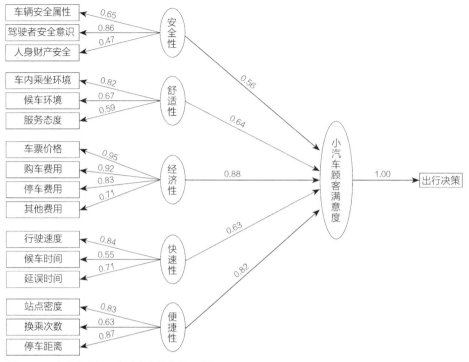

图 4-14　小汽车出行乘客满意度结构模型路径

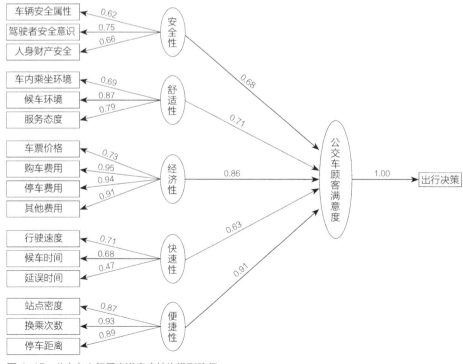

图 4-15　公交车出行乘客满意度结构模型路径

步行出行修正检验拟合情况　　　　　　　　　　表 4-39

拟合优度检验指标	理想标准	模型结果	是否符合标准
CMIN/DF（相对卡方）	< 3	1.762	符合
RMSEA（近似均方根误差）	< 0.1	0.054	符合
IFI（增值拟合指数）	≥0.9	0.913	符合
TLI（非规范拟合指数）	≥0.9	0.909	符合
CFI（拟合优度指数）	≥0.9	0.916	符合

自行车（电动摩托车）出行修正检验拟合情况　　　　　表 4-40

拟合优度检验指标	理想标准	模型结果	是否符合标准
CMIN/DF（相对卡方）	< 3	1.514	符合
RMSEA（近似均方根误差）	< 0.1	0.045	符合
IFI（增值拟合指数）	≥0.9	0.908	符合
TLI（非规范拟合指数）	≥0.9	0.906	符合
CFI（拟合优度指数）	≥0.9	0.912	符合

小汽车出行修正检验拟合情况　　　　　　　　　表 4-41

拟合优度检验指标	理想标准	模型结果	是否符合标准
CMIN/DF（相对卡方）	< 3	1.652	符合
RMSEA（近似均方根误差）	< 0.1	0.046	符合
IFI（增值拟合指数）	≥0.9	0.912	符合
TLI（非规范拟合指数）	≥0.9	0.905	符合
CFI（拟合优度指数）	≥0.9	0.915	符合

公交车出行修正检验拟合情况　　　　　　　　　表 4-42

拟合优度检验指标	理想标准	模型结果	是否符合标准
CMIN/DF（相对卡方）	< 3	1.816	符合
RMSEA（近似均方根误差）	< 0.1	0.057	符合
IFI（增值拟合指数）	≥0.9	0.904	符合
TLI（非规范拟合指数）	≥0.9	0.903	符合
CFI（拟合优度指数）	≥0.9	0.908	符合

优度指数（0.915）的值都大于0.9，均处于可以接受的范围，经修正后的模型具有较好的拟合度。

从表4-42可以看出，经检验、修正后的公交车出行结构模型与数据的拟合程度比较高。相对卡方即卡方统计值与自由度之比为1.816 < 3，处于可以接受的范围；近似均方根误差为0.057 < 0.1，也处于可以接受的范围；增值拟合指数（0.904）、非规范拟合指数（0.903）、拟合优度指数（0.908）的值都大于0.9，均处于可以接受的范围，经修正后的模型具有较好的拟合度。

综上所述，统计各种影响因素对不同出行方式影响的路径系数，并进行归一化后得到各影响因素的权重，如表4-43所示。

各出行方式的影响因素权重汇总 表4-43

	要素	安全性	舒适性	经济性	快速性	便捷性
步行	路径系数	0.27	0.23	0.96	0.94	0.25
	权重	0.10	0.09	0.36	0.36	0.09
自行车	路径系数	0.45	0.58	0.93	0.86	0.91
	权重	0.12	0.16	0.25	0.23	0.24
小汽车	路径系数	0.56	0.64	0.88	0.63	0.82
	权重	0.16	0.18	0.25	0.18	0.23
公交车	路径系数	0.68	0.71	0.86	0.63	0.91
	权重	0.18	0.19	0.23	0.17	0.23

（2）结果分析

①从输出结果来看，步行出行者普遍对经济性和便捷性的满意度最大。也就是说，出行者在选择步行出行时，主要基于步行的低消费和在历史街区复杂的交通环境内较高的可达性。同时，步行出行者一般都在对速度和时间要求不高的短距离出行时选择步行出行方式。

②对于自行车（含电动自行车），结果表明自行车在历史街区内的受欢迎程度较高。因为其在中短距离内有较大的出行速度、较高的可达性和较低的费用支出，颇受出行者喜爱。从出行满意度的角度来看，未来以电动自行车为主的出行方式将会在书院街历史街区的运输市场内占据较大比重，这也与越来越多的居民选择自行车出行的发展现状相吻合。

③对于小汽车，除在出行速度上具有较明显的优势，在舒适性上有一定但并不明显的优势外，小汽车在历史街区内部的出行市场内并没有较强的竞争力。究其原因，一方面，小汽车的使用和维护成本较高，对于广大群众来说在出行的经济性上没有竞争力；另一方面，街区内部较窄的路幅、凌乱的路网和停车难等问题使小汽车的便捷性大打折扣，导致其发展受到限制。

④从公交车的满意度来看，其在历史街区的出行市场具有一定的竞争力。公交车较低的出行费用和较大的出行速度使其在中长距离的出行需求中具有竞争优势，但是在便捷性方面限制了公交车的发展。其主要原因是街区内的交通大环境限制使得公交车的可达性降低，在公交线路和站点规划方面使得候车和延误时间变长，影响了公交性能在历史街区这一特殊交通环境下的发挥。

4.2.3 历史街区慢行交通分担量的博弈预测方法

随着城市发展进程的不断提速，历史街区在承担现代化城市的商业、生活、娱乐功能时，日益增长的机动车出行需求与历史街区保护之间的矛盾日渐突出。具有灵活、便捷优点的慢行交通逐渐成为街区内部出行活动的主要方式，合理的慢行交通规划与组织成为解决出行需求与街区保护之间矛盾的有效途径。因此，慢行交通的预测工作就显得尤为重要。

目前，国内外学者对慢行交通的研究多集中在慢行交通流特性、慢行交通设施的服务水平评价及慢行交通规划等方面，对历史街区的研究多集中于街区古老风貌的保护及街区交通设施的优化与改造方面。本书着眼于历史街区的保护和发展与慢行交通的密切关系，旨在提出一种适应历史街区的准确可靠的慢行交通预测方法，为历史街区慢行交通体系的建设和规划提供可靠的理论支撑与数据支持。

历史街区往往位于老城区内，街区内部出行距离往往在3km以内，而2.5km一般被认为是步行出行的极限距离。因此，历史街区的主要出行方式有步行、公共交通（常规公交车、轨道交通）、自行车（电动自行车）、小汽车等。不同的出行方式给了出行者自由选择的机会，正是由于出行者对不同出行方式表现出不同的青睐程度，导致各出行方式所分担交通量的不同。出行活动从经济学的角度来看，可以看成是当前经济环境下的一种交易行为。出行者付出了财力、体力、精力上的支出，来购买一种适合自己的出行服务；而各种出行方式通过向出行者出售出行服务来获得收益。

由于博弈论是研究人类社会交互的最理想的数学方法，也是研究理性的主体之间协调的理论，因此各出行方式之间的关系非常适合用博弈的思想来描述。显然，每个OD对中各种出行方式之间实际上是一种完全信息条件下的非合作动态博弈关系。鉴于此，针对步行和自行车出行没有票价、燃油费等明显的货币支出的特点，提出广义费用的概念，将各出行影响因素从经济学的角度统一量化。通过建立各出行方式间的博弈模型来模拟街区内慢行交通与其他出行方式间的竞争关系，以此来预测步行和自行车出行在历史街区交通环境下的分担量。

1. 历史街区出行方式竞争博弈模型的建立

假定在街区客运系统内共有 N 种出行方式，通过调整自身舒适性（S_i）、快速性（V_i）、便捷性（F_i）、安全性（A_i）、经济性（C_i）的策略来吸引客源。各局中人在他人策略的基础上不断调整自身策略来获得最大利益。很明显，这一博弈过程在各局中人均取得最大利益时达到平衡，各出行方式达到最优分担量。

（1）广义费用模型

由于广义费用的影响因素都非同一量纲，本书引进时间价值的概念来统一量化各影响因素。时间价值表示个人在单位时间所能创造的社会价值。因此，出行时间价值表示为：

$$\text{Vot} = \text{GDP} / (P \cdot T) \tag{4-63}$$

式中，Vot为该地区出行者的时间价值［元/（人·h）］；GDP为该地区国民生产总值（元）；P为该地区年均就业人数（人）；T为个人年均工作小时数（h）。

①经济性C_i。经济性是指出行者获得"门到门"服务所支出的全部费用。经济性费用表示为：

$$C_i = a_i \cdot L_i \tag{4-64}$$

式中，C_i为第i种出行方式经济性的广义费用（元/人）；a_i为票价费率［元/（人·km）］；L_i为出行距离（km）。

②快速性V_i。快速性用完成"门到门"的出行活动所消耗的时间来衡量。在运距L_i确定的前提下，快速性费用表示为：

$$V_i = \frac{L_i}{v_i} \cdot \text{Vot} \qquad (4-65)$$

式中，V_i为第i种出行方式快速性的广义费用（元/人）；L_i为出行距离（km）；v_i为行驶速度（km/h）；Vot为旅客的时间价值［元/（人·h）］。

③便捷性F_i。便捷性是指完成出行活动的全程中，除去出行方式运行时间以外所消耗的所有时间的时间价值。便捷性费用表示为：

$$F_i = \text{Vot} \cdot E_i \qquad (4-66)$$

式中，F_i为第i种出行方式便捷性的广义费用（元/人）；E_i为除运行时间外所消耗的所有时间（h）；Vot为旅客的时间价值［元/（人·h）］。

④舒适性S_i。舒适性是指出行者对所提供的服务舒适性的主观感受。本书采用完成出行活动后的疲劳恢复时间来量化舒适度，其费用表示为：

$$S_i = g_i(t) \cdot \text{Vot} = \text{Vot} \cdot J / \left[1 + a_i \cdot e^{(-b_i \cdot t)} \right] \qquad (4-67)$$

式中，S_i为第i种出行方式舒适性的广义费用（元/人）；J为极限疲劳恢复时间（h）；a_i为无量纲的系数，且$J/(1+a_i)$表示出行方式i的最小疲劳恢复时间；b_i为疲劳恢复时间系数；t为完成出行活动所用的时间（h）。

⑤安全性A_i。安全性是指出行者对出行方式所提供的安全服务的评价。一般以安全出行距离来描述出行的安全性，其费用表示为：

$$A_i = L_i \cdot \gamma_i \cdot W_s \qquad (4-68)$$

式中，A_i为第i种出行方式安全性的广义费用（元/人）；L_i为出行距离（km）；γ_i为平均事故率（次/km）；W_s为发生一次交通事故的平均经济损失［元/（人·次）］。

综上所述，出行者选择第i种出行方式为获得服务所支付的广义出行费用可以表示为：

$$P_i(S_i, V_i, F_i, A_i, C_i) = S_i + V_i + F_i + A_i + C_i \qquad (4-69)$$

（2）历史街区出行方式非合作动态博弈模型的构建

由于在某一时间段内，街区内出行需求总量Q_T是外生的。这意味着出行方式i的分担量Q_i既取决于自身的竞争策略组合α_i，又受制于其他出行方式的竞争策略组合。因此，对于某一交通方式i而言，其分担的交通量为：

$$Q_i = Q_T \cdot M_i(\Omega_i) \qquad (4-70)$$

式中，Q_i为交通方式i的运输需求；$M_i(\Omega_i)$为交通方式i的市场占有率，它是交通方式i的竞争策略Ω_i的函数，即$\Omega_i = (S_i, V_i, F_i, A_i, C_i)$。

$M_i(\Omega_i)$采用Logit模型来描述。Logit模型是非集计模型的一种，在该模型中，出行者的选择行为由出行备选方案的随机效益函数决定。本书对传统的Logit模型进行改进，用广义费用来定义模型的效益函数。综合考虑方式选择的影响因素后，出行方式i的Logit模型表示为：

$$M_i(\Omega_i) = \frac{\exp\left[-\theta(\alpha_i S_i + \beta_i V_i + \gamma_i F_i + \mu_i A_i + \omega_i C_i)\right]}{\sum_i \exp\left[-\theta(\alpha_i S_i + \beta_i V_i + \gamma_i F_i + \mu_i A_i + \omega_i C_i)\right]} \qquad (4-71)$$

式中，θ为模型的随机感知系数；S_i、V_i、F_i、A_i、C_i分别为选择第i种出行方式所要支付的舒适性、快速性、便捷性、安全性、经济性广义费用；α_i、β_i、γ_i、μ_i、ω_i分别为舒适性、快速性、便捷性、安全性、经济性影响因素的权重。其中，通过引入结构方程模型对各影响因素进行定量分析，并引入顾客满意度的概念作为出行决策的标杆，以郑州市书院街历史街区为例分析了各种因素对不同出行方式选择的影响，从而得出该地区各影响因素对出行方式选择的影响权重。

针对街区内某一OD间的用户需求，将各出行方式的客源划分为两类：一类是对出行方式i具有稳定依赖性的顾客Q_{i1}，另一类是变动顾客Q_{i2}。因此，第i种出行方式的用户需求量为：

$$Q_i = Q_{i1} + (Q_T - \sum_{i=1}^{n} Q_{i1}) \cdot \frac{\exp[-\theta(\alpha_i S_i + \beta_i V_i + \gamma_i F_i + \mu_i A_i + \omega_i C_i)]}{\sum_i \exp[-\theta(\alpha_i S_i + \beta_i V_i + \gamma_i F_i + \mu_i A_i + \omega_i C_i)]} \quad (4-72)$$

因此，出行方式i的广义利润π_i则可表示为：

$$\pi_i = P(S_i, V_i, F, A_i, C_i)_i \cdot \left\{ \begin{array}{l} Q_{i1} + (Q_T - \sum_{i=1}^{n} Q_{i1}) \\ \cdot \dfrac{\exp[-\theta(\alpha_i S_i + \beta_i V_i + \gamma_i F_i + \mu_i A_i + \omega_i C_i)]}{\sum_{i=1}^{N} \exp[-\theta(\alpha_i S_i + \beta_i V_i + \gamma_i F_i + \mu_i A_i + \omega_i C_i)]} \end{array} \right\} - U_i \quad (4-73)$$

式中，U_i表示出行方式i的运营成本。

虽然各出行方式可通过各种竞争策略来提高市场占有率，但占有率的提高受到该出行方式最大通过能力Q_{imax}的限制。即$Q_i \leq Q_{imax}$。并且，所有出行方式的分担量之和不大于该地区居民出行的需求总量Q_T，即$\sum Q_i(\Omega_i) \leq Q_T$。

因此，基于上述假设和约束条件建立出行方式竞争博弈模型：

$$\left\{ \begin{array}{l} \max \pi_i \left\{ P(S_i, V_i, F, A_i, C_i)_i \cdot \left\{ \begin{array}{l} Q_{i1} + (Q_T - \sum_{i=1}^{n} Q_{i1}) \\ \cdot \dfrac{\exp[-\theta(\alpha_i S_i + \beta_i V_i + \gamma_i F_i + \mu_i A_i + \omega_i C_i)]}{\sum_{i=1}^{N} \exp[-\theta(\alpha_i S_i + \beta_i V_i + \gamma_i F_i + \mu_i A_i + \omega_i C_i)]} \end{array} \right\} - U_i \right\} \\ Q_i(\Omega_i) \leq Q_{imax} \\ \sum Q_i(\Omega_1, \cdots, \Omega_i, \cdots, \Omega_N) \leq Q_T \end{array} \right. \quad (4-74)$$

街区内不同出行方式间的竞争只是现有资源的重新分配问题，不能够增加该地区的出行总量。各博弈方在自身条件和市场需求条件限制下均实现自身利益最大化的策略，为模型的最优解。

2. 历史街区出行方式竞争模型的纳什均衡解

（1）纳什均衡解的存在条件

纳什均衡的数学定义为：在博弈$G = \{S_1, \cdots, S_n; u_1, \cdots, u_n\}$中，如果由各博弈方的各一个策略组成的某个策略组合$(S_1^*,\cdots,S_n^*)$中，任一博弈方$i$的策略$S_i^*$都是对其余博弈方策略的组合$(S_1^*,\cdots,S_{i-1}^*,S_{i+1}^*,\cdots,S_n^*)$的最佳对策，则称$(S_1^*,\cdots,S_n^*)$为$G$的一个纳什均衡。简单来说，纳什均衡就是在一个策略组合中，当其他局中人不改变策略时，对于任意一个局中人来说此时的策略都是收益最大的。

基于上述模型的构造，可推出街区内客运市场的竞争模型。其中，各出行方式的最优分担量需满足不等式组：

$$\begin{cases} \max \pi_1\{\Omega_1,\cdots,\Omega_N\}, Q_1\{\Omega_1,\cdots,\Omega_N\} \leqslant Q_{1\max} \\ \vdots \\ \max \pi_i\{\Omega_1,\cdots,\Omega_N\}, Q_i\{\Omega_1,\cdots,\Omega_N\} \leqslant Q_{i\max} \\ \vdots \\ \max \pi_N\{\Omega_1,\cdots,\Omega_N\}, Q_N\{\Omega_1,\cdots,\Omega_N\} \leqslant Q_{N\max} \end{cases}$$

对上述模型引入拉格朗日乘子$L_i(\Omega_1,\cdots,\Omega_N)$得：

$$L_i(\Omega_1,\cdots,\Omega_N) = \pi_i\{\Omega_1,\cdots,\Omega_N\} + \lambda_i\left[Q_{i\max} - Q_i\{\Omega_1,\cdots,\Omega_N\}\right] \tag{4-75}$$

因此，当前条件下第i种出行方式最优解$\Omega_i^*(S_i,V_i,F_i,A_i,C_i)$需满足的条件为：

$$\begin{cases} \dfrac{\partial}{\partial S_i}L(\Omega_1^*,\cdots,\Omega_i^*,\cdots,\Omega_N^*)=0 \\ \dfrac{\partial}{\partial V_i}L(\Omega_1^*,\cdots,\Omega_i^*,\cdots,\Omega_N^*)=0 \\ \dfrac{\partial}{\partial F_i}L(\Omega_1^*,\cdots,\Omega_i^*,\cdots,\Omega_N^*)=0 \\ \dfrac{\partial}{\partial A_i}L(\Omega_1^*,\cdots,\Omega_i^*,\cdots,\Omega_N^*)=0 \\ \dfrac{\partial}{\partial C_i}L(\Omega_1^*,\cdots,\Omega_i^*,\cdots,\Omega_N^*)=0 \\ \lambda_i=0,\text{if}\,Q_{i\max}>Q_i(\Omega_1,\cdots,\Omega_N) \\ \lambda_i>0,\text{if}\,Q_{i\max}=Q_i(\Omega_1,\cdots,\Omega_N) \end{cases} \text{且} \begin{cases} \dfrac{\partial^2}{\partial S_i^2}L(\Omega_1^*,\cdots,\Omega_i^*,\cdots,\Omega_N^*)<0 \\ \dfrac{\partial^2}{\partial V_i^2}L(\Omega_1^*,\cdots,\Omega_i^*,\cdots,\Omega_N^*)<0 \\ \dfrac{\partial^2}{\partial F_i^2}L(\Omega_1^*,\cdots,\Omega_i^*,\cdots,\Omega_N^*)<0 \\ \dfrac{\partial^2}{\partial A_i^2}L(\Omega_1^*,\cdots,\Omega_i^*,\cdots,\Omega_N^*)<0 \\ \dfrac{\partial^2}{\partial C_i^2}L(\Omega_1^*,\cdots,\Omega_i^*,\cdots,\Omega_N^*)<0 \\ \lambda_i=0,\text{if}\,Q_{i\max}>Q_i(\Omega_1,\cdots,\Omega_N) \\ \lambda_i>0,\text{if}\,Q_{i\max}=Q_i(\Omega_1,\cdots,\Omega_N) \end{cases} \tag{4-76}$$

此时，各种出行方式均能达到其本身利益的最大化。在当前客运市场环境下博弈的纳什均衡解为$\Omega^*=(\Omega_1^*,\cdots,\Omega_i^*,\cdots,\Omega_N^*)$。

但是，当第i种出行方式进行策略调整时，其他出行方式将会在第i种出行方式的策略基础上采取相应的策略来保证自己的利益。出行方式k（$k\neq i$）通过策略调整来实现新的市场环境下的最大利益$\max \pi_k(\Omega_k^*/\Omega_1,\cdots,\Omega_i^*,\cdots,\Omega_{k-1},\Omega_{k+1},\cdots,\Omega_N)$。而此时，出行方式$i$原本的最大效益$\max \pi_i(\Omega_i^*/\Omega_1,\cdots,\Omega_{i-1},\Omega_{i+1},\cdots,\Omega_N)$在其他出行方式的新策略下已达不到预期的最大效益，必然做出新一轮的策略调整，直到各方均不能通过策略的调整来获得更高的收益，此时博弈取得动态平衡，所得的策略集为符合条件的纳什均衡解。因此，各局中人进行的博弈次序如下。

①在当前条件下，采取使自己利益最大化的策略$\Omega_i^*(S_i,V_i,F_i,A_i,C_i)$，不考虑自身当前的策

略选择是否会使对方利益最大。

②各博弈方根据其他竞争对手所采取的策略做出新的应对策略，并确保自身利益始终处于最大化状态$\max \pi_i\left(\Omega_i^{**} / \Omega_1^*, \cdots, \Omega_{i-1}^*, \Omega_{i+1}^*, \cdots, \Omega_N^*\right)$。

③如果存在一个策略集$\left(\Omega_1^*, \cdots, \Omega_i^*, \cdots, \Omega_N^*\right)$可以满足：

$$
\begin{cases}
\pi_1\left(\Omega_1^* / \Omega_2^*, \cdots, \Omega_i^*, \cdots, \Omega_N^*\right) \\
> \pi_1\left(\Omega_1 / \Omega_2^*, \cdots, \Omega_i^*, \cdots, \Omega_N^*\right) \\
\quad \vdots \\
\pi_i\left(\Omega_i^* / \Omega_1^*, \cdots, \Omega_{i-1}^*, \Omega_{i+1}^*, \cdots, \Omega_N^*\right) \\
> \pi_i\left(\Omega_i / \Omega_1^*, \cdots, \Omega_{i-1}^*, \Omega_{i+1}^*, \cdots, \Omega_N^*\right) \\
\quad \vdots \\
\pi_N\left(\Omega_N^* / \Omega_2^*, \cdots, \Omega_i^*, \cdots, \Omega_{N-1}^*\right) \\
> \pi_N\left(\Omega_N / \Omega_2^*, \cdots, \Omega_i^*, \cdots, \Omega_{N-1}^*\right)
\end{cases}
\tag{4-77}
$$

则满足该不等式组的策略集$\left(\Omega_1^*, \cdots, \Omega_i^*, \cdots, \Omega_N^*\right)$为该博弈的一个纳什均衡解。

④在所有满足条件的均衡局势中，在竞争对手采取最优措施时使自身达到最大效益的均衡策略集$\left(\Omega_1^{**}, \cdots, \Omega_i^{**}, \cdots, \Omega_N^{**}\right)$为模型最优解。

（2）纳什均衡解的求解步骤

为求最优解，引入相对满意度的概念，以$\eta_i\left(\eta \in [0,1]\right)$来表示。公式表示为：

$$
\eta_i = \frac{\pi_i\left(\Omega_i / \Omega_1, \cdots, \Omega_{i-1}, \Omega_{i+1}, \cdots, \Omega_N\right)}{\max\limits_{i=1,2,\cdots,N}\left[\pi_i\left(\Omega_i / \Omega_1, \cdots, \Omega_{i-1}, \Omega_{i+1}, \cdots, \Omega_N\right)\right]}
\tag{4-78}
$$

当且仅当第i种出行方式采取策略$\left(\Omega_i^{**} / \Omega_1^*, \cdots, \Omega_{i-1}^*, \Omega_{i+1}^*, \cdots, \Omega_N^*\right)$时，取得最大满意度$\max \eta_i = 1$，并获得最大效益$\max \pi_i\left(\Omega_i^{**} / \Omega_1^*, \cdots, \Omega_{i-1}^*, \Omega_{i+1}^*, \cdots, \Omega_N^*\right)$。

Step1：各局中人制定当前条件下的最优策略$\Omega_i^*\left(S_i, V_i, F_i, A_i, C_i\right)$，计算当前市场占有率和收益。

Step2：各局中人计算经过第$k-1$次博弈后的收益，并制定第k次的博弈策略，计算得到第k次博弈后的收益$\pi_{i/k}\left(\Omega_{i/k}^{**} / \Omega_{1/k-1}^*, \cdots, \Omega_{i-1/k-1}^*, \Omega_{i+1/k-1}^*, \cdots, \Omega_{N/k-1}^*\right)$。

Step3：计算第k次策略调整后各局中人的满意度η_i，并计算$\sum\limits_{i=1}^{N}\eta_i$的值是否满足判定条件，即

$$
\sum_{i=1}^{N} \frac{\pi_i\left(\Omega_i^{**} / \Omega_1^*, \cdots, \Omega_{i-1}^*, \Omega_{i+1}^*, \cdots, \Omega_N^*\right)}{\max\limits_{i=1,2,\cdots,N}\left[\pi_i\left(\Omega_i / \Omega_1, \cdots, \Omega_{i-1}, \Omega_{i+1}, \cdots, \Omega_N\right)\right]} - N < \varepsilon。满足，则跳转至Step4；否则，跳转至Step2。
$$

Step4：得出最优解$\left(\Omega_i^{**} / \Omega_1^*, \cdots, \Omega_{i-1}^*, \Omega_{i+1}^*, \cdots, \Omega_N^*\right)$，并计算各种出行方式的市场占有率$M_i$和出行量$Q_i$，计算结束。

3. 实例分析——以郑州市书院街为例

（1）书院街历史街区慢行交通出行分担量预测

书院街是郑州市现存最具历史气息的居住型特色街区。由于地处老城区，街区在极大程度上保留了传统的历史风貌，如图4-16所示。同时，周边还建有大型商业中心、综合医院、学校

等现代化基础设施。因此，街区内部道路的交通流量和人流量都比较大。然而，书院街历史街区内部的街道普遍比较狭窄，而街区又位于郑州市的中心地带，较低的通行能力和较高的出行需要之间的矛盾导致自行车出行和步行分担了相当大的出行比例。据书院街历史街区路段交通量的调查统计显示，在书院街历史街区内部出行中，电动自行车和自行车出行在现阶段已经承担了46.50%的出行量，且呈持续上升的态势；步行出行承担了20.51%的出行量。

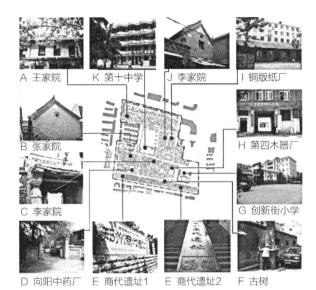

图 4-16 书院街内部传统要素分布

本书研究的书院街历史街区为西起南、北顺城街，东至城东路商城遗址，北至商城路，南到城南路商城脚下的街区范围。要预测街区未来步行、自行车出行的分担量，需首先得到每一OD对间的出行需求总量。OD矩阵的获取途径主要包括：居民出行调查，OD矩阵反推和基于数据挖掘的间接OD推算。相对而言，OD矩阵反推的基础数据，即路段交通流量较易获得。该方法与现代交通量观测技术相结合，降低成本的同时提高了效率。因此，本书将研究范围划分为6个交通小区，由于街区内部和外部之间存在出行需求，在街区范围外划分3个（7～9）虚拟小区，如图4–17所示。由于街区南侧和东侧为保存完整的商代城墙，不存在过境出行的可能性，故不设虚拟小区。

图 4–17 书院街历史街区小区划分示意

Matrix6 - area Matrix File (Matrix 1)

	1	2	3	4	5	6	7	8	9
1	0.00	731.37	810.32	868.21	756.56	888.74	769.63	737.76	721.64
2	753.21	0.00	827.46	712.93	695.62	735.73	629.65	754.23	721.76
3	628.13	876.89	0.00	834.41	642.23	787.79	589.76	715.37	697.85
4	826.35	782.37	678.92	0.00	743.47	729.67	809.83	621.54	662.57
5	687.89	746.84	698.57	768.79	0.00	808.93	649.72	607.54	713.47
6	732.36	697.68	768.75	679.57	763.12	0.00	612.88	656.17	703.25
7	659.31	703.87	632.43	645.73	587.76	546.73	0.00	673.57	587.93
8	703.53	724.42	646.81	691.24	642.37	521.21	687.92	0.00	746.31
9	667.11	653.28	752.64	587.58	631.53	592.47	546.87	679.58	0.00

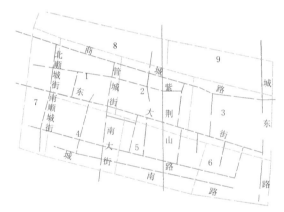

图 4–18 书院街历史街区现状出行 OD 表（单位：人/h）

对街区所有道路及主要交叉口在工作日早高峰（7：00～9：00）和晚高峰（17：30～19：30）进行了不同交通方式的交通量调查，以各交通小区高峰时段的出行需求量为基础，研究各OD对间不同出行方式的分担率，进而掌握街区内部交通出行方式划分状况。利用transCAD软件对研究范围内的路网建模，将现状数据加载到transCAD软件中，采用OD反推的方法得到各交通小区间的现状OD矩阵，经“核查线”法校核合格后，OD矩阵如图4–18所示。

以各OD对间的出行量为Q_T；平均时间价值$\overline{Vot}$=15.94元/h，$\overline{Vot}\in[10,20]$；模型的随机感知系数θ=-1；各种出行方式高峰小时的平均运营速度$\overline{V}_{步行}$=5.5km/h，$\overline{V}_{步行}\in[4,10]$；$\overline{V}_{自行车}$=15.5km/h，$\overline{V}_{自行车}\in[10,30]$；$\overline{V}_{小汽车}$=30km/h，$\overline{V}_{小汽车}\in[20,50]$；$\overline{V}_{公交}$=25km/h，$\overline{V}_{公交}\in[15,40]$。根据步骤求解每一OD对间的步行、自行车出行最优分担率和出行量，如表4-44～表4-47所示。

书院街历史街区步行出行最优分担率　　　　　　　　　　　表4-44

$M_{ij}^{步行}$	1	2	3	4	5	6	7	8	9
1	0	0.2373	0.2031	0.2263	0.2142	0.1978	0.2218	0.2241	0.2053
2	0.2254	0	0.2235	0.2143	0.2285	0.1959	0.2049	0.2123	0.2046
3	0.2212	0.2345	0	0.2256	0.2145	0.2165	0.1952	0.2029	0.2187
4	0.2303	0.2223	0.2021	0	0.2163	0.2273	0.2241	0.2106	0.1962
5	0.2221	0.2243	0.2136	0.2244	0	0.2228	0.2132	0.2056	0.2013
6	0.2051	0.2175	0.2265	0.2087	0.2286	0	0.2113	0.2102	0.2224
7	0.2257	0.2218	0.2105	0.2341	0.2218	0.2012	0	0.2236	0.2113
8	0.2351	0.2337	0.2258	0.2247	0.2229	0.2139	0.2271	0	0.2315
9	0.2115	0.2213	0.2331	0.2027	0.2087	0.2091	0.1918	0.2212	0

书院街历史街区步行出行 OD（单位：人 /h）　　　　　　　表4-45

O＼D	1	2	3	4	5
1	0	173.55	164.58	196.48	162.06
2	169.77	0	184.94	152.78	158.95
3	138.94	205.63	0	188.24	137.76
4	190.31	173.92	137.21	0	160.81
5	152.78	167.51	149.21	172.52	0
6	150.21	151.75	174.12	141.83	174.45
7	148.81	156.12	133.13	151.17	130.37
8	165.39	169.29	146.05	155.32	143.18
9	141.09	144.57	175.44	119.11	131.81
合计	1257.30	1342.34	1264.68	1277.45	1199.39

O＼D	6	7	8	9	合计
1	175.79	170.71	165.33	148.15	1356.65
2	144.13	129.02	160.12	147.67	1247.38
3	170.56	115.12	145.15	152.62	1254.02
4	165.85	181.48	130.89	129.99	1270.46

续表

O\D	6	7	8	9	合计
5	180.23	138.52	124.91	143.62	1229.30
6	0	129.51	137.93	156.41	1216.21
7	110.01	0	150.61	124.23	1104.45
8	111.49	156.23	0	172.77	1219.72
9	123.89	104.89	150.32	0	1091.12
合计	1181.95	1125.48	1165.26	1175.46	10989.31

书院街历史街区自行车出行最优分担率　　　　　　　　　表 4-46

M_{ij}自行车	1	2	3	4	5	6	7	8	9
1	0	0.4826	0.4915	0.4936	0.4898	0.5031	0.4827	0.4803	0.4916
2	0.4834	0	0.4977	0.4913	0.4813	0.5034	0.4922	0.4889	0.4831
3	0.4976	0.4978	0	0.4921	0.4967	0.5079	0.5072	0.4947	0.4841
4	0.4949	0.4942	0.4978	0	0.4821	0.5034	0.4871	0.4952	0.5091
5	0.4943	0.4973	0.4991	0.4818	0	0.4987	0.4933	0.5016	0.5038
6	0.5024	0.4879	0.4867	0.4926	0.4833	0	0.5048	0.5021	0.4992
7	0.4821	0.4917	0.5029	0.4835	0.4905	0.5031	0	0.5022	0.5085
8	0.4831	0.4842	0.4971	0.4947	0.4928	0.5089	0.4962	0	0.4896
9	0.4958	0.4915	0.4858	0.4961	0.4949	0.5019	0.4902	0.4815	0

书院街历史街区自行车出行 OD（单位：人 /h）　　　　　　　表 4-47

O\D	1	2	3	4	5
1	0	352.96	398.27	428.55	370.56
2	364.10	0	411.83	350.26	334.80
3	312.56	436.52	0	410.61	318.99
4	408.96	386.65	337.97	0	358.43
5	340.02	371.40	348.66	370.40	0
6	367.94	340.39	374.15	334.76	368.82
7	317.85	346.09	318.05	312.21	288.29
8	339.88	350.76	321.53	341.96	316.56
9	330.75	321.09	365.63	291.49	312.54
合计	2782.06	2905.86	2876.09	2840.24	2668.99

续表

O\D	6	7	8	9	合计
1	447.13	371.51	354.35	354.76	3078.09
2	370.37	309.91	368.74	348.68	2858.69
3	400.12	299.54	353.89	337.83	2870.06
4	367.32	394.47	307.79	337.31	2898.90
5	403.41	320.51	304.74	359.45	2818.59
6	0	309.38	329.46	351.06	2775.96
7	275.06	0	338.27	298.96	2494.78
8	265.24	341.35	0	365.39	2642.67
9	297.36	268.08	327.22	0	2514.16
合计	2826.01	2614.75	2684.46	2753.44	24951.90

（2）结果分析

本书所建模型针对发生在街区范围内的所有出行活动。其中，过境出行统计过境过程经过街区范围的起讫点，联合出行则对完成出行活动的各出行方式分别统计出行起讫点。博弈的结果表明，在书院街历史街区交通体系中，慢行交通已经成为人们的主要出行方式，预测所得结果总结如下。

①除去误差因素（时间价值受经济环境的影响及不同出行方式运营效率受环境气候等不确定因素的影响），街区内部步行和自行车出行的分担量将分别有2.86%和1.23%的增长，慢行交通整体所占的比重将会有4.09%的增长率。

②步行出行所占的比重有微量增长，但是受到诸如气候、天气等一些客观因素的影响已基本趋于稳定。

③自行车（电动自行车）出行在未来一段时间内的分担量将呈继续增长的态势，达到50%左右。

④步行出行分担率在1.5km内比1.5km外要高2%左右，自行车出行分担率在2～4km也要比其他出行距离内高2%左右。

综上所述，未来一段时间内，步行和自行车出行依然会是历史街区内部出行活动的主要出行方式；与此同时，机动车的客运分担量将受到一定程度的削弱。

4. 结论

通过建立基于广义费用的动态博弈模型，模拟了历史街区内部各出行方式间的竞争关系，预测了书院街历史街区步行和自行车出行的最优分担率，结果表明：

①历史街区内部步行和自行车出行的最优分担率分别为21.74%和49.36%，相对于现状分担率步行20.51%和自行车出行46.50%，慢行交通的分担率还有5%左右的上升空间。慢行交通仍是

历史街区主要交通出行方式。

②本书所建博弈模型能够克服传统预测模型中步行和自行车出行费用无法量化的缺点，同时，模型考虑了街区范围发生的所有出行方式的分担率及不同出行方式之间的竞合关系，较准确地反映慢行交通和机动车交通间的竞争关系。最终通过街区范围内所发生的出行方式OD分布求得街区范围内各出行方式的最优分担率。

③采用博弈模型计算交通方式分担率为交通方式划分预测提供了新的思路，丰富了慢行交通规划内容，为历史街区规划设计与改造提供了理论依据，为交通规划与设计提供了重要理论参考。

4.3 无桩共享单车系统需求预测

4.3.1 无桩共享单车特性分析

共享单车是指企业在校园、地铁站点、公交站点、居民区、商业区、公共服务区等提供的单车共享服务，是一种分时租赁模式。

共享单车的历史最早可以追溯到政府公共自行车租赁系统，1965年荷兰首都阿姆斯特丹出现了一批完全免费、无人管理的公共自行车，投放至城市公共区域供居民免费使用，最终因为自行车丢失和损坏严重以失败告终，这是最早的公共自行车形式，也被认为是第一代公共自行车；第二代公共自行车是哥本哈根经营的在固定存取点投币式租车的自行车；第三代公共自行车是基于会员制管理和信息技术的公共自行车系统，首次出现在荷兰，从20世纪90年代末沿用至今，属于有桩式公共自行车系统。

公共自行车系统共经历了三代技术与模式革新，随着先进通信技术的发展，公共自行车更加智能化，可实现异地还车和自动计费等功能，具备安全、便捷、经济的特征，公共自行车出行已成为全球备受欢迎的短途出行方式。然而，公共自行车系统虽然缓解了部分城市交通堵塞的问题，却面临站桩系统建设成本高、站点容量有限、站点密度有限等多种问题，于是它的优化版——无桩共享单车应运而生。2014年，共享单车品牌ofo出现在大学校园，迅速受到广大学生和教师职工的青睐；2016年以来，随着摩拜、优拜、哈啰等多个共享单车品牌涌入市场，共享单车迅速推广至很多大中小城市；截至2017年11月2日，全球大约有1488座城市拥有共享单车系统，共有约1874万辆共享单车。

1. 无桩共享单车的技术特性

无桩共享单车系统是一种基于互联网技术和物联网技术的城市公共慢行交通系统，主要由系统硬件设施和云端信息管理系统构成。

系统硬件设施主要包括共享单车、智能锁、调度系统硬件（停保场、调度车场、调度车）和无线通信网络设施。共享单车系统中，每辆单车都带有唯一标识的二维码，用户通过手机应用扫描二维码来实现单车智能锁的开关过程。智能锁还具有定位功能，车辆定位信息和所有用车交易信息都通过通信模块和SIM卡，经过电信运营商的网络以及运营商的物联网平台，实时上传到共享单车的云端信息管理系统。共享单车的维修和保养一般都在停保场内，大部分调度车场兼有停保场的作用。调度车场既是共享单车调度系统的起点，也是终点。

云端信息管理系统是一个建立在云计算之上的大规模双向实时应用系统。云计算一方面能够保证共享单车应用的快速部署和高扩展性，另一方面能够应付大规模高并发场景，满足百万级数量的连接需要。云端信息管理系统能实时监控所有单车的位置信息和出行交易信息，并通过手机应用向用户提供单车位置信息、交易信息、广告等，以及向管理人员提供车辆损坏和异常信息等。同时，云端信息管理系统还能根据得到的数据信息来判断各投放点的调度需求，并制订相应的调度方案。

2. 无桩共享单车的功能定位

（1）方便短途出行

基于自行车本身具有的特性，无桩共享单车的使用主要以短距离出行为主。在中短距离出行方面，相比于轨道交通、步行、常规公交车、出租车、私人小汽车、私人非机动车等交通方式，无桩式共享单车出行无疑是最佳的出行方式选择。对于步行交通，由于体力和速度等条件的限制，出行距离受到影响；对于常规公交车和轨道交通，由于站点设置的局限性和候车时间的不确定性导致其不能满足部分出行者的出行需求；对于出租车和私人小汽车，私人小汽车常常由于道路拥堵、城市限号、停取车不便等因素不适用于短途出行，而出租车常面临出行成本高、道路拥堵、等车时间长等问题；对于私人非机动车，却面临着保养维修难度大、停放不便易丢失等问题。公共自行车，特别是共享单车的出现解决了部分难题，增加了自行车的出行优势，特别是在出行效率要求越来越高的时代，公共交通的共享性和自行车自身的灵活性有机结合，解决了"最后一公里"问题。不同于有桩公共自行车，无桩共享单车不存在固定停放桩位，停放位置分散，容易寻找，可以解决出行者短距离的即时交通需求。

（2）交通互补，完善城市公共交通系统

无桩共享单车与其他交通方式相互补充，可以解决原有交通系统的不足，有效提升出行距离，使其他交通方式的服务半径得以延伸，增加传统交通的影响范围。例如，通过自行车与私人小汽车的有机结合，可以解决私人小汽车停车难、道路不畅等问题，为去往一些小巷胡同、街尾巷角等机动车不方便进入的地点提供便利。而无桩共享单车与公共交通进行接驳，可以弥补公共交通可达性不强、灵活性不高的缺点，有效减少了公共交通站点和线路的覆盖盲区，原本因为步行时间过长而不愿意选择公共交通工具出行的用户通过共享单车提供的便利可以更方便快捷地到达和离开公共站点，提高人们选择公共交通工具出行的概率。共享单车系统与公共交通系统有效结合，提高了公共交通系统的效率和服务范围，完善了城市公共交通系统。

（3）丰富出行方式，提高出行品质

随着时代的进步，居民生活品质的提高，人们对交通出行也有了越来越高的要求。人们选择使用共享单车出行,出行目的已不单单局限于满足通勤上学和省时需求,以休闲娱乐、购物餐饮、游玩赏景等为目的的需求也逐渐提升。如今,人们的环保和健康意识越来越强,共享单车作为绿色环保无污染的出行方式,在满足出行需求的同时还有强身健体的作用,为居民休闲出行提供全方位的服务。

3. 无桩共享单车系统现存的问题

目前,国内共享单车系统状况频出,多家共享单车企业相继破产倒闭,不少共享单车用户还遇到了退押金难的问题,南京、成都、北京等多地宣布停止新车投放,不少城市还展开了共享单车清运工作。随着各种品牌共享单车井喷式发展,城市中共享单车数量急剧增加,共享单车在逐渐融入我们生活的同时,暴露出的问题也随之增多。

图4-19 共享单车盲目扩张现状

(1)企业无秩序投放,单车数量盲目扩张

在许多城市,单车的停放区域和自行车专用道等基础设施并未建设完善,而共享单车行业竞争激烈,为圈占市场,共享单车企业在城市各地区无秩序大规模、大数量地投放单车,使得很多城市的单车投放量超过了城市可能的需求量,不仅加剧了城市拥堵,而且造成了极大的资源浪费。同时,由于共享单车数目的盲目增长以及随借随停的特点,加之共享单车停车规范不清晰,导致共享单车在人行道、机动车道、绿化带等处乱停乱放,大量堆积,不仅严重影响了市容,而且妨碍居民的交通出行,如图4-19所示。

(2)单车损坏严重,维修困难

无桩共享单车投放到市场后,随着时间的推移,其自身逐渐损耗是不可避免的,不仅如此,在共享单车投放市场不久,暴力拆锁、上私锁、记住开锁密码和破坏单车二维码等"单车私有化"现象及同行恶性竞争带来的恶意拆卸、丢弃单车现象在各地屡见不鲜,这对面临着"风吹雨淋"本就损耗率极高的共享单车来说,无疑是雪上加霜,造成单车企业的经济损失以及共享单车系统服务水平的下降,如图4-20所示。

与共享单车高损耗相对应的是高昂的维修成本和维修人员的供不应求,再加上在资本的影响下,由于很多单车的维修成本大致等于甚至超出重新投放一辆单车的

图4-20 共享单车恶意损坏现状

成本，许多企业就任由共享单车损耗和被破坏，这不仅浪费了社会资源，也会对社会整体形象造成巨大影响。

（3）盈利模式欠佳，企业运营入不敷出

共享单车的高投放量导致前期的资本投入较高，激烈的竞争致使推广成本偏高，高损毁率造成车辆更新成本偏高，这使得共享单车系统具有极高的投入成本。同时，共享单车的运营受到季节变化、天气状况等影响，致使遇上恶劣天气，单车出行的订单量会直线下降甚至归零，而且单车平台还得面临着更加高昂的车损折旧成本。共享单车在使用过程中随着出行者的需求进行位置迁移，往往存在单车时空分布不均匀的情况，单车运营商还需要进行人工调度完善单车的分布，这加重了运营企业的负担。共享单车企业收支严重不平衡，不断增长的用户群体在消耗企业投资成本时，并不能给单车企业带来足够的盈利。现阶段无桩共享单车企业主要以收取单车使用费为主，盈利渠道单一，盈利模式欠佳。

无桩共享单车系统除了存在以上所述问题，还存在很多其他问题，如安全问题、行业恶意竞争严重、用户素质有待提高、单车管理规范和政策亟待完善等。

4. 无桩共享单车出行特性分析

对城市无桩共享单车系统而言，对需求量的预测是系统进行调度的前提和基础，而对共享单车出行特性的分析是需求预测的前提和基础。

（1）用户特性

首先，由于共享单车固有的特点，共享单车不适合老、弱、病、残、孕等群体使用；其次，共享单车不适合长途出行和负重出行。

相关资料显示，在共享单车用户中，男性所占比例比女性略高，为52.2%，女性为47.8%，主要是由于男性的体力一般而言要优于女性，使用单车骑行更具优势。

共享单车的常用客户群集中在年轻人群（12～47岁），占80%左右，而年长者（47岁以上）使用共享单车的比例非常低。一方面，年长者体力相对羸弱，往往会选择相对舒适的交通工具；另一方面，无桩共享单车需要使用手机APP通过电信运营商完成单车的租还过程，年长者使用不便。

使用共享单车的用户出行目的多为通勤需求（占36.8%）和省时需求（占36.7%）。同时，在调查对象中，通勤人员和学生占大多数，两者在总用户中所占比例超过70%。

（2）基础出行特性

吕雄鹰等统计分析了2016年SODA上海开放数据创新应用大赛以及百度地图API网络开放的共享单车数据后发现，从用户群骑行摩拜单车的频率分布来看，人均日骑行次数为1.9次；从骑行距离来看，平均单次骑行距离约1.84km，约82%的骑行出行距离在3.5km以内，其中短距离出行即2km以内的出行占比约46.7%，1km以内的出行占比约16.7%；从骑行时耗来看，平均单次骑行时间约14.8min，约76%的骑行出行时间都在20min以内，其中出行时间6～8min占比最高，约28%；从骑行速度来看，平均骑行速度为8.6km/h，约80%的骑行者骑行速度在22km/h以内，其中速度为8～10km/h的骑行者占比最大，约为72%。从《2017年共享单车与城市发展白皮书》中的数据可以分析得出，国内各大城市共享单车的平均骑行速度在6.5～9.7km/h，人均骑行距离在1.8～2.8km。

（3）出行时间分布特性

共享单车的出行时间分布特性是指某一区域或整个城市范围内单车的使用需求随时间而变化，呈现出不同的特点和规律，具体如下。

对采用网络获取的西安市摩拜单车历史数据进行研究，数据涵盖了西安市16.1万辆摩拜单车在2018年9月1日至9月7日一周内的单车使用情况。其中，9月1日和2日分别为周六和周日，3日至7日为周一至周五。

天气因素对单车出行影响较大，通过查询西安市的天气情况可知，除9月5日为阴转小雨天气，其他时间的天气以晴好为主，空气质量也较好，因此该段时间的骑行数据基本可以全面地反映西安市摩拜单车在天气良好条件下的真实使用情况。将每天的0：00～24：00每隔1h划分为24个时间段，应用SQL Serve软件对数据进行筛选统计，得到每天各时段的单车骑行量，汇总得到表4-48和图4-21。在图4-21中，工作日的曲线用虚线表示，周末的曲线用实线表示。

西安市一周内每天各时段单车骑行量统计　　　　　　表4-48

时间段	9月1日	9月2日	9月3日	9月4日	9月5日	9月6日	9月7日
0：00～1：00	2426	3089	834	791	583	637	1498
1：00～2：00	2699	948	501	974	409	739	365
2：00～3：00	505	1088	474	831	508	344	391
3：00～4：00	211	396	607	534	910	164	954
4：00～5：00	1854	2234	960	461	326	551	389
5：00～6：00	1492	1067	1110	1304	669	1251	682
6：00～7：00	11753	8724	14477	12320	4679	11097	13095
7：00～8：00	10785	14488	23215	26177	20050	24147	24515
8：00～9：00	13581	16069	23267	22210	18854	20292	22013
9：00～10：00	15598	11369	12097	12170	5270	13809	12180
10：00～11：00	12757	13422	9640	11003	6276	10974	9929
11：00～12：00	12433	7984	12336	11537	8409	12083	12137
12：00～13：00	15801	6830	14039	7692	6913	14777	13734
13：00～14：00	11683	12305	13854	9123	8515	13044	13379
14：00～15：00	13307	13407	13211	11486	12767	11316	12977
15：00～16：00	11525	11128	9736	8756	10631	11137	10375
16：00～17：00	11562	12616	10343	11655	12485	13013	12146
17：00～18：00	15160	15412	17104	18603	14437	16730	15857
18：00～19：00	15592	14504	23944	20205	16312	19938	20760
19：00～20：00	16542	14693	16395	13666	11057	14547	16766

续表

时间段	9月1日	9月2日	9月3日	9月4日	9月5日	9月6日	9月7日
20：00～21：00	13509	11222	12417	10489	12270	12177	11064
21：00～22：00	11116	11856	10702	7577	6131	9777	9203
22：00～23：00	10861	9029	8995	6852	8195	8157	10762
23：00～24：00	3359	1881	1133	1310	1285	1902	2597

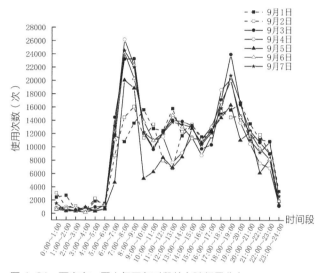

图 4-21　西安市一周内每天各时段单车骑行量分布

　　从表4-48和图4-21可以看出，在工作日内，共享单车骑行量随时间的变化具有明显的波动性，存在早高峰（7：00～9：00）和晚高峰（17：00～19：00）两个出行高峰时段，高峰时段内单车的骑行量明显高于其他时段，计算得到5个工作日早、晚高峰时段的平均每小时骑行量分别为22474辆和18389辆，在单车常用时段内（6：00～24：00）的非高峰时段平均每小时单车骑行量为10400辆，早、晚高峰的平均每小时骑行量分别约是非高峰期的2.24倍和1.77倍，由此可知，工作日内高峰时段的单车骑行量远高于非高峰时段。此外，还存在局部午高峰，符合部分用户中午出行就餐和外出办事的规律。9月5日的单车骑行量略低于其他工作日，可能受到阴转小雨天气的影响。

　　周末共享单车的使用特性和工作日相比，存在明显差异，共享单车使用量在一天内各时段的变化相对平缓，高峰期内用户出行量增加并不明显，16：00～21：00用户的骑行量相对较高，符合居民在周末往往选择下午和傍晚出门活动的规律。由此可知，共享单车在周末的使用量在时间分布上较为分散，不存在明显的高峰时段，也说明了单车骑行在很大程度上服务于通勤交通。

　　为说明上述所得规律真实且不失一般性，采用2017年摩拜杯算法挑战赛中提供的北京摩拜单车用户使用数据进行研究，统计得到北京市2017年5月10日（星期三）至5月16日（星期二）一周内每天各时段摩拜单车的使用次数，并绘制成折线图，如图4-22所示。

　　由图4-22可以看出，与西安市的出行时间分布特性相同，工作日内共享单车的使用存在明显的早高峰和晚高峰，周末单车的使用次数在时间分布上相对散乱，且略低于工作日。

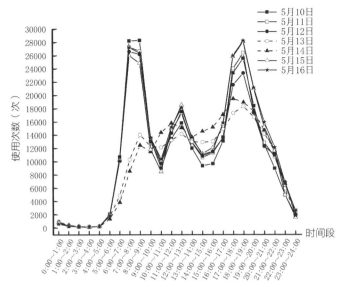

图 4-22 北京市一周内每天各时段单车骑行量分布

综上所述，从共享单车的出行时间分布特征来看，工作日和周末共享单车的使用需求相差较大，为提高需求预测和调度优化的准确性及合理性，在进行需求预测和调度优化时应加以区分。工作日内在高峰时段共享单车的使用需求高，因而相应地对调度需求及调度频率的要求也要高于其他时段，需要重点研究。

（4）出行空间分布特性

共享单车的空间分布特性，主要指共享单车的数量和使用频率在空间分布上呈现一定的规律。

在整座城市范围内进行分析，以西安市为例，共享单车的空间分布特性与城市整体的空间布局存在密切关联。图4-23所示为2018年9月6日7：00的西安市约15.3万辆摩拜单车的实时位置数据导入GIS中生成的单车位置分布图。

西安市整体上呈现由中心向周边放射发展的布局，越靠近中心地区城市的发展程度越高，相应地共享单车的数量大体上从中心区向外逐渐减小。从图4-23中可以看出，二环内单车大量密集分布，二环外、三环内西南地区为西安高新技术产业开发区，集中了大量的商业办公区，分

图 4-23 2018 年 9 月 6 日 7：00 西安市摩拜单车位置分布

布了大量的共享单车，东南部分大多为高端住宅区集中分布，居民大多选择私家车出行，单车分布较少，而三环外除了西南位置的长安区集中了大量学校，发展程度较高，分布有大量单车，其他区域只有少量单车零星分布，这说明共享单车的数量分布与城市区域的发展和开发程度高度一致，也与区域的服务类型有较大关联。同时，由图4-23还可以看出，在西安市三条地铁线沿线区域分布有大量的共享单车，公共交通和共享单车的灵活性有机结合，是共享单车接驳特性的良好体现。

由于共享单车系统已运营多年，系统趋于平稳发展的态

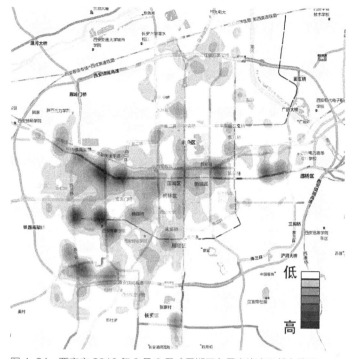

图 4-24　西安市 2018 年 9 月 6 日（星期四）早高峰摩拜单车使用热力图

势，因而单车大量聚集的区域往往代表着具有较高的使用频率。将西安市2018年9月6日早高峰（7：00～9：00）的摩拜单车使用数据进行空间可视化分析，将当天早高峰被使用摩拜单车数据导入GIS中，并使用空间分析工具中的核密度分析工具对数据进行处理，得到如图4-24所示单车使用热力图。图中颜色越偏向深色，该区域的单车使用频率越高。由图4-24可以看出，在早高峰期间，西安市摩拜单车的使用主要集中在轨道交通站点周边以及高新技术产业开发区，同时，二环内的单车使用频率明显高于二环外的区域，说明区域的发展强度越高，人口越密集，相应地，该区域共享单车的使用频率越高。对比图4-23和图4-24还可以看出，单车大量聚集的区域与单车使用频率高的区域高度重合。

在区域范围上进行分析，由于共享单车的使用需求量根据不同类型的服务区域而变化，其空间分布特性随着所服务的区域类型的变化呈现一定的规律。服务区域类型主要包括公共交通站点周边区域、住宅区、商业区、办公及学校区、旅游景区等，对应的共享单车出行空间分布特性如表4-49所示。

不同类型服务区域共享单车出行空间分布特性　　　　　　　　　　　　　　　　　表 4-49

服务区域类型	出行特性	空间分布特性	引发问题
公共交通站点周边区域	早、晚高峰时段单车使用需求高，租还单车行为频繁；非高峰时段租还基本平衡	高峰期间一部分区域单车大量聚集，一部分区域大量减少	高峰期间租还需求难以平衡，容易造成该区域无车可用或者单车乱停乱放，大量堆积

续表

服务区域类型	出行特性	空间分布特性	引发问题
住宅区	早、晚高峰单车使用需求高，早高峰主要为借车需求，晚高峰主要为还车需求	早高峰单车大量减少，晚高峰大量聚集	早高峰借车量大，找车困难；晚高峰还车量大，单车大量堆积闲置
商业区	出行行为集中在下午与傍晚，节假日出行多于工作日	下午及傍晚单车聚集	下午及傍晚时段单车易大量堆积，阻碍行人通行
办公及学校区	早、晚高峰单车使用需求高，早高峰主要为还车需求，晚高峰主要为借车需求；工作日波动性明显	早高峰单车大量聚集，晚高峰大量减少	早高峰后大量单车闲置冗余，晚高峰后找车困难，无车可用
旅游景区	出行行为随机性大，主要为节假日出行	节假日期间单车数量变化明显	不易预测及管理

（5）外界条件影响下的出行特性

用户的骑行常常受到外界环境条件变化的影响，如温度、天气、风速等的变化均会造成共享单车使用需求的显著变化。

从温度条件来看，温度适宜的春季和秋季用户对单车的使用需求显著多于冬季和夏季，同时夏季稍微多于冬季。魏志强等也指出大多数人偏向在10～30℃的温度下骑行。从天气条件来看，晴朗多云且空气质量良好的天气条件下用户对单车的使用需求要大于雨雪天和空气质量差的天气。共享单车并无遮蔽雨雪的措施，同时，雨天道路容易积水，雪天道路容易结冰，在雨雪天用户打伞或穿着雨衣骑行不仅降低了骑行的舒适性，而且具有极高的交通安全隐患，这使得大多数用户选择公交车、地铁和出租车等其他交通方式出行。例如，观察表4-48和图4-21发现，由于9月5日是阴转小雨天气，对用户使用共享单车出行产生了一定的影响，当天用户的骑行量低于其他工作日。同时，照明条件良好的区域地段的骑行次数通常多于其他区域地段，白天的骑行次数一般多于夜晚。

（6）交通小区与服务节点

无桩共享单车不设桩位，随停随放，在城市各区域的分布极为散乱。这样的设计极大地方便了用户使用；相反地，却对共享单车出行数据的分析、预测以及对共享单车系统的管理和调度等造成极大困扰。为方便对共享单车系统的需求预测和调度优化，本书引入基于共享单车系统的交通小区和服务节点概念。

与交通工程中的交通小区不同，本书提出的共享单车系统的交通小区是指在交通小区内大多数的出行者均能在小区范围内找到并使用共享单车。服务节点是调度任务的服务对象，即调度过程中单车的投放点，也是共享单车网络的节点，每个交通小区确定一个服务节点，一般选择交通小区内自发聚集大量单车的地点。共享单车系统的服务节点以城市路网为基础，通过可供调度车行驶的道路相互连接，所有节点共同组成共享单车系统的调度网络。

将服务节点设立在共享单车系统中租还车需求较高的区域空地，同时不占用城市的公共交通空间，如住宅小区门口空地，学校/办公区域进出口周边空地，轨道交通站点周边空地等，因而在服务节点自然会停放有一定数量的共享单车。

根据冉林娜等对出行者使用共享单车时所能忍受的最长寻找单车时间的统计，63%的人希望在5min内找到车辆，只有8%的人可以忍受找车时间超过10min。由此可大致推算得出，大多数出行者希望在步行500m的范围内找到共享单车，如若不能及时找到单车，他们会选择诸如公交车、出租车或步行等其他交通方式代替。对于共享单车系统而言，这就造成共享单车系统需求的损失。

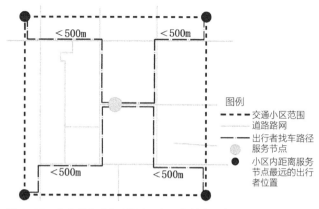

图4-25 共享单车系统交通小区与服务节点示意

因此，为使服务节点所服务的交通小区内的大多数出行者能够找到共享单车，不造成系统大量的需求损失，服务节点距其所服务的交通小区边界的步行距离不宜大于500m，如图4-25所示。由于共享单车在交通小区内随机散乱分布，出行者有很大概率在前往服务节点的行程中找到并使用共享单车，这样便能满足交通小区内几乎所有出行者的用车需求。

（7）小结

首先对无桩共享单车的定义、发展历程、技术特性和功能定位进行了阐述，并指出了无桩式共享单车系统现存的诸多问题；然后结合西安市摩拜单车历史数据的统计分析，从无桩共享单车的用户特性、基础出行特性、出行时间分布特性、空间分布特性和外界条件影响这五个方面详细分析了用户使用单车出行的特点和规律；最后基于无桩共享单车随停随放的特点，定义了交通小区和服务节点的概念，进而为后面的用户需求预测和静态调度模型的建立奠定基础。

4.3.2 需求影响因素分析

单车调度系统出现的许多问题是由于对用户的需求估计不准确造成的，为使调度过程更为有效，对共享单车系统准确合理的用户需求预测就显得尤为重要。长期的共享单车使用需求可能受到宏观经济条件、收入水平和单车使用定价等多种因素的影响，对于经济社会条件相对稳定条件下的短期共享单车需求，更细节的因素会起到主要作用，如气温、降水、风力、空气质量等外界条件因素，周末与工作日、每天不同的时间段、是否高峰时段等时点因素，居住区域、学校区域、商业区域等地点因素。

通过对共享单车出行特性进行分析，已经讨论了时点因素、地点相关因素和天气因素对出行需求的影响。共享单车的出行需求在工作日内具有明显的波动性，7：00~9：00和17：00~19：00为高峰时段，期间共享单车使用量远大于其他时段，而周末共享单车的出行特征和工作日相比，存在明显差异，出行不再集中于高峰时段，出行量在一天各时段内的变化相对平缓。因而，在周末和工作日内非高峰时段共享单车使用量较低，可通过自然调度实现平衡，调度需求主要集中在工作日的早、晚高峰。

城市内不同区域对共享单车系统的用户需求有很大影响，在远离市中心的偏远地区，用户租还单车的需求量少，规律性不明显，不利于进行准确预测。因此，在进行需求预测时，选择共享单车骑行量较高的中心区域作为研究范围能得到更为准确的预测结果，同时，也具有更高的研究价值。

不同的外界条件下会产生不同的用户出行模式，用户使用需求也随之变化，在恶劣天气下，用户一般不会选择共享单车作为出行工具，此时对用户的需求进行预测意义不大。

因此，本书采用控制变量的方法，在其他影响因素基本不变的条件下进行预测，各种影响因素的作用默认是相同的，预测过程只考虑时间因素的影响，即在天气条件良好且基本一致的条件下对调度需求较高的工作日早、晚高峰时期的租还单车需求进行预测。

1. 数据源与数据处理

（1）研究对象与研究范围

本书以2018年8月29日（周三）至31日（周五）和9月3日（周一）至7日（周五）这8个工作日的早、晚高峰时段的数据作为研究样本。同时，通过查询西安市碑林区的天气情况可知，除了9月5日为阴转小雨天气外，其余几天以多云和晴为主，空气质量良好，且这8天气温波动幅度不大，平均温度在29℃左右。

选择西安市碑林区内南二环以北，东大街和西大街以南，太乙路和环城东路以西，朱雀大街北端和南广济街以东的区域作为研究范围，如图4-26所示。

由于无桩共享单车随停随放的特点，并不存在确定的站点以供分析，本书根据提出的交通小区和服务节点的概念，结合研究范围内现状路网情形及共享单车的出行特性，将研究范围划分为18个交通小区，每个交通小区设定一个服务节点，如图4-27所示。由于研究范围边界部分区域不足以独立成为一个交通小区，本书将不再考虑。

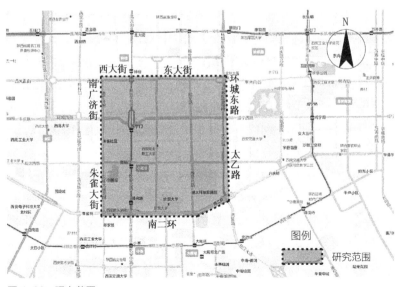

图4-26　研究范围

（2）数据来源

近年来，摩拜单车在各类共享单车平台的用户使用率逐步升高，因此本书以西安市摩拜单车系统为例，通过网络获取2018年8月29日至9月8日西安市范围内摩拜单车的实时位置信息，共计约9.98亿条数据。数据为每5min刷新一次的西安市范围内每辆摩拜单车的经纬度坐标（WGS-84），包括刷新时间、单车编号、经度和纬度。将数据记录导入SQL Serve数据管理器，导入成功后部分数据结果如图4-28所示。

（3）数据预处理

为统计得到每个小区早高峰（7：00~9：00）和晚高峰（17：00~19：00）时间段内的租车量、还车量和初始库存量，并计算得到高峰结束后的库存量，本书做如下工作。

①在GIS中建立基于WGS_1984_World_Mercator投影坐标系的西安市地图，导入交通小区的划分线，统计得到每个交通小区边界四个角的经纬度坐标。

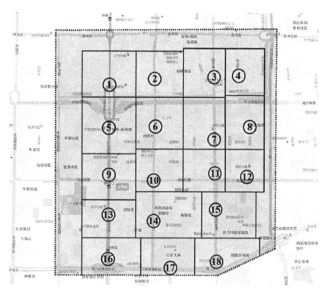

图4-27 研究范围的交通小区划分示意

时间	单车编号	经度	纬度
2018-09-01 01:29:53.00...	8630087234#	108.68454022...	34.298507201...
2018-09-01 01:29:53.00...	8630389384#	108.68534526...	34.298669240...
2018-09-01 01:29:53.00...	8630611410#	108.68420420...	34.298870180...
2018-09-01 01:29:53.00...	0296555032#	108.68333116...	34.298181138...
2018-09-01 01:29:53.00...	0296565543#	108.68334316...	34.298268138...
2018-09-01 01:29:53.00...	0296565091#	108.68477423...	34.299245205...
2018-09-01 01:29:53.00...	0296517270#	108.68540026...	34.299253245...

图4-28 部分数据的显示结果

②将每天7：00和9：00的单车位置数据合并后导入SQL Serve数据管理器，并按照不同日期建立8个新表，使用SQL查询语句统计出每天每个交通小区范围内7：00的单车数量，即为每个交通小区当天早高峰的初始库存量。

③使用SQL查询语句查询每天表中每个交通小区范围内的所有单车编号信息，若单车编号重复出现且两条数据经纬度相同，说明这些单车在当天早高峰时段未移动，即未被使用；若单车编号重复出现但两条数据经纬度不同，说明这些单车在当天早高峰只在交通小区范围内被租还，在租车量和还车量上各统计一次；若有单车编号只在7：00出现，说明这些单车被租用，统计为该天早高峰的租车量；若有单车编号只在9：00出现，说明这些单车是从其他地点被使用，归还到该交通小区，统计为该天早高峰的还车量。

④将每天17：00和19：00的单车位置数据合并并导入SQL Serve数据管理器，重复②和③的工作，统计得到每天晚高峰的数据。

⑤计算各交通小区高峰后的库存量，高峰后库存量=初始库存量-租车量+还车量。

由于小区数量较多，在此仅列出统计得到的具有代表性的17号交通小区的数据，如表4-50所示。

17号交通小区数据统计结果（单位：辆）　　　　　　　　表4-50

时间		租车量	还车量	初始库存量	高峰后库存量
早高峰	8月29日	66	246	89	269
	8月30日	76	230	95	249
	8月31日	66	258	87	279
	9月3日	81	267	94	280
	9月4日	53	226	69	242
	9月5日	34	76	60	102
	9月6日	26	188	48	200
	9月7日	40	217	55	232
晚高峰	8月29日	215	41	252	78
	8月30日	280	66	321	107
	8月31日	264	59	299	94
	9月3日	287	49	306	68
	9月4日	206	54	213	61
	9月5日	59	14	70	25
	9月6日	131	20	148	37
	9月7日	217	44	234	61

通过表4-50中数据可以看出，17号交通小区在早高峰时段以还车需求为主，在晚高峰时段以租车需求为主，区域类型为办公及学校区，属于典型的工作性质的交通小区。

（4）租车真实需求

尽管通过筛选数据可以得到用户的租还信息，但这些数据可能并不能真实反映用户的真实需求。例如，某共享单车交通小区内有大量用户想要使用单车，该交通小区的单车很快就会被租走，导致该小区无车可骑，当用户发现邻近区域无车可租，往往会去其他区域租车或者放弃租车，此时我们可能只会统计到该交通小区已经发生的租车需求，而不是用户的真实租车需求。同时，共享单车"随用随停"的特性使用户的还车需求均能得到满足，因此，统计得到的还车需求是用户真实的还车需求。

当有交通小区内出现"无车可骑"的情形时，获得的用户租车数据将不同于用户的真实需求。由于一段时期内用户每天的出行行为基本一致，在某些交通小区这种情形将一直存在。对租车潜在需求进行计算，了解系统中对共享单车租车的真实需求，能更加有效准确地预测共享单车系统的租还车需求。

考虑到统计得到的初始库存单车中有部分故障待维修的单车，以及一些停放位置偏僻不易被用户找到的单车，使用 SQL Serve 软件对获得的历史数据进行统计分析，得到 2018 年 8 月 29 日至 9 月 9 日每天经纬度坐标没有变化的摩拜单车数量，即当天未被用户使用的单车数量，如表 4-51 所示。计算得到平均值约为 1.3 万辆，约占西安市全部约 16 万辆摩拜单车的 8%，因此我们认为交通小区中初始库存量的 92% 能被用户有效使用。

8 月 29 日至 9 月 9 日每天未被用户使用的单车数量（单位：辆）　表 4-51

日期	8.29	8.30	8.31	9.1	9.2	9.3
未被用户使用的单车数量	13301	16235	10232	11566	14896	13664
日期	9.4	9.5	9.6	9.7	9.8	9.9
未被用户使用的单车数量	13978	10232	9965	14213	12569	12996

假设 Q 为统计得到的某交通小区在高峰期内的租车量，L 为该交通小区在高峰期前的初始库存量，真实租车需求为 Q'。若 $Q \leq 0.92L$，说明该交通小区的初始库存量在高峰期过后仍有富余，则真实租车需求等于统计值；若 $Q > 0.92L$，说明该交通小区的初始库存量可能不能满足用户的租车需求，存在未被满足的租车潜在需求，真实租车需求应大于统计得到的租车量。由于缺乏实际调研结果，根据经验设定真实的租车需求为统计值的 1.05 倍，则有：

$$Q' = \begin{cases} Q, 092L \geq Q \\ 1.05Q, 0.92L < Q \end{cases} \quad (4-79)$$

根据式（4-79）重新计算 17 号交通小区用户真实的租车需求，发现 9 月 3 日、9 月 4 日和 9 月 7 日晚高峰统计得到的租车需求大于 0.92 倍的初始库存量，对其进行修正，修正后得到的数据如表 4-52 所示。其他交通小区的用户真实租车需求计算方法与此相同。

17 号交通小区部分数据修正后的结果（单位：辆）　表 4-52

时间	租车量	还车量	初始库存量	高峰后库存量
9月3日晚高峰	301	49	306	54
9月4日晚高峰	216	54	213	51
9月7日晚高峰	228	44	234	50

2. 需求预测模型

（1）需求预测模型的确定

对共享单车进行需求预测可以得出共享单车各交通小区在未来某一时间段的租还车需求，是制定调度计划的基础。

本书对共享单车工作日早、晚高峰时期的租还单车需求预测属于基于历史数据的短时交通预测，近几十年来，国内外研究人员研究提出了几十种短时交通预测方法。从一开始的谱分析、指数平滑、时间序列、卡尔曼滤波，到近期的非参数回归、神经网络、交通仿真、灰色理论、混沌理论等预测方法。

共享单车的需求容易受天气因素、时点因素、地点因素等多种外部因素的影响，即使是相同天气条件下单个交通小区的工作日高峰期的需求量，由于各种不确定因素的影响，也具有比较强的波动性和复杂的非线性，很难用传统的线性预测方法对其进行预测。例如，若采用基于时间序列的历史平均模型对17号交通小区的工作日早高峰租车需求进行预测，即以待预测日前3天租车量的平均值作为当天的预测值，得到如表4-53和图4-29所示预测结果，计算得到预测结果的平均相对误差为54%。结合表4-53和图4-29可以看出，采用传统的线性预测方法进行预测，预测误差大，预测不准确。同时，传统的线性预测方法缺少对数据样本的学习过程，不具备自学和泛化能力，预测的鲁棒性也无法保证，难以实现对单车需求量的精确预测。

基于历史平均模型的 17 号交通小区早高峰租车量预测结果（单位：辆）　　表4-53

日期	9月3日	9月4日	9月5日	9月6日	9月7日
实际租车量	81	53	34	26	40
预测租车量	70	74	67	56	38

考虑到共享单车租还需求的随机性、波动性和非线性，本书采用具有较强非线性拟合能力和鲁棒性的神经网络模型对共享单车需求进行预测。同时，针对神经网络难以克服的局限性，本书对常规的BP神经网络加以改进，提出采用附加动量的自适应BP神经网络对工作日高峰期交通小区的租车和还车需求进行预测。

（2）常规的BP神经网络

人工神经网络是一种通过对大脑神经网络的结构和功能进行模拟而建立起来的信息处理系统。它可以被认为是一种具有大规模并行计算和学习能力的数学模型，可以用来逼近任何难以用数学语言或者规则描述的非线性系统。BP神经网络，也叫误差逆传播（error Back Propagation，BP）神经网络，是神经网络中的杰出代表，由输入层、隐含层和输出层组成。网络按反向误差传播算法训练权重和阈值，采用梯度下降算法作为优化函数，对权重和阈值的误差求导，获得新的权值和阈值来更新整个神经网络的权值和阈值，以求得全局最小值。

简单的单隐含层BP神经网络模型结构如图4-30所示，具体计算步骤如下。

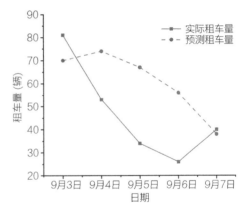

图 4-29　基于历史平均模型的 17 号交通小区早高峰租车量预测结果

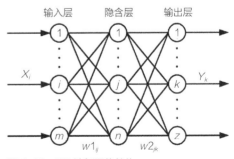

图 4-30　BP 神经网络结构

①设BP神经网络的输入层、隐含层和输出层分别有m、n和z个神经元，输入层第i个神经元的输入、隐含层第j个神经元的输出及输出层第k个神经元的输出分别为x_i、o_j、y_k，则神经网络的正向传播过程为：

$$o_j = g\left(\sum_{i=1}^{m} w1_{ij}x_i - \theta1_j\right), i=1, 2, \cdots, m \tag{4-80}$$

$$y_k = f\left(\sum_{i=1}^{m} w2_{jk}o_j - \theta2_k\right), j=1, 2, \cdots, m \tag{4-81}$$

式中，$w1_{ij}$、$w2_{jk}$分别为输入层中第i个神经元到隐含层第j个神经元和隐含层第j个神经元到输出层第k个神经元的权值；$\theta1_j$、$\theta2_k$分别为隐含层第j个神经元和输出层第k个神经元的阈值；$g(\ )$和$f(\ )$为传递函数。

假设训练样本为P个，期望的输出向量为$\boldsymbol{T}=(t_1, t_2, \cdots, t_z)$，定义第$p$个样本的误差公式为：

$$e = \frac{1}{2}\sum_{k=1}^{z}(y_k - t_k)^2 \tag{4-82}$$

则总的加权误差公式为：

$$E = \frac{1}{2}\sum_{p=1}^{P}\sum_{k=1}^{z}(y_k - t_k)^2 \tag{4-83}$$

②对于反馈过程，使用梯度下降法修改隐含层和输出层的权值及阈值：

$$w1'_{ij} = w1_{ij} + \Delta w1_{ij} \tag{4-84}$$

$$\theta1'_j = \theta1_j + \Delta\theta1_j \tag{4-85}$$

$$w2'_{jk} = w2_{jk} + \Delta w2_{jk} \tag{4-86}$$

$$\theta2'_k = \theta2_k + \Delta\theta2_k \tag{4-87}$$

$$\Delta w1_{ij} = -\eta\nabla E\left(w1_{ij}\right) = \eta\frac{\partial E}{\partial y_k}\frac{\partial y_k}{\partial o_j}\frac{\partial o_j}{\partial w1_{ij}} = -\eta\sum_{k=1}^{z}(y_k - t_k)f'w2_{jk}g'x_i \tag{4-88}$$

$$\Delta\theta1_j = -\eta\nabla E\left(\theta1_j\right) = \eta\frac{\partial E}{\partial y_k}\frac{\partial y_k}{\partial o_j}\frac{\partial o_j}{\partial\theta1_j} = -\eta\sum_{k=1}^{z}(y_k - t_k)f'w2_{jk}g' \tag{4-89}$$

$$\Delta w2_{jk} = -\eta\nabla E\left(w2_{jk}\right) = \eta\frac{\partial E}{\partial y_k}\frac{\partial y_k}{\partial w2_{jk}} = -\eta\sum_{k=1}^{z}(y_k - t_k)f'o_j \tag{4-90}$$

$$\Delta\theta2_k = -\eta\nabla E\left(\theta2_k\right) = \eta\frac{\partial E}{\partial y_k}\frac{\partial y_k}{\partial\theta2_k} = -\eta\sum_{k=1}^{z}(y_k - t_k)f' \tag{4-91}$$

式中，Δw和$\Delta\theta$分别为权值和阈值的变化量；$\nabla E(w)$和$\nabla E(\theta)$分别为权值为w时和阈值为θ时误差对应的偏导；η为固定的学习速率，它的取值在（0，1），若取值太大，算法容易震荡，若取值过小，算法收敛速度又会太慢；w'和θ'分别为修正后的权值和阈值，权值及阈值根据式（4-84）~式（4-91）不断进行调整，理论上能够得到权值和阈值的最优解。

（3）附加动量的自适应BP神经网络

常规的BP神经网络存在一定的缺陷。首先，网络训练过程中易陷入局部极小值，且收敛速度慢；其次，基于梯度下降的网络误差计算模式寻优迭代次数多，效率低下。针对这些缺陷，目前已有不少学者将神经网络与其他算法相结合，取长补短，获得了良好的应用效果。而采用附加动量法和自适应学习算法对BP神经网络进行改进较为常用，如王莉莉等针对传统BP神经网络算法，引入了自适应调节学习速率和附加动量因子，并通过输入电容值进行训练，得到适合流型识别神经网络；朱振国等利用基于权值变化的自适应学习率的方法，改善了传统神经网络学习速率受人为经验因素影响的弊端，提高误差精度，并结合正态分布模型与梯度上升法，提高了收敛速度；陈正等以1985~2013年全国私人车辆拥有量的发展情况为研究对象，利用附加动量法与自适应学习速率相结合的BP神经网络模型对全国私人车辆拥有量进行了研究与预测，得出了利用该模型对私人车辆拥有量进行预测精度较高、效果好的结论。

附加动量法使网络在修正其权值时，不仅考虑误差在梯度上的作用，而且考虑在误差曲面上变化趋势的影响，有利于滑过局部最优值找到全局最优值。

具体来说，在反向传播的基础上，引入动量因子，将当前权值的变化量与上一步的变化量进行加权求和，作为新的变化量。改进后权值的调整公式为：

$$\Delta w(K+1) = (1-m_c)\eta \nabla E(w) + m_c \Delta w(K) \tag{4-92}$$

$$w(K+1) = w(K) + \Delta w(K+1) \tag{4-93}$$

式中，K为神经网络训练的第K次迭代；$m_c \in [0,1]$为动量因子，当$m_c=0$时，权值变化与传统BP神经网络算法相同，当$m_c=1$时，两次迭代权值相同，神经网络学习过程停滞。

增加了动量因子m_c后，可以使梯度方向的权值变化变得平滑，从而增加神经网络的稳定性。为防止权值修改过度，本书对m_c作如下规定：

$$m_c(K+1) = \begin{cases} 0, E(K+1) > 1.05E(K) \\ 0.9, E(K+1) < E(K) \\ m_c(K), 其他 \end{cases} \tag{4-94}$$

采用自适应的学习速率可以在训练误差增大时减小学习率，在训练误差减小时增加学习率，这样通过对学习速率的不断更新调整，有利于提高网络的学习效率，增加收敛速度，缩短训练时间。学习速率η的调节方式为：

$$\eta(K+1) = \begin{cases} 1.05\eta(K), E(K+1) < E(K) \\ 0.75\eta(K), E(K+1) > 1.05E(K) \\ \eta(K), 其他 \end{cases} \tag{4-95}$$

观察式（4-95）可知，当下一次迭代的误差$E(K+1)$小于上一次迭代的误差$E(K)$时，网络训练的总误差下降，此时通过放大学习速率来加快网络学习的速度；当下一次迭代的误差$E(K+1)$大于上一次迭代的误差$E(K)$时，总误差增加，说明网络对样本的学习过度，通过适当减小学习速率来修正网络学习的方向。

3. 预测实例

采用神经网络进行需求预测时，将租车需求与还车需求分开进行预测。本节以预测17号交通小区9月3日早、晚高峰的租车需求为例，对整个预测过程进行详细阐述，其余不同交通小区高峰期租还单车需求预测方法与此相同，在此不再赘述。

（1）输入/输出变量的确定

理论上训练神经网络的历史数据越多，训练效果越好，预测越准确。然而，由于长时间跨度下受到季节和气温的影响，用户租还共享单车的行为规律会产生变化，数据之间的相关性将会减弱，故而用于网络训练的历史出行数据不宜过旧，时间间隔的跨度不宜过大。短时间间隔内的气候、温度等各类外界条件变化不大，用户出行模式较为固定，可用来准确有效地训练网络。一般认为连续45天的历史数据具有较强的关联性，本书获取的历史数据量有限，只有连续8个工作日的历史数据，整体时间跨度为10个自然日，符合上述要求。

网络的输出变量为交通小区待预测日高峰期的租车数量，输入变量为该交通小区待预测日前 M 个工作日同时段的历史租车量。此时需要确定最合理的 M 的取值，由于在本实例中只有连续8个工作日的历史数据，因此 M 的取值不宜过大，确定 M 的可能取值为2～5。以预测17号交通小区9月3日早高峰租车需求为例，构建不同输入层层数的网络进行试算来比较预测结果的误差大小，以此确定最合理的 M 值，不同输入层层数对应的均方误差值如表4-54所示。从表4-54可以看出，当 M 等于3时，均方误差最小，因此本书以同一交通小区待预测日前3个工作日早、晚高峰的租还单车数据作为神经网络的3个输入层，输出层为待预测日同时段的租还单车数量。以预测17号交通小区9月3日早高峰租车需求为例，采用神经网络进行预测时的输入和输出变量如表4-55所示。

使用不同输入层层数 M 的神经网络均方误差 MSE 表　　　　表 4-54

输入层层数 M	2	3	4	5
MSE	23.3	17.6	25.0	19.4

预测 17 号交通小区 9 月 3 日早高峰租车需求时输入、输出变量　　　　表 4-55

输入变量	输出变量
17号交通小区8月29日早高峰租车量	
17号交通小区8月30日早高峰租车量	17号交通小区9月3日早高峰租车量
17号交通小区8月31日早高峰租车量	

（2）数据归一化与反归一化处理

当确定了输入和输出变量后，对网络训练前需要先对数据进行处理。数据的归一化处理就是将模型中需要用到的数据通过某种特定的算法进行处理，将其限制在一定的范围之内，一般为（0，1）和（-1，1）。这样做的目的主要有两个：一是使后面计算中的数据处理更加便利，二是可以加快目标模型在运算时的收敛速度，同时减弱奇异样本数据造成的影响。反归一化处理是将已经处于限制目标范围之内的数据进行与归一化运算相反的计算，从而得到正常的值。

本书直接调用MATLAB中自带的mapminmax函数对数据进行归一化处理和反归一化处理，mapminmax函数的调用格式和相关公式如下所示：

$$[Y, \text{PS}] = \text{mapminmax}(X) \qquad (4\text{-}96)$$

$$X = \text{mapminmax}('\text{reverse}', Y, PS) \qquad (4\text{-}97)$$

$$y = \left(y_{\max} - y_{\min}\right)\frac{x - x_{\min}}{x_{\max} - x_{\min}} + y_{\min} \qquad (4\text{-}98)$$

$$x = \left(y - y_{\min}\right)\frac{x_{\max} - x_{\min}}{x_{\max} - y_{\min}} + x_{\min} \qquad (4\text{-}99)$$

式中，X为待归一化的矩阵；Y为X经过归一化处理后得到的矩阵；PS记录了归一化运算的参数和流程信息；$x_{\min}$为输入数据矩阵中的最小值；$x_{\max}$为输入数据矩阵中的最大值；$y_{\max}$和$y_{\min}$将数据定义为归一化处理后的上界和下界，默认为1和-1；x为待归一化矩阵中的元素；y为归一化后矩阵中的元素。

这样，式（4-99）表示将矩阵X进行归一化处理，得到矩阵Y；式（4-97）表示将矩阵Y按照PS的规则反归一化处理得到矩阵X，式（4-98）和式（4-99）分别是归一化处理和反归一化处理的具体计算公式。

（3）神经网络参数确定

①隐含层节点数的确定。

利用MATLAB软件对附加动量的自适应BP神经网络进行编程，隐含层节点数的确定是网络设计中非常重要的一个环节，如果隐含层节点数太少，无法满足样本的学习过程；相反，如果隐含层节点数太多，学习后的网络泛化能力便会变差。到目前为止，如何科学地设置隐含层节点数仍旧是个未知问题，主要是根据经验或者建立自己的神经网络模型并进行大量重复试验确定。通常使用的确定隐含层节点数目的经验公式主要有两个：

$$L = 2m + 1 \qquad (4\text{-}100)$$

式中，m为输入层节点数；L为隐含层节点数。

$$L = \sqrt{n + m} + a \qquad (4\text{-}101)$$

式中，n为输入层节点数；m为输出层节点数；a取1~10。

本书神经网络输入层有3个节点，输出层有1个，分别由式（4-100）和式（4-101）计算得出的隐含层节点数为7和[3，12]。因此，首先确定隐含层节点数的范围为[3，12]。以预测17号交通小区9月3日早高峰租车需求为例，构建不同隐含层节点数的BP神经网络进行试算来比较误差的大小，以此确定最合理的隐含层节点数，均方误差值如表4-56所示。

使用不同隐含层节点数的神经网络均方误差 MSE 表　　　　　　　　表 4-56

节点数	3	4	5	6	7	8	9	10	11	12
MSE	21.6	23.0	21.2	22.6	23.2	17.6	19.6	19.8	21.0	23.8

均方误差公式如下：

$$\text{MSE} = \frac{1}{n}\sum_{i=1}^{n}\left(y_i - \hat{y}_l\right)^2 \qquad (4\text{-}102)$$

式中，y_i和$\hat{y}_i$分别为期望的输出数据和预测得出的输出数据。

　　从表4-56中的数据可以发现均方误差的最小值为17.6，对应的隐含层节点数为8，在此确定所建立的神经网络的隐含层节点数为8。

　　②传递函数和训练函数的选取。

　　不同的训练函数对应着不同的训练算法，训练算法的计算速度、迭代次数、搜索方式、收敛速度、泛化能力、存储空间等都不同，由于本书采用附加动量的自适应BP神经网络，因此采用traingdx函数对网络进行训练，应用式（4-96）、式（4-97）和式（4-98）来添加和改变动量因子，对网络迭代过程中的权值更新进行调整，应用式（4-99）来更新每次迭代后的学习速率，以此来避免网络陷入局部最优值，同时提高网络的学习效率，增加收敛速度，缩短训练时间。

　　③其他参数设置。

　　设定网络初始的学习率为0.1，最大训练次数为5000，误差训练目标为0.001，输入层与隐含层的传递函数为tansig，隐含层与输出层的传递函数为purelin，其余参数采用BP神经网络的默认值。

　　（4）预测结果

　　应用附加动量的自适应BP神经网络对17号交通小区早高峰租车需求进行预测，网络在经过61次迭代训练后达到训练目标，结果如表4-57和图4-31所示。从表4-57和图4-31中可以看出，预测得到的租车量与实际租车量十分接近，预测比较准确。为了更加直观地显示预测值和真实值之间的差异，图4-32给出预测17号交通小区早高峰租车需求结果的误差图和相对误差图。从中可以看出，5天内预测租车量的误差除了9月3日和9月5日分别为7辆和6辆，其他3天均为1辆，相对误差除了9月5日外均在10%以内。计算得出预测结果与实际值的均方误差为17.6，总体来说预测偏差较小。由于采用自适应的学习速率，网络迭代过程中学习率的变化情况如图4-33所示。

17 号交通小区早高峰租车量预测结果（单位：辆）　　　　　　　　表 4-57

日期	9月3日	9月4日	9月5日	9月6日	9月7日
实际租车量	81	53	34	26	40
预测租车量	74	54	40	27	39

　　在其他参数不变的条件下，分别采用常规的应用梯度下降法的BP神经网络和附加动量的自适应BP神经网络对17号交通小区晚高峰租车量进行预测，预测结果如表4-58所示。图4-34分别给出了应用两种神经网络预测17号交通小区晚高峰租车量的误差图和相对误差图，分析表4-58和图4-34可以得出以下结论。

　　①采用附加动量的自适应BP神经网络的预测结果比使用常规的BP神经网络的预测结果更加准确，误差和相对误差更小。

　　②除了9月5日的预测结果偏差较大外，其余4天的相对误差均控制在5%以内，总体来说预测较准确。

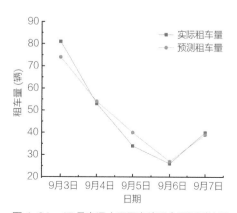

图 4-31　17 号交通小区早高峰租车量预测结果

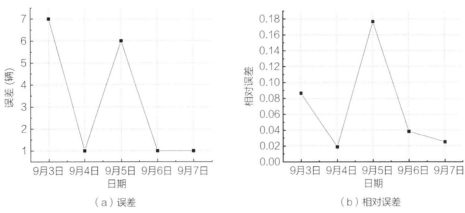

图 4-32 17 号交通小区早高峰租车量预测结果误差与相对误差

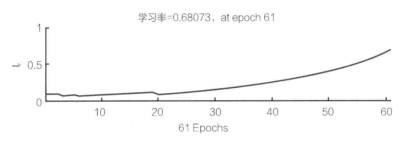

图 4-33 网络迭代过程中学习率的变化

17 号交通小区晚高峰租车量预测结果（单位：辆） 表 4-58

日期	9月3日	9月4日	9月5日	9月6日	9月7日
实际租车量	301	216	59	131	228
常规BP神经网络预测租车量	292	211	74	133	225
附加动量的自适应BP神经网络预测租车量	303	214	67	129	230

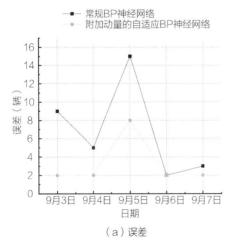

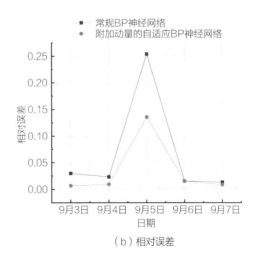

图 4-34 两种神经网络预测结果误差和相对误差

　　表4-59给出了两种神经网络的相关运行参数值。分析图4-34、表4-57和表4-58可以得出，常规的BP神经网络较为冗余，收敛速度慢，误差相对偏大，网络学习的负担重。而采用附加动量的自适应BP神经网络将在很大程度上缩短训练时间，提高训练精度，更为准确高效。在未来当样本数据量进一步增大时，采用附加动量的自适应BP神经网络进行运算和预测将具有极大优势。

两种神经网络运行参数比较　　　　　　　　表 4-59

项目	迭代次数	MSE
常规的BP神经网络	205	68.8
附加动量的自适应BP神经网络	69	16.0

　　两次预测中9月5日的预测结果误差偏大，考虑到当天的天气为阴转小雨，用户的出行受到一定程度的影响，从而产生了与其余4天不同的交通出行模式，对需求预测结果产生了一定程度的干扰，同时说明对具有相同外界条件（同属性）的待预测日进行预测，该预测方法更加精确有效。

　　综上所述，采用附加动量的自适应BP神经网络对无桩共享单车工作日高峰期的租还单车需求进行预测是合理有效的，整体上预测结果与真实值接近，相对误差偏小。对不同交通小区租还单车需求进行预测，可以以此为依据确定每个交通小区的调度需求。

　　同时，在获知单车历史出行数据的前提下，使用该预测方法可以对具有相同或相似属性的任意时间段内单车的租还需求进行预测，如对工作日非高峰期各时段、周末各时段以及一天或一周的单车租还量进行预测，此外，若对整个区域或城市的单车使用量进行预测，可以了解和分析区域或城市单车的使用特点，有助于政府部门确定城市的单车配额以及确定城市各区域合理投放量。

4. 小结

　　首先结合无桩共享单车出行特性分析简单阐述了影响共享单车用户需求的因素，笔者认为交通小区的租车需求和还车需求应该分开预测，并且应该考虑日期属性和时点属性，即对周末和工作日加以区分，对高峰时段和非高峰时段加以区分；其次简述了西安市2018年8月29日至9月8日摩拜单车数据的来源以及数据统计和处理的过程，由于数据量过大，通过SQL Sever数据库对原始数据进行查询、筛选和统计；最后提出了利用附加动量的自适应BP神经网络对工作日高峰期交通小区的租还单车需求进行预测的方法，概述了附加动量的自适应BP神经网络的原理，并使用MATLAB软件编程预测了划分出的17号交通小区早高峰和晚高峰的租车需求，展示了预测结果和误差分析。结果表明，提出的基于附加动量的自适应BP神经网络的需求预测方法合理有效，且优于常规的BP神经网络。

第 **5** 章

历史街区
慢行交通系统规划

城市道路空间分为广义和狭义道路空间两类，其中广义的道路空间是指道路两侧的人们视线所及的空间范围；狭义的道路空间是指道路红线范围内的空间，即城市道路用地范围内的空间，一般分为道路地面空间、高架空间和地下空间。在此基础上可将历史街区的道路空间界定为："街区道路红线范围内的空间构成，包括车道功能划分、绿化、停车设施、慢行交通空间和机动车交通空间等"。本章在分析街区道路交通特征的基础上，重点选取道路空间范围内的地面空间进行研究，通过对历史街区沿街建筑与道路空间的关系进行探讨，以在保证街区空间尺度、节约土地资源的基础上尽量提升道路空间与沿街建筑的协调性，从而为街区的改造与保护提供参考。

5.1 历史街区道路横断面规划
5.2 基于历史街区的公共自行车系统规划
5.3 历史街区交通线路布局及改善

5.1 历史街区道路横断面规划

5.1.1 城市道路横断面

在一般情况下，城市道路的平面定线要受到道路网的布局、道路规划红线宽度和沿街已有建（构）筑物位置等因素的约束。城市道路的交通性质和组成比较复杂，机动车、非机动车和步行三种交通方式所占比例在不同情况下差别较大，各种交通问题都需要在横断面设计中综合考虑予以解决，所以城市道路横断面设计合理与否对解决道路空间布局和交通问题有很大影响。

城市道路横断面是指沿道路宽度方向，垂直于道路中心线所作的竖向剖面。横断面设计主要是根据道路的等级、性质和红线宽度以及有关交通资料，确定各组成部分的宽度，并给予合理布置。

1. 城市道路横断面组成

城市道路横断面由车行道、人行道、分隔带、绿带和道路附属设施用地等组成，其中车行道又分为机动车道和非机动车道，如图5-1所示。以上各组成部分的宽度构成了城市道路横断面的路幅宽度，规划道路的路幅边线常用红线绘制，是道路交通用地、道路绿化用地与其他城市用地的分界线。因此，路幅宽度又称为道路红线宽度，其宽度的确定主要考虑满足机动车、非机动车和行人的交通需求及埋设城市地下工程管线的需要。

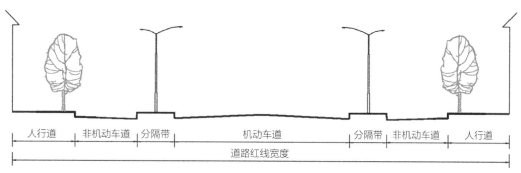

| 人行道 | 非机动车道 | 分隔带 | 机动车道 | 分隔带 | 非机动车道 | 人行道 |

道路红线宽度

图 5-1　城市道路横断面组成

2. 城市道路横断面布置类型

我国城市道路常见的横断面布置形式主要有四种，即单幅路、双幅路、三幅路和四幅路。各种横断面形式服务于不同的交通状况，其使用范围也各不相同。

（1）单幅路

单幅路又称为"一块板"。各种车辆在车行道上混合行驶，行车道上不设分隔带。一般有两种交通组织方式：一种是画出快、慢车行驶分车线，快车和机动车车辆在中间行驶，慢车和非机动车靠两侧行驶；另一种是不画分车线，车道的使用可以在不影响安全的条件下予以适当调整。通常情况下，快车靠近中线行驶，慢车靠外侧行驶。当外侧车道有临时停车或者公交车辆进站时，慢车可临时占用靠中线的车道，快车减速通过或者临时占用对向车道。通过调整交通组织，也可以有效提高单幅路的安全性，如规划为"单行道"，机动车辆向同一方向行驶或规划为"步行街"，禁止机动车与非机动车通行，只允许行人通行等。这些措施可以长期不变动，也可以按实际情况相应调整。

单幅路适用于机动车交通量不大且非机动车较少的次干路、支路以及用地条件有限或者拆迁困难的旧城改建的城市道路。

（2）双幅路

双幅路又称"两块板"断面，在行车道中心用分隔带或分隔墩将行车道分为两部分，上、下行车辆分向行驶，各方向视需要可划分快、慢车道。和单幅路相比，双幅路断面将对向行驶的车辆分开，减少了对向行车的干扰，减少交通安全隐患的同时提高了车速。分隔带可用来布置绿化带，美化道路景观，同时也可以布置照明和敷设管线。但是双幅路仅仅分隔了上、下行车辆，对同向行驶的机动车辆与非机动车辆没有分隔，各种车辆混行，不利于交通安全。

双幅路一般多适用于各向至少具有两条机动车道、非机动车交通量较少的道路，也适用于对街区景观要求较高的道路以及考虑远期建设预留发展的道路。同时，有平行道路可供非机动车通行的快速路、郊区道路、横向高差大或地形特殊的路段也可以采用。

（3）三幅路

三幅路又称"三块板"，三幅路中间为双向行驶的机动车道，两侧的非机动车道用分隔带与机动车道隔开。和双幅路不同的是，没有将对向车流用分隔带分开，在机动车道与非机动车道之间设置了分隔带，提高了交通的安全性。分隔带上可以布置照明、交通标志等交通设施，同时还能布置绿化带，美化道路景观。

一般在机动车与非机动车交通量都很大的城市道路上宜采用三幅路；但其占地较多，只有当红线宽度大于或等于40m时才能满足车道布置的要求。

（4）四幅路

四幅路又称"四块板"，是三幅路与双幅路的结合，在三幅路的基础上，再将道路中间的机动车道上、下行分隔开，分向行驶。四幅路不但将机动车与非机动车分开，还将对向行驶的机动车分开，与三幅路相比，安全性得到进一步提高，同时也更有利于车速提高。但是四幅路占地面积大、花费多。

因此，四幅路适用于机动车车速较高、各向机动车道两条以上、非机动车多的快速路和主干路。

历史街区内道路由于用地条件有限，大多采用单幅路断面形式，各种车辆混合行驶，依靠交通标线区分各车道。也有道路红线较宽的街道根据交通需求，采用三幅路的断面形式，将机动车与非机动车分隔开，提高了非机动车的出行安全，或者在非机动车交通量很小的情况下，将非机动车道改造成公交专用道，缓解道路交通的压力。

5.1.2　历史街区道路功能分类

1. 交通功能道路

交通功能是城市道路最基本的功能，城市道路交通由机动车交通、非机动车交通和行人交通三部分组成。历史街区内以交通功能为主的道路，主要指通过机动车交通量较大的路段。随着城市建设的不断发展，机动车数量的日益增多，处于城市繁华地段的历史街区周边的交通量很大，街区内的主要道路需要承担连接城市主干路的功能。历史街区内交通功能的道路大多分布在街区外围，便于集散交通（图5-2）。

图 5-2　西安市尚德路——交通功能道路

2. 生活功能道路

大部分历史街区是以聚居为基础逐渐形成和发展起来的，虽然随着城市的发展原有的居住环境已经不适应现代生活的要求，有部分居民需要搬迁，但为了展示城市的传统文化和生活方式，政府通过改善居住条件、修整民居建筑等措施留住街区原住居民，直到今天历史街区依然是城市重要的居住场所。历史街区内以生活功能为主的道路占了很大比重，主要分布在街区内部，方便生活在街区附近的市民交通出行。

图 5-3　西安市安居巷——生活功能道路

生活功能为主的历史街区道路交通不再是以机动车为主，非机动车交通和行人交通也占了很大比重。道路断面多采用单幅路形式，非机动车交通量较小的道路可以将非机动车道改成路边停车位，缓解停车难问题。非机动车交通量较大的道路需要划分出单独的非机动车道，禁止路边停车占用非机动车道，保障非机动车安全出行（图5-3）。

3. 旅游功能道路

历史街区与城市道路最大的区别在于其承载着一个城市的历史文化传统，街区有着鲜明的文化特色，因此，传承至今的历史街区大多成了该地区著名的旅游景点之一。发展历史街区的旅游

业可以促使更多的人了解当地历史文化，并且
可以带来直接的经济效益，甚至带动街区周边
地区的经济发展。

历史街区内旅游功能为主的道路大多为步
行街，方便游客更好地参观游览。旅游功能道
路断面大多采用单幅路形式。道路断面设计体
现人文景观和自然景观的协调统一，道路内设
施与街边建筑都应富有当地的历史文化特色
（图5-4）。

图 5-4　西安书院门步行街——旅游功能道路

4. 商业功能道路

有人活动的地方就有商业，伴随着历史街
区旅游功能的开发，商业的传承和发展同样可
以展示街区的传统风貌。历史街区的商业不同
于一般的商业地区，城市道路中的商业街就是
以商业功能为主，是城市文化和商品销售的汇
集区，也是人们购物、娱乐、休闲散步的集中
地区。历史街区的商业活动主要继承和发扬了
传统的商业文化，配合当地的旅游丰富街区的
历史文化内涵。

图 5-5　西安市德福巷——商业功能道路

历史街区内以商业功能为主的道路有的是机动车与非机动车交通量不大、行人交通量较大的
支路，有的为禁止机动车通行的商业步行街。道路断面大多采用单幅路形式，行人与机动车和非
机动车分流，通过合理的设计可以使得商业、历史文化与道路设施有机地融为一体（图5-5）。

5.1.3 历史街区道路横断面影响因素

1. 交通方式对历史街区道路横断面的影响

交通出行的方式有很多种，人们通常会根据出行距离的远近和所需时间的多少来选择采用何
种方式出行，距离超过2km或赶时间的话通常会选择乘坐交通工具，距离较近时往往选择步行。
历史街区的交通方式主要由机动车、非机动车、公共交通和步行构成。各种交通出行方式占用的
道路宽度各不相同，因此，历史街区内各出行方式所占比例的大小，对道路横断面的设计有着很
大影响。总体来说，慢行交通是历史街区的主要出行方式，在道路断面设计时需要着重考虑非机
动车道的位置、宽度以及人行道宽度的设计。

由于用地条件受限，历史街区道路红线宽度大多小于30m，横断面布置大多采用单幅路的形
式，各种车辆混合行驶。若机动车出行的交通量较大，非机动车交通量较小，应先保障机动车顺
畅通行，若人行道够宽可以考虑非机动车道与人行道共面，如图5-6所示。

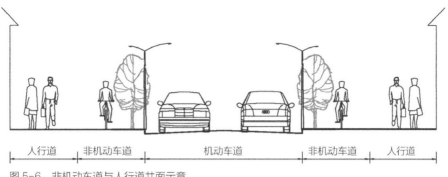

人行道　非机动车道　　　　机动车道　　　　非机动车道　人行道

图 5-6　非机动车道与人行道共面示意

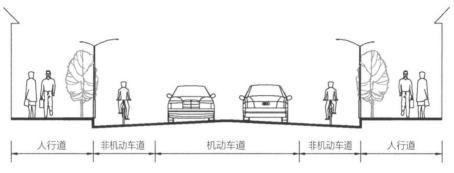

人行道　非机动车道　　　　机动车道　　　　非机动车道　人行道

图 5-7　非机动车与机动车混行

若选择步行和非机动车出行的人较多，机动车交通量较小时，机动车靠道路中间行驶，两侧用交通标线划分出非机动车道，且路边应该禁止停车，创造舒适的非机动车与行人的通行空间，保障出行安全，如图5-7所示。

2. 土地利用对历史街区道路横断面的影响

人们大部分的活动都是在地面上进行的，正是有了活动才会有出行，因此，城市土地是交通量产生的源头。城市土地用地性质从宏观上决定了城市交通结构、交通分布以及交通方式的选择。城市道路建设合理划分了城市用地功能，加强了城市用地对外的交通联系。《城市用地分类与规划建设用地标准》（GB 50137—2011）规定：我国城市用地划分为8大类，分别为居住用地（R）、公共管理与公共服务用地（A）、商业服务业设施用地（B）、工业用地（M）、物流仓储用地（W）、交通设施用地（S）、公用设施用地（U）和绿地（G）。

历史街区内的土地用地性质以居住用地、商业服务业设施用地、公共管理与公共服务用地和绿地为主，有的也包括交通设施用地和公用设施用地。

①居住用地。是指居住小区、居住街坊、居住组团、单位生活区等和其相应配套公用设施、交通设施和公共服务设施的用地。历史街区居住用地内的交通出行主要有四种：通勤性交通，指居民上下班和学生上下学产生的交通，这类交通具有明显的朝夕规律；生活性交通，指居民日常生活产生的交通，如购物、娱乐、休闲等；服务性交通，主要指服务居民产生的交通，

如搬家、快递、洒水车、垃圾处理等；应急性交通，主要指紧急情况下产生的交通，如消防和救护等。

历史街区内居住用地生活氛围浓郁，机动车过境交通量较小，非机动车与步行交通量较大，因此在营造富有生机的生活空间的同时，安全舒适的慢行交通环境尤为重要。断面设计中对人行道的步行空间、道路绿化与沿街景观的设计、非机动车道的走行空间设计等需要重点考虑。此外，随着居民生活水平的提高，私家车的持有量不断上升，居住用地周边的道路断面还要考虑路边停车的需求。通过合理设置断面各组成部分，提高道路的安全性，增强行人的舒适感，形成"人车共存"的道路。

②商业服务设施用地。是指从事各类商业销售活动以及容纳餐饮、旅馆业等各类活动的用地。它由商业设施用地、商务设施用地、娱乐康体设施用地、公共设施营业网点用地等组成。商业服务设施用地内机动车交通量与步行交通量都较大，对道路的通达性要求较高，断面设计时要强化道路的交通功能，同时考虑停车问题。

③公共管理与公共服务用地。包括行政办公用地、文化设施用地、教育科研用地、体育用地、医疗卫生用地、社会福利用地、文物古迹用地、外事用地、宗教设施用地九类。这类用地城市所有居民都可以使用，以服务为主，满足人们的社会、文化活动，为人们提供了丰富多彩的生活。这类用地服务人口广，对道路的通达性要求较高。

④绿地。包括公园绿地、防护绿地和广场用地等开放空间。历史街区内的绿地主要为街区道路的景观用地，由于旧城区道路用地紧张，因此大面积的景观用地较少。

⑤交通设施用地。指城市道路、轨道交通线路、综合交通枢纽、公共交通设施和社会停车场用地。历史街区内主要涉及城市道路和社会停车场用地，停车场连通的道路要求道路的通达性较高。

⑥公用设施用地。包括供水、供电等供应设施，雨水、污水处理等环境设施，消防等安全设施及其他公用设施的用地。公用设施用地是道路用地的重要组成部分，道路横断面设计时要充分考虑公用设施的位置。

3. 工程管线对历史街区道路横断面的影响

城市工程管线一般布置在道路红线范围内，与道路中线平行敷设，敷设方式分为地上管线和地下管线。历史街区内给水管、雨水管、污水管、热力管一般采用直埋敷设；燃气管线早年沿建筑外墙敷设，近年来随着对街面市政美观的进一步建设，逐步将管线改成埋地敷设；电力管线和电信管线大多采用架空敷设，如图5-8所示。

根据《城市道路工程设计规范》（CJJ 37—2016）的规定，地下管线（除综合管道）可布

图5-8 电力、电信管道架空敷设

置在路侧带下面，用地不够时可布置在非机动车道下面。由于历史街区内道路断面形式大多为单幅路，非机动车道宽度有限，在下面布置管线有困难，因此雨水管与污水管一般敷设在机动车道下面，给水管、热力管和电信管线可敷设在非机动车道和人行道下面。人行道的宽度除了保证基本的行人安全顺畅通行要求外，还要满足各种地下管线平行埋设的最小水平净距。架空的地上管线应按规划横断面布置，平行于道路中线敷设，并满足道路建筑界限的要求。杆柱的位置最好在路侧带内，并注意配合历史街区的景观特色。条件允许的情况下，可以将地上的明线改为直埋的地下电缆，改善街区景观。

4. 历史文脉对历史街区道路横断面的影响

一座有历史的城市往往能吸引更多的游人前往，有故事的场景常常能勾起人们对过去的追忆、想象和回味。人们不仅能看到保留至今的历史建筑，还能感受到它过去的故事，它保留了历史的痕迹，是城市发展的见证。承载历史的事物就像在诉说着一段回忆，串联着过去的人物和事件，令人们忆古思今，极具感染力。

历史街区内保留着大量的历史建筑，出于对历史文物的保护，道路红线宽度受到很大限制，街区内历史建筑的轮廓线决定了道路横断面的红线范围。对于沿街建筑大部分为历史建筑的道路，断面布置考虑设计成步行街，禁止机动车通行，减少机动车对文物和景区的干扰，方便游客舒适、安全地参观游览。由于街区游客和当地居民较多，道路断面设计时应当加强人性化的设计，要考虑设计足够宽度的人行道、行人休憩的场所、行人服务设施等。此外，在道路横断面设计时还应注意保护街区内的古树名木。

5. 道路景观对历史街区道路横断面的影响

城市道路不仅具有交通功能，还为市民提供了散步、游憩、娱乐、购物的空间。随着人们对出行舒适度要求的不断提高，道路设计理念不断完善，道路横断面在设计时除了满足交通的要求外，沿线景观设计也变得尤为重要。道路横断面沿街景观的美化设计强调道路的自然环境与人工环境结合的舒适感以及断面自身的尺度感与沿线环境的整体感。

历史街区内的道路更需要注意道路内各组成要素与沿街建筑的空间尺度以及同街区景观的结合程度。街区内的道路在满足交通顺畅通达、行人出行有舒适空间的同时，还要考虑街道景观的构成要素是否体现了当地历史文化特色，将人、车、路、景统一起来构造安全、通达、舒适、美观的道路交通环境。

历史街区道路横断面设计时应考虑街边绿化的布置，街区绿化要体现出地方特色并且与整体人文景观环境相协调，美化街区景观的同时还要满足交通安全的要求，不能妨碍驾驶者的视线。有的历史街区内为了丰富街区景观，会布置一些体现当地人文故事的雕塑和小品，道路断面布置时也要考虑这些构筑物的摆放位置。在道路横断面设计时对原有树木应尽量保留，同时合理组织视野范围内的沿线景观。

5.1.4 历史街区道路横断面组成要素分析

1. 机动车道

道路上供机动车辆行驶的部分称为机动车道。机动车道宽度包括各条车行道宽度和两侧路缘带宽度。若用临时分隔物分隔双向车流时，车行道的宽度还应包括分隔物及其两侧路缘带的宽度；采用双黄线分隔对向交通时，车行道宽度还需包括双黄线宽度，如图5-9和图5-10所示。

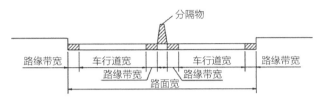

图 5-9 单幅路设中间分隔物断面布置

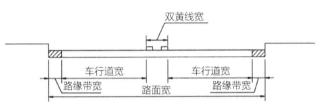

图 5-10 单幅路路面中间画双黄线时断面布置

机动车道的宽度由机动车自身的宽度和车辆侧向摆动的宽度两部分组成。侧向摆动宽度包括车辆行驶时摆动的宽度，以及相邻车道或人行道侧石边缘必要的安全距离。行驶速度、路面质量、驾驶水平、交通秩序等因素都会对摆动幅度产生影响。摆动又分为四种情况：对向车辆之间的摆动、同向车辆之间的摆动、车辆与侧石之间的摆动以及车辆混行时的摆动距离（图5-11）。

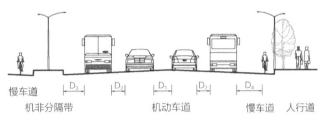

图 5-11 车道位置关系示意

《交通工程手册》中对计算摆动距离有详细论述，具体公式如下。

①对向车辆之间的侧向摆动距离：

$$D_1 = 0.7 + 0.02 \, (v_1 + v_2)^{3/4} \tag{5-1}$$

②同向车辆之间的侧向摆动距离：

$$D_2 = 0.7 + 0.02 v^{3/4} \tag{5-2}$$

③车辆与侧石之间的摆动距离：

$$D_3 = 0.4 + 0.02 v^{3/4} \tag{5-3}$$

④混行车辆影响时，车辆与混行车辆之间的摆动距离：

$$D_4 = 0.4 + 0.02 \, (v_1 + v_2)^{3/4} \tag{5-4}$$

根据上述公式，可以算出不同车速下车辆的摆动距离（其中自行车车速按10km/h考虑），如表5-1所示。

不同车速下车辆摆动距离　　　　　表 5-1

摆动距离（m）	车速（km/h）					
	60	50	40	30	20	10
对向摆动D_1	1.43	1.33	1.23	1.13	1.02	0.89
同向摆动D_2	1.13	1.08	1.02	0.96	0.89	0.81
与侧石间摆动D_3	0.83	0.78	0.72	0.66	0.59	0.51
与混行车辆摆动D_4	—	—	0.78	0.72	0.66	0.59

计算出摆动距离后，加上历史街区内有代表性的机动车车身宽度，便能得到历史街区机动车道宽度的基本数据。通过实地调研，历史街区内机动车辆以小汽车为主，部分路段有公交车辆通行，因此以这两种车辆车身宽度作为计算标准，小汽车宽2.0m，公交车宽2.5m。

设车身宽度为a，由于历史街区内道路断面多采用单幅路，无中央分隔带，因此不同位置的车道宽度计算公式如下。

①最内侧车道宽度：

$$D_内 = D_1/2 + a + D_2/2 \qquad (5-5)$$

②中间车道宽度：

$$D_中 = a + D_2 \qquad (5-6)$$

③外侧车道宽度。

A. 有侧分带或分隔设施时：

$$D_外 = D_3 + a + D_2/2 \qquad (5-7)$$

B. 车辆混行影响时：

$$D_外 = D_4 + a + D_2/2 \qquad (5-8)$$

历史街区内道路多为双向2车道，用地条件较宽裕的交通性道路也可为双向4车道或6车道。一般内侧车道为小型车车道，车辆宽度以2.0m为基础；外侧车道多为公交专用道，车辆宽度以2.5m为基础；非机动车道与机动车道之间通常无分隔设施，还需考虑车辆混行时的影响。考虑到历史街区慢行交通量较大，行车速度不宜过快，采用20km/h作为标准车速，计算车辆正常行驶所需车道宽度如表5-2所示。

机动车道宽度　　　　　表 5-2

车道位置	车身宽度（m）	D_1（m）	D_2（m）	D_3（m）	D_4（m）	车道宽度（m）
内侧车道	2.0	1.02	0.89	0.59	0.66	2.96
中间车道	2.5或2.0	1.02	0.89	0.59	0.66	3.39或2.89
外侧车道	2.5	1.02	0.89	0.59	0.66	3.54（3.60混行）

由表5-2可知，历史街区双向6车道道路，单向机动车道宽度至少为9.95m，平均每个车道宽3.30m；小车比例较高时，单向机动车道宽度至少为9.45m，平均每个车道宽3.15m。对于双向4

车道道路，车辆混行时，单向机动车道宽度至少为6.56m，平均每个车道宽3.28m；机动车与非机动车有分隔设施时，其机动车道宽度至少为6.50m，平均每个车道宽3.25m。对于双向2车道机非混行道路，其车行道宽度至少为3.60m。

通过以上分析，历史街区内道路考虑公交车通行时，机动车道宽度可按3.5m规划设计；以小汽车通行为主且机动车与非机动车混行时，平均机动车道宽度可按3.3m规划设计；以小汽车通行为主、机动车与非机动车分隔行驶时，平均机动车道宽度可按3.2m考虑，也能满足车辆正常行驶的要求。以上皆是在理论计算前提下的理想数值，考虑到历史街区道路用地受限，机动车道度宽可按3.0m考虑。

2. 非机动车道

非机动车道是专供自行车、三轮车、平板车及兽力车等行驶的车道。历史街区内非机动车交通量较大，其中以自行车和电动自行车的数量最多。与机动车相比，自行车不会污染环境，凭借其小巧灵活的特点在堵车时可随意穿梭，出行的同时还能顺便锻炼身体，是短距离出行交通工具的最佳选择。随着公共自行车的逐步推广，对历史街区非机动车道的设计应给予更多重视。由于用地条件有限，街区内道路通常设置一条非机动车道，非机动车单一车道宽度根据车身宽度和车身两侧所需横向安全距离而定。根据调查，自行车和三轮车的特性及所需车道宽度如表5-3所示。

自行车和三轮车特性及所需车道宽度 表5-3

车辆种类	长（m）	宽（m）	高（m）	最小纵向间距（m）	单车道通行能力（辆/h）	所需车道宽度（m）
自行车	1.90	0.50	2.25	1.0 ~ 1.5	800 ~ 1000	1.5
三轮车	2.60	1.20	2.50	1.0	300	2.0

人骑自行车的通行净空如图5-12所示，高为2.25m，再加上0.25m的安全净空，在整个宽度上要求净空高度为2.5m；自行车把宽0.50m，加上两侧各0.25m的横向摆动安全距离，一条自行车道的宽度为1.0m，自行车道两侧应各预留0.25m的安全距离，则一条自行车道的宽度为1.5m。

由于历史街区内道路红线宽度基本不大于30m，因此非机动车道最小宽度宜为2.5m；当机动车与非机动车混合行驶的道路通过画线分离时，非机动车道宽度不小于2.0m，用地条件困难时可适当减小，但不得小于1.5m。非机动车道与人行道共面时，必须有所区别，可以采用不同颜色的地面或不同的路面铺装形式加以区分。

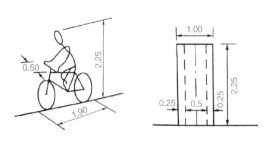

图5-12　自行车的通行净空（单位：m）

3. 人行道

人行道主要是供行人步行时所用的场地，同时也是设置行道树、立杆、报刊亭等各种公用设施的场地，人行道下面的地下空间还为管线的敷设提供了场地。历史街区的人行道不仅仅作为行人走行的通道，还是展示街区景观的重要场所，人们在行走的同时也在观赏四周的景观。因此，历史街区的人行道必须要有足够的宽度，让人们可以自由、安全地漫步在街道上。

人行道宽度包括行人步行道宽度、盲道宽度、种植带宽度和设施带宽度，如图5-13所示。其主要根据人流量来确定，同时也要考虑道路的类别、功能、绿化、沿街建筑性质以及布设公用设施等要求。

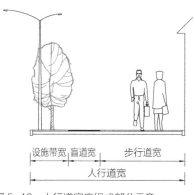

图5-13 人行道宽度组成部分示意

①步行道宽度。

步行道的宽度必须满足行人通行安全和顺畅，可由下式计算：

$$w_p = N_w / N_{w1} \tag{5-9}$$

式中，w_p为步行道宽度（m）；N_w为人行道高峰小时行人流量（人/h）；N_{w1}为一条步行道通行能力（人/h）。

一条步行道的通行能力N_{w1}可由式（5-10）或式（5-11）计算：

$$N_{w1} = 1000v/L \tag{5-10}$$

$$N_{w1} = 3600w_p \cdot v \cdot \rho \tag{5-11}$$

式中，v为行人步行速度（km/h）；L为行人距离（m）；ρ为人群密度（人/m²）。

根据观察和计算，不同性质道路一条步行道的通行能力如表5-4所示。

一条步行道的通行能力　　　　　　　　　　　　　　　　表5-4

道路性质	步行速度v（km/h）	行人间距L（m）	一条步行道的通行能力N_{w1}（人/h）
一般道路	3~4	3~4	800~1000
闹市及游览区道路	2~3	3~4	600~700
供散步、休息的道路	1~2	3~4	300~500

《城市道路工程设计规范》规定：人行道宽度应按步行道的倍数计算，最小宽度不得小于1.5m，正常情况下按式（5-9）计算并不得小于表5-5的规定。

人行道最小宽度 表5-5

项目	人行道最小宽度（m）	
	大城市	中小城市
各级道路	3	2
商业或文化中心及大型商店或大型公共文化机构集中路段	5	3

②盲道宽度。

为了使视觉障碍人士出行方便，城市道路设计时需要考虑无障碍设计。盲道可以为有视力缺陷的人在出行时提供指引，并提供一个相对安全的空间。因此，盲道在人行道中的地位很重要。盲道需铺设盲道砖，总宽度可取0.6～0.9m。

③种植带宽度。

为了城市道路的美观，通常在人行道上靠近行车道的一侧种植行道树。行道树的间距一般为4～6m，树池采用边长为1.5m的正方形或1.2m×1.8m的矩形。

④设施带宽度。

设施带宽度包括设置行人护栏、照明灯柱、标志牌、信号灯等的宽度。红线宽度较窄或用地条件困难时，可以将设施带与种植带合并，但需注意避免行道树遮挡各种设施。设施带宽度如表5-6所示。

设施带宽度 表5-6

项目	宽度（m）
设置行人护栏	0.25～0.50
设置杆柱	1.0～1.5

注：如同时设置护栏与杆柱时，宜采用表中设置杆柱中的大值。

综上所述，将步行道宽度、种植带宽度和设施带宽度相加便能得到人行道宽度。历史街区内生活性和旅游性道路较多，人流量相对较大，为了给行人提供舒适、安全、美观的步行空间，人行道宽度建议至少为3.0m。若用地条件实在有限且人流量较小的路段可适当减少，但不应小于1.5m。沿人行道设置行道树、公共交通停靠站和候车亭、公用电话亭等设施时，不得妨碍行人的正常通行。街区内人行道铺装面层应平整、抗滑、耐磨并与周围的环境相互协调且注意美观，尽量选取能突出体现当地历史文化特色和颜色的铺装材料。

4. 公交专用道

随着城市交通拥堵状况的日益严重，政府呼吁市民多选择公共交通出行，为了加快发展城市的公共交通，我国许多城市都在建设公交专用车道并提出公交优先通行的措施。建设公交专用车道可以减少公交车与机动车的相互干扰，提高公交车的行驶速度，减少车辆延误，节约人们的出行成本并且缩短出行时间，使得越来越多的人愿意选择公共交通出行，从而减少私家车出行，能够有效缓解城市的交通压力。

公交专用车道的宽度计算与一般机动车道计算思路相同，跟车辆本身的宽度和侧向摆动幅度有关。公交车一般宽度为2.5m，因此，建议公交专用道的宽度为3.0~3.5m。历史街区内部很少有大型公交车通过，以中巴居多，因此街区内部的道路若设置公交专用道可以采取3.0m的车道宽度，考虑到街区内部道路宽度有限，不建议设公交专用道。街区外围与城市主干路、次干路相连的交通性道路，公交专用道考虑设置为3.5m宽。

5. 路缘石

路缘石是设置在路面与其他构造物之间的标石，俗称"道牙"或"马路牙"，一般用于分隔行车区域与其他交通方式运行区域，或者分隔其他用途的区域，可以标识出路面边缘的轮廓线，并起到支撑路面或路肩边缘的作用，有利于纵向排水。历史街区道路路缘石通常用来区分机动车道与人行道。

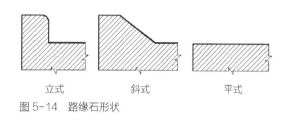

立式　　　斜式　　　平式

图 5-14　路缘石形状

路缘石的形状有立式、斜式和平式三种，如图5-14所示。一般分隔用多采用立式，建筑物或道路出入口宜采用斜式或平式，有路肩时采用平式。人行道及人行横道宽度范围内路缘石宜做成斜式或平式，便于儿童车、轮椅及残疾人通行。在分隔带端头或交叉口的小半径处，路缘石宜做成曲线形。

路缘石不宜过高，一般高出路面边缘10~20cm，路缘石的宽度宜为10~15cm。

6. 路边停车

近几年我国私家车的拥有量急剧增多，城市生活的居民尤其是上班一族都选择买一辆私家车作为代步工具。私家车的数量大幅上升带来的后续问题便是停车困难。历史街区内生活性道路和交通性道路除了本身的功能外，还需要解决一部分停车问题，因此，路边停车也成了道路横断面规划的一部分。

路边停放的车辆多为小型车，停放方式有平行式、垂直式和斜放式三种。对于平行式停车，车身方向与道路平行，多用于车道较宽或者非机动车交通量不大时占用非机动车道停放。小型机动车车身宽度取2.0m，考虑到两边的横向安全距离，建议停车位宽度在2.3~2.5m。红线宽度大于20m时，可以考虑道路双侧停车；红线宽度在15~20m时，可以考虑单侧停车，平行式停放的车辆以不影响正常车辆行驶为准。红线宽度小于15m或街区内重要文物保护路段应禁止路边停车。

建筑前有较开阔的场地时，一般采用垂直式和斜放式停车，人行道较宽且停车需求较大时会在人行道上局部规划停车位，停车位尺寸可以考虑为2.3m×5.0m。

5.1.5 现状历史街区道路横断面存在的问题

1. 道路功能定位不明确

许多历史街区内部的道路都缺乏明确的道路功能定位，只是简单地对旅游景点集中的一两条街道规划为步行街，街区内其他道路功能划分不明确。道路横断面在设计时没有考虑到道路具体承担的主要功能是什么、交通出行方式以什么为主、周边的土地利用性质是什么等因素。以交通功能为主的道路和以生活功能为主的道路横断面布置会有一定的区别，交通性道路更多地要满足机动车辆顺畅通行的要求，而生活性道路更多地要考虑到非机动车以及行人的交通需求。但现在大部分历史街区道路横断面只是简单地根据城市道路等级划分机动车道与非机动车道，机械地套用已有的道路横断面形式，没有因地制宜地针对不同功能道路的需求规划相应适合的横断面。

2. 对慢行交通重视不够

历史街区内慢行交通是主要的出行方式，但近几年城市道路横断面设计多以机动车通行为主，对非机动车辆和行人通行考虑较少，使得慢行交通不得不让位于机动车交通，成为道路交通的弱势群体。许多历史街区道路横断面沿用城市交通性道路的横断面类型，忽略了街区内慢行交通的道路空间。再加上道路红线较窄，多采用单幅路断面形式，非机动车与机动车混合行驶，使得非机动车的出行安全难以得到保障。此外，很多机动车随意停放到路边或人行道上，占用了非机动车和行人的走行空间，极大地降低了慢行交通出行的安全性和舒适性。

3. 人性化设计欠缺

历史街区道路横断面设计时主要考虑了车辆的通行要求，对行人交通常常选择性忽略。许多人认为，行人交通并不复杂，行人走行灵活度大，只要留有人行道可以走人就行。历史街区内许多街道都不重视人体的尺度和人的心理需求，具体表现在以下几个方面。

①用地条件有限，人行道宽度不足，造成行走困难。

②行人过街设施不足，设置位置不合理；行人标识设施不完善，对于初到的外地人而言辨别方向较为困难。

③休憩设施较少，行人连续行走会感到乏味，有的街道甚至没有休憩设施，行人无处可坐。

④公共设施配置不完善，垃圾箱、报刊亭、公共厕所、售卖等设施间距较大，不能及时满足人的需求。

历史街区本来就是吸引大量游客的地方，道路横断面设计若能真正做到"以人为本"，满足车辆通行能力的情况下，更加注重细节的设计会给游客留下美好的印象，吸引更多的人来旅游，从而更好地带动地方经济。

4. 道路随意停车现象严重

历史街区用地条件紧张，停车场地较少，不能满足日益增长的停车需求。当规划的停车位已满时，许多机动车便随意找空地停放，根本无视其停放的位置是否会干扰正常道路交通。在没有停车规划线的路边随意停放，占用了非机动车道的位置，迫使非机动车靠机动车道边缘行驶，影响机动车辆的正常通行，对非机动车的行驶安全也非常不利。随意停放在人行道上的车辆，侵占了行人的走行空间，使得行人在步行时不停地避让停放的车辆，完全没有舒适感。因此，历史街区道路横断面在设计时应当结合道路周边土地利用情况合理地规划路边停车。

5. 架空管线杂乱无章

历史街区市政管线敷设已久，街区内电力、电信管线大多架空敷设。长时间疏于管理使得电信架空管线搅成一团，杂乱无章，十分有碍道路美观，来往的车辆和行人看到杂乱的管线难以产生愉悦的心情。历史街区道路横断面设计时应当结合道路红线宽度，考虑将架空管线引入地下，美化道路空间。条件允许的情况下可以考虑设置综合管沟，便于维修和管理地下管线，减少路面的二次开挖。

6. 缺乏当地历史文化特色

随着我国社会和经济的快速发展，各城市之间的竞争也非常激烈，都想在短时间内改善街区环境、提高城市风貌以加强自身的竞争力。因此，照搬已有的模式成为首选方案，人们走在不同的街道上感觉没有什么区别，"千街一面"的城市容易造成审美疲劳，无法给人留下深刻印象。每座城市都有自己独一无二的历史文化背景，不同的历史街区有不同的历史文化和功能定位，自然地形和周边的环境也各不相同。街区内道路横断面的规划应该以这些为背景条件，发掘自身的历史文脉资源，设计能够体现当地历史文化特色的道路横断面。

7. 近远期结合考虑不足

城市建设在不断发展，历史街区道路周边的用地性质、对历史文物的保护程度会做出适当调整，这就使得街区内交通出行方式、交通组织以及交通量会跟着相应地发生变化。为了保护历史街区内保留的历史建筑，街区内道路红线宽度基本保持不变，因此，只能调整街区道路横断面机动车道、非机动车道、人行道等的组合方式和其相应的宽度。为了减少历史街区道路的开挖，街区道路横断面在规划设计时，应当既要满足当前的交通需求，又要为远期断面的变化和调整留有余地，做到近远期相结合，将破坏程度降到最低。

5.1.6 历史街区理想道路横断面设计理念

1. 历史街区历史道路横断面设计原则

①维持原有街区道路系统历史格局，道路红线宽度基本维持现状，兼顾基本交通需求，对道路横断面进行微调。

②根据道路功能定位、道路等级、道路红线宽度及其周边土地利用性质，确定各交通方式的优先等级。交通性道路优先考虑机动车通行，其次是非机动车，最后为行人；生活性道路优先考虑非机动车，其次综合考虑机动车与行人；旅游性道路和商业性道路优先考虑行人，其次是机

动车，最后为非机动车；旅游性道路根据其历史景点的特点及道路红线用地条件，可规划为步行街，禁止机动车通行。

③调查现状各交通方式的交通量，结合已有道路红线宽度及各种交通的优先级确定道路横断面形式，并合理划分机动车道、非机动车道、人行道和分隔带的宽度。

④历史街区道路横断面设计时，需提高行人的地位，提高行人的安全感与舒适度。结合人体尺度合理布置道路景观，加强道路景观与人的亲和力。合理设置公共设施、交通设施和休憩设施等的位置及间距，方便人们出行。

⑤综合考虑道路红线宽度、道路功能和道路周边用地性质，合理规划停车位划分。在不影响交通顺畅通行的前提下，适当缓解停车难的压力。

2. 历史街区理想道路横断面

根据调查西安市历史街区现状道路路幅宽度，将历史街区道路红线宽度分为4种，即24～30m、18～24m、12～18m和小于或等于10m，结合前述计算历史街区横断面各组成要素的宽度，具体横断面布置如下。

（1）道路红线宽度24～30m横断面

①单幅路非机动车道与机动车道共面（图5-15）。

此类型断面为双向4车道，为机动车与非机动车混合行驶的单幅路，适用于历史街区内设计车速40km/h，机动车交通量大、非机动车交通量较大的交通性道路。红线宽度较宽裕时，可在非机动车道靠近人行道一侧规划路边停车位。

②单幅路非机动车道与人行道共面（图5-16）。

此类型断面为双向4车道，为机动车与非机动车分开行驶的单幅路，适用于历史街区内设计车速40km/h，机动车与非机动车交通量都较大的交通性道路。红线宽度较宽裕时，可考虑在人行道上多设置小品景观、休憩等设施。路边可拓宽设置港湾式公交停靠站。此类道路不考虑安排路边停车。

③三幅路断面形式（图5-17）。

此类型断面为双向2车道，为机动车与非机动车分开行驶的三幅路，适用于历史街区内设计

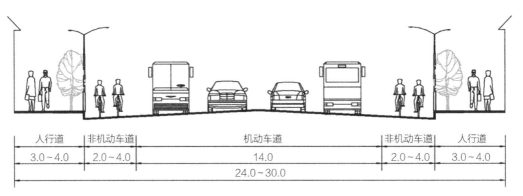

人行道	非机动车道	机动车道	非机动车道	人行道
3.0～4.0	2.0～4.0	14.0	2.0～4.0	3.0～4.0
		24.0～30.0		

图5-15　道路红线宽度24～30m横断面1（单位：m）

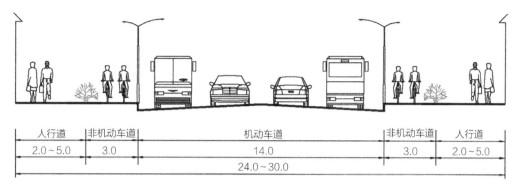

图 5-16　道路红线宽度 24 ～ 30m 横断面 2（单位：m）

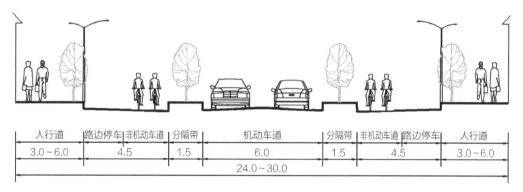

图 5-17　道路红线宽度 24 ～ 30m 横断面 3（单位：m）

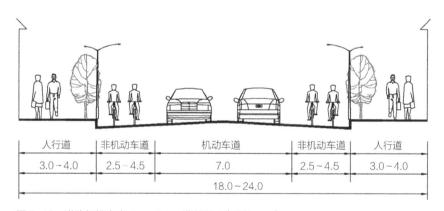

图 5-18　道路红线宽度 18 ～ 24m 横断面 1（单位：m）

车速20～40km/h，非机动车交通量大、机动车交通量较大的生活性道路。断面设计时考虑在非机动车道靠近人行道一侧规划路边停车位以解决居民的停车问题。红线宽度较宽裕时，可考虑在人行道上多设置小品景观、休憩等设施。

（2）道路红线宽度18～24m横断面

①非机动车道与机动车道共面（图5-18）。

此类型断面为双向2车道，为机动车与非机动车混合行驶的单幅路，适用于历史街区内设计车速20~30km/h，机动车与非机动车交通量较大的交通性或生活性道路。红线宽度较宽裕时，可在非机动车道靠近人行道一侧规划路边停车位。

②非机动车道与人行道共面（图5-19）。

此类型断面为双向2车道，为机动车与非机动车分开行驶的单幅路，适用于历史街区内设计车速20~30km/h，机动车与非机动车交通量都较大的交通性道路。红线宽度较宽裕时，可考虑在人行道上多设置小品景观、休憩等设施。路边可拓宽设置港湾式公交停靠站。此类道路不宜安排路边停车。

（3）道路红线宽度12~18m横断面

①方案一。

此类型断面为双向2车道，为机动车与非机动车混合行驶的单幅路，适用于历史街区内设计车速20~30km/h，机动车交通量较大、非机动车交通量较小的道路。若道路非机动车交通量很小，可考虑安排单侧路边停车（图5-20）。

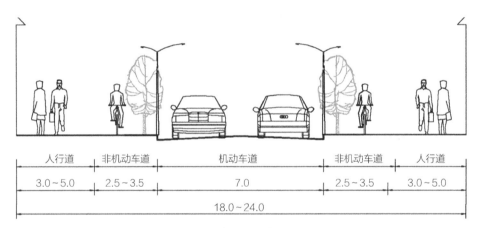

图5-19　道路红线宽度18~24m横断面2（单位：m）

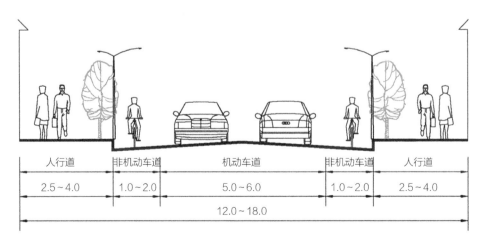

图5-20　道路红线宽度12~18m横断面1（单位：m）

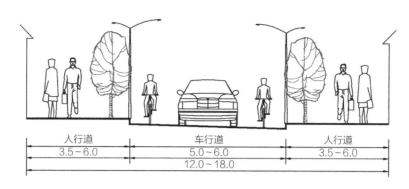

图 5-21 道路红线宽度 12 ~ 18m 横断面 2（单位：m）

②方案二。

此类型断面为双向2车道的单幅路，道路红线偏小时宜规划为单行道，适用于历史街区内设计车速20 ~ 30km/h，非机动车交通量较大、机动车交通量较小的道路，或适用于机动车单向行驶、机动车与非机动车混合行驶的道路。在机动车单向行驶、非机动车交通量很小的情况下，可考虑安排单向路边停车。红线宽度较宽裕时，可考虑在人行道上多设置小品景观、休憩等设施（图5-21）。

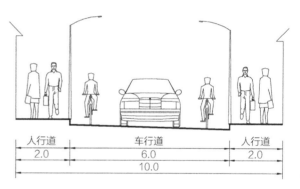

图 5-22 道路红线宽度小于 10m 横断面（单位：m）

（4）道路红线宽度小于10m横断面

此类断面适用于历史街区内道路红线很窄的巷道、胡同，机动车与非机动车混合行驶，也可规划为禁止机动车通行的步行街。此类道路严禁路内停车（图5-22）。

5.2 基于历史街区的公共自行车系统规划

5.2.1 基于历史街区的公共自行车系统分析

1. 历史街区与再造历史街区公共自行车适用性分析

城市内的历史街区除承担交通功能外，还承担着旅游、商业等功能。历史街区发展公共交通和慢行交通的理念也已经得到认同，而公共自行车系统不仅是公共交通更是慢行交通的重要组成部分，在历史街区发展公共自行车将是一项非常有效的举措。现从以下几个方面分析历史街区与再造历史街区公共自行车的适用性。

（1）道路条件

历史街区内部的道路主要是以次干路和支路为主，街巷密度较大，大部分为机非混行，步行、自行车、机动车之间的相互干扰严重，慢行交通的安全性低。

例如，表5-7所示为西安湘子庙街、德福巷等几条历史街区的道路情况，从表中可看出，这几条历史街区的断面形式均为单幅路，且道路均非常狭窄，除去两边的人行道宽度，中间的车行道宽度仅为3~7m，这几条道路机非混行，交通状况较混乱。

湘子庙街、德福巷等历史街区道路情况　　　　　　　　　　表5-7

路名	路长（m）	断面形式
湘子庙街	600	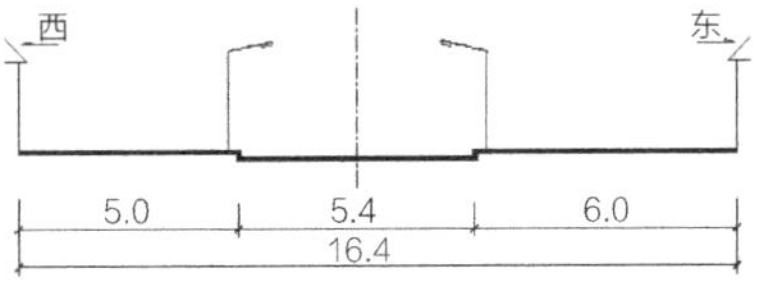 西 东 5.0　5.4　6.0 16.4
德福巷	200	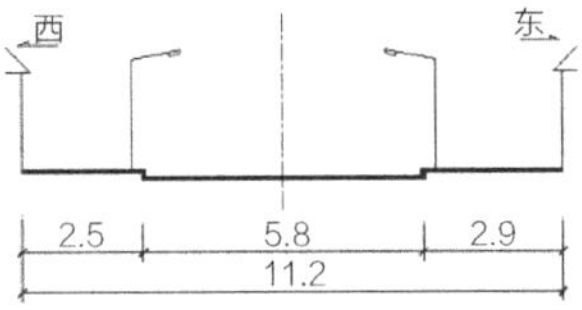 西 东 2.5　5.8　2.9 11.2
芦荡巷	350	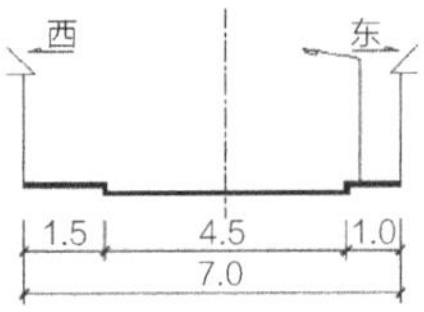 西 东 1.5　4.5　1.0 7.0
南院门	305	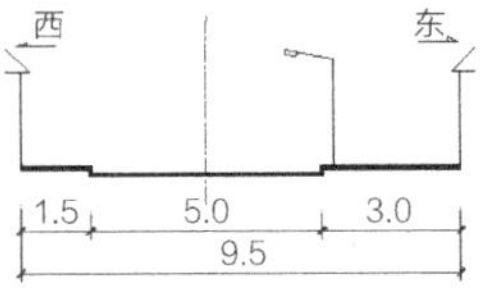 西 东 1.5　5.0　3.0 9.5
正学街	176	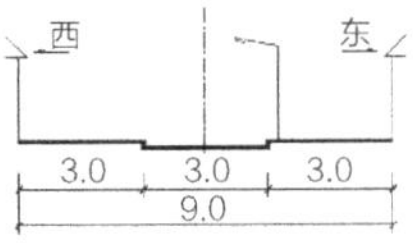 西 东 3.0　3.0　3.0 9.0
马坊门	140	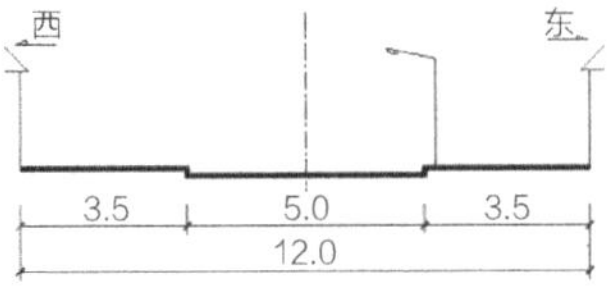 西 东 3.5　5.0　3.5 12.0
西木头市	320	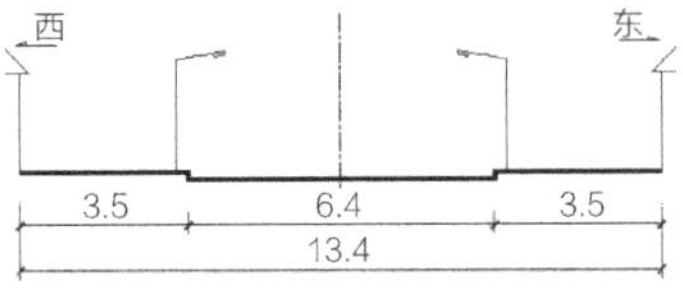 西 东 3.5　6.4　3.5 13.4

在历史街区应该发展慢行交通，形成自行车交通和步行交通相结合的慢行交通体系，公共自行车适合在道路狭窄的历史街区推广使用。

从再造的历史遗址与街区，如大明宫遗址公园、大唐西市和大唐不夜城周边道路可以看出，相较于历史街区狭窄的道路，这些道路普遍比较宽阔，有些道路还是城市主干路，机非分离，行人、车辆较少发生冲突，慢行交通安全性较高（表5-8）。

大唐西市、大唐不夜城周边道路情况　　　　　　　　表5-8

路名	断面形式
雁南一路	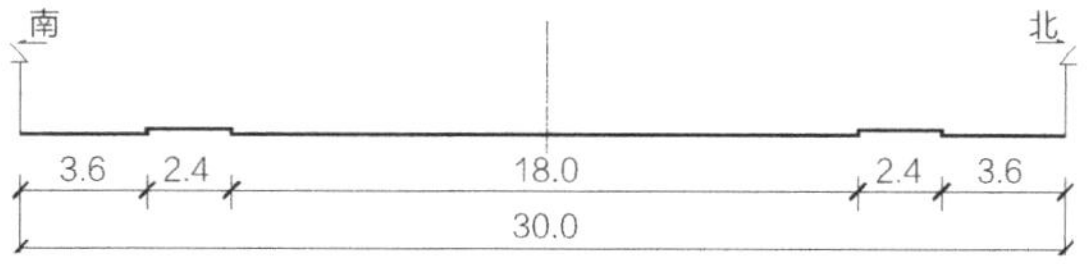 南　　　　　　　　　　　　　　　　北 3.6　2.4　　　18.0　　　2.4　3.6 30.0
雁南二路	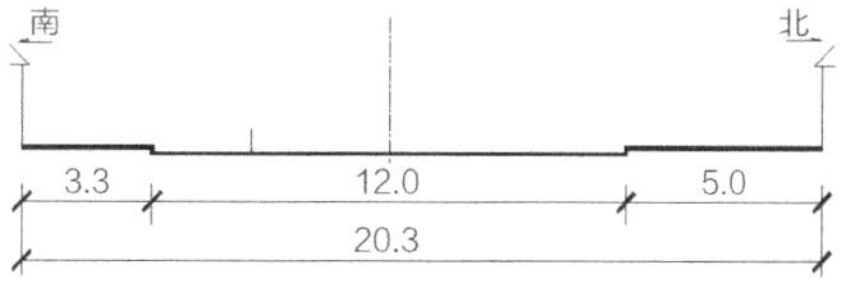 南　　　　　　　　　　　　　　　北 3.3　　　12.0　　　　5.0 20.3
雁塔南路 （雁南一路以北）	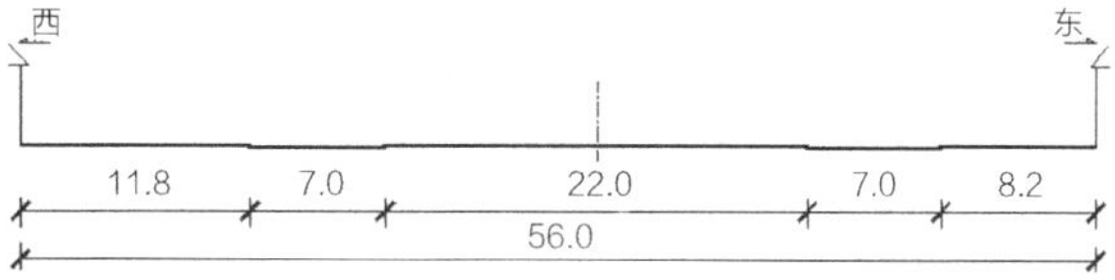 西　　　　　　　　　　　　　　　东 11.8　7.0　　　22.0　　　7.0　8.2 56.0
雁塔南路 （雁南一路以南）	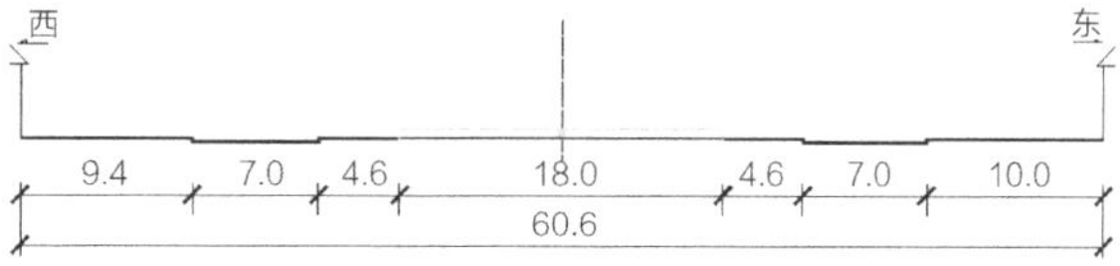 西　　　　　　　　　　　　　　　东 9.4　7.0　4.6　　18.0　　4.6　7.0　10.0 60.6
西市北路	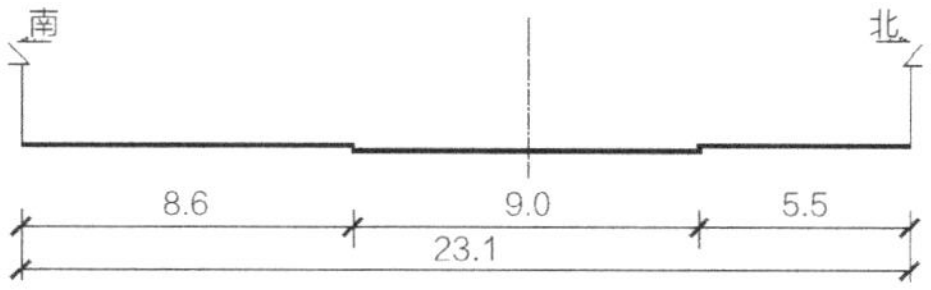 南　　　　　　　　　　　　　　北 8.6　　　9.0　　　5.5 23.1
西市西路	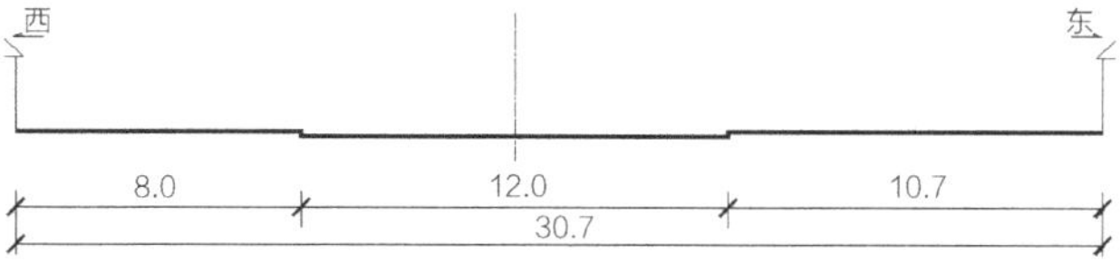 西　　　　　　　　　　　　　　　东 8.0　　　12.0　　　10.7 30.7
西市南路	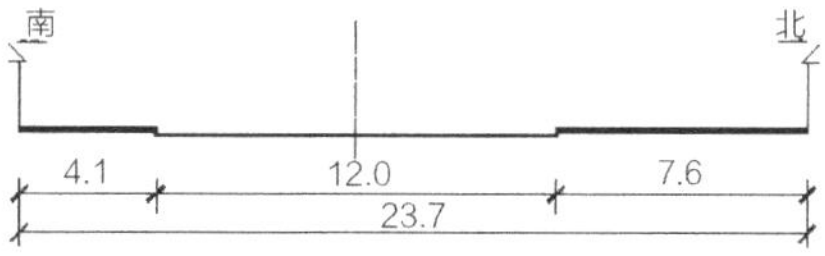 南　　　　　　　　　　　　　北 4.1　　12.0　　7.6 23.7
西市北街	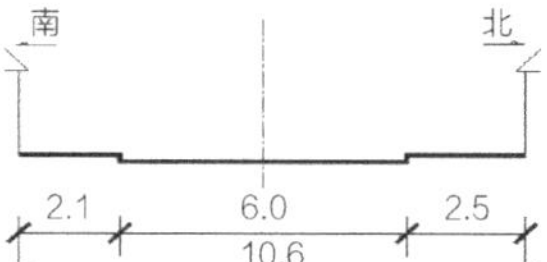 南　　　　　　　　北 2.1　6.0　2.5 10.6

对于这些再造的历史遗址与街区，旅游和商业是其非常重要的功能，人流量较大，公共自行车不仅可以接驳公交，还可以在街区内替代步行，为出行者提供方便。

（2）与公交站点接驳

历史街区狭窄的道路网络一方面容易造成机非混行、交通拥堵；另一方面，城市公交系统无法深入历史街区内部，大部分公交线路只能到达历史街区外围，公交系统的辐射面难以覆盖历史街区风貌核心区。如图5-23所示西安三学街街区范围及周边公交站点的情况，三学街街区南至城墙、北至东木头市、东至开通巷、西至南大街。从图中标注的公交站点分布位置可以看出，公交站点均分布在三学街街区的外围，并未辐射至历史街区内部，若在历史街区内设立公共自行车系统，可以有效接驳公共交通，扩大公共交通的覆盖范围。

出于对再造历史遗址的保护和再造历史街区功能性的考虑，公交系统通常也只能到达遗址或街区的外围，并不能辐射到遗址的核心区域，如图5-24所示大明宫遗址公园周边的公交站点情况，由图可看出，大明宫遗址公园虽然毗邻城市主干路，交通便利，但是公交站点均分布在公园的外围周边，进入园区后只能依靠步行，而整个大明宫遗址公园共占地约3.2km^2，若均选择步行游览在时间上和体力上均不合理。西安市已在大明宫遗址公园内及其周边公交站点和地铁站设立了若干公共自行车租赁点，只要刷一卡通便可以在园区租车游览，不仅为出行者提供了方便，还有效接驳了公共交通。

（3）历史风貌保护需要

历史街区内的建筑大多是历史遗留下来的，是具有一定文化历史内涵的文物古迹，应该予以重视和保护，随着城市机动化的发展，历史街区内机动车增加，大量的噪声和汽车尾气打破了历史街区原有的文化氛围，而且大量的汽车尾气也会对古建筑造成一定程度的损坏。因此，应保护好文物古迹和历史街区风貌，在历史街区内建立公共自行车系统，限制机动车流入，形成连续、舒适的慢行交通系统。

● 公交站点

图5-23　三学街历史街区范围及周边公交站点情况

●公交站点　○公共自行车租赁点

图5-24　大明宫遗址公园公交站点与公共自行车租赁点位置示意

2. 历史街区出行方式调查

为了研究历史街区公共自行车的使用，首先需要了解现状历史街区交通方式选择情况。采用问卷调查的方式获得居民对历史街区的交通方式选择数据，选取湘子庙街片区、七贤庄历史文化街区和二学街街区作为发放问卷的地点，收集居民出行数据。

调查采用RP调查和SP调查相融合的方式，采用现场发放问卷和网络发放问卷两种形式，通过调查了解历史街区内各交通方式的分担情况及其影响因素。

（1）交通方式分担情况分析（表5-9）

现状交通方式分担率 表5-9

交通方式	步行	自行车或电动自行车	小汽车	公交车、地铁	总计
选择人数	56+43.2*	48	78	224－43.2*	406
分担率	24.43%	11.82%	19.21%	44.53%	100%

注：43.2*为选择公交地铁出行的出行者中可折合成的选择步行的人数。

由表5-10可看出，当公共自行车作为一种可选择的交通方式后，它的分担率达到27.28%，其中18.72%为将公共自行车作为一种独立的交通方式出行，而剩余的8.56%为选择公共自行车接驳公交车、地铁时所折合成的公共自行车分担率。步行的分担率由原来的24.43%下降为9.58%。当加入公共自行车后，出行者更愿意选择公共自行车替代步行接驳公交车或地铁，可见，公共自行车的加入对解决"最后一公里"有着重要作用，也能吸引选择其他出行方式的出行者改为选择公共自行车。

加入公共自行车后交通方式分担率 表5-10

交通方式	步行	自行车或电动自行车	小汽车	公交车、地铁	公共自行车	总计
原分担率	24.43%	11.82%	19.21%	44.53%	—	100%
现分担率	9.58%	11.17%	14.21%	37.76%	27.28%	100%

（2）公共自行车使用影响因素分析

对于历史街区的出行，根据出行者的个人属性和出行特征的不同，出行者表现出的对公共自行车的接受程度均不相同，分析出行者对公共自行车接受意愿的影响因素。

①性别。

性别是个人属性中很重要的方面，男性和女性不管从生理还是心理都存在很大差异，这可能导致他们对不同交通方式的看法不同。

由表5-11看出，在公共自行车出行意愿调查中，女性与男性相比，女性更易于选择公共自行车。虽然在自行车驾驶的身体、心理两个方面男性都要优于女性，但是男性对公共自行车的使用意愿却低于女性，造成这种差距一方面是因为女性在出行中比男性更看重出行安全和自行车的可操作性，另一方面经济收入也是影响不同性别人群在选择公共自行车方面的重要因素。

样本数据中不同性别出行者对公共自行车的偏好程度比较　　　　　表 5-11

性别	人数（人）	愿意使用公共自行车		出行方式可能改变	
		选择人数（人）	比例	选择人数（人）	比例
男	194	108	55.67%	100	51.55%
女	212	130	61.32%	116	54.72%

②年龄。

年龄是个人出行属性的一个重要方面，不同年龄层次的人会有不同的经济条件和身体状况，在出行方式的选择上会存在较大差异。本调查设置5个年龄段：20岁以下、21～30岁、31～40岁、41～50岁、50岁以上，其中受访者的年龄主要集中在21～30岁和31～40岁两个年龄段，分别占到总人数的47.78%和22.66%。下面分析样本数据中不同年龄群体对公共自行车的接受程度和其到达历史街区的出行选择对公共自行车的偏爱程度，如表5-12所示。

样本数据中不同年龄出行者对公共自行车的偏好程度比较　　　　　表 5-12

年龄	人数（人）	愿意使用公共自行车		出行方式可能改变	
		选择人数（人）	比例	选择人数（人）	比例
20岁以下	46	22	47.82%	20	43.48%
21～30岁	194	128	65.98%	118	60.82%
31～40岁	92	60	65.22%	56	60.87%
41～50岁	40	16	40.00%	12	30.00%
50岁以上	34	12	35.29%	10	29.41%

由图5-25可更直观地看出不同年龄段对公共自行车的接受程度。

年龄段在21～30岁和31～40岁的出行者对公共自行车的接受程度最高，随着年龄的增长，41～50岁和50岁以上年龄段的出行者对公共自行车的接受程度逐渐降低。

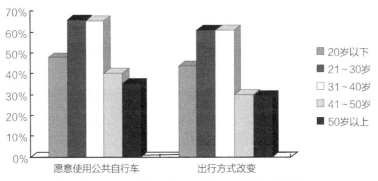

图 5-25　样本数据中不同年龄出行者对公共自行车的偏好程度比较

③月收入。

收入反映了出行者的经济水平，不同收入水平的出行者对时间价值、舒适度的要求不同，影响出行者出行对交通方式的选择（表5-13）。

样本数据中不同月收入出行者对公共自行车的偏好程度比较　　　　　表 5-13

收入（元）	人数（人）	愿意使用公共自行车		出行方式可能改变	
		选择人数（人）	比例	选择人数（人）	比例
3000以下	196	116	59.18%	112	57.14%
3000～5000	120	90	75.00%	76	63.33%
5000～10000	76	28	36.84%	26	34.21%
10000以上	14	4	28.57%	2	14.29%

由图5-26可更直观地看出不同收入出行者对公共自行车的接受程度。

由此可见，月收入在3000元以下和3000～5000元的出行者对公共自行车的接受程度较高，若存在公共自行车可供选择，在对到达历史街区的出行选择时也更愿意选择公共自行车，但调查也发现，随着月收入的增长，出行者对选择公共自行车出行的意愿明显下降。

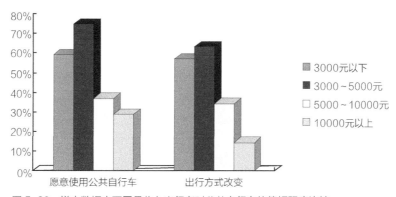

图 5-26　样本数据中不同月收入出行者对公共自行车的偏好程度比较

④是否拥有自行车。

样本数据中出行者是否拥有自行车对公共自行车的偏好程度影响　　　　　表 5-14

有无自行车	人数（人）	愿意使用公共自行车		出行方式可能改变	
		选择人数（人）	比例	选择人数（人）	比例
有自行车	124	70	56.45%	56	45.16%
无自行车	280	168	60.00%	160	57.14%

由表5-14可看出，样本数据中无自行车的出行者愿意采用公共自行车出行的比例要高于有自行车的出行者。

⑤是否拥有小汽车。

由表5-15可看出，样本数据中没有小汽车的出行者使用公共自行车的意愿要强于拥有小汽车的出行者，但拥有小汽车的出行者中也有42.22%出行者表示愿意选择公共自行车，并且有24.44%的出行者愿意改变本次到达历史街区所采用的出行方式，说明公共自行车在有车一族中也有着不小的吸引力。

样本数据中出行者是否拥有小汽车对公共自行车的偏好程度影响　表5-15

有无小汽车	人数（人）	愿意使用公共自行车		出行方式可能改变	
		选择人数（人）	比例	选择人数（人）	比例
有小汽车	90	38	42.22%	22	24.44%
无小汽车	316	200	63.29%	194	61.39%

⑥出行目的。

出行目的可分为刚性目的和弹性目的。刚性目的通常指上班、上学等每天必需的通勤交通出行；弹性目的通常指日常需求出行以及休闲娱乐出行等，这些出行时间、距离都不固定，随机性强。调查发现，在表示愿意使用公共自行车出行的出行者中，有31.41%的出行者选择用于上班、上学等刚性出行目的，其余68.59%用于旅游、购物等弹性出行目的，说明公共自行车的使用机动灵活，可被广泛应用于生活出行以及日常出行的各方面。

⑦出行距离。

出行距离的长短直接影响着人们选择出行所使用的交通方式，本次调查将出行距离分为四个区间，分别为0～0.9km、1～2.9km、3～5.9km和6km以上，分别统计不同出行距离对出行者对公共自行车的偏好程度的影响，统计如表5-16所示。

样本数据不同出行距离出行者对公共自行车的偏好程度比较　表5-16

距离（km）	人数（人）	愿意使用公共自行车		出行方式可能改变	
		选择人数（人）	比例	选择人数（人）	比例
0～0.9	32	20	62.50%	16	50.00%
1～2.9	88	54	61.36%	52	59.09%
3～5.9	164	98	59.76%	92	56.10%
6及以上	122	70	57.38%	60	49.18%

从表5-16可看出，对于不同的出行距离，出行者对选择公共自行车出行的意愿并没有太大变化，表示愿意选择公共自行车出行的出行者基本维持在60%左右，但需要特别说明的是，虽然出行距离对出行者使用公共自行车的意愿影响不甚明显，但对是仅选择公共自行车出行还是选择公共自行车接驳公交车、地铁却有着明显的影响，如图5-27所示，随着出行距离的增加，仅选择公共自行车一种交通方式完成全程出行的比例逐渐下降，而相反，选择公共自行车接驳公交

车、地铁出行的比例逐渐上升；当出行距离达到6km以上时，出行者选择公共自行车接驳公交车、地铁的概率达到90%，说明对于短距离出行，公共自行车是一种很好的交通方式，而对于长距离出行，公共自行车更适合于接驳公交车、地铁。

⑧出行时耗、费用。

在公共自行车的全程使用中，由于公共自行车通常用于短距离出行和长距离换乘公交车、地铁，故在使用时间上通常在30min以内，而西安目前的公共自行车系统收费原则为1h之内免费，故选择公共自行车出行不产生或很少产生出行费用。

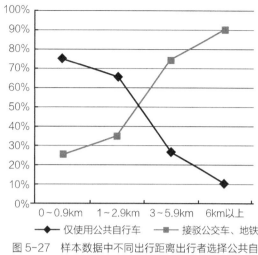

图 5-27　样本数据中不同出行距离出行者选择公共自行车方式

5.2.2　公共自行车租还需求预测及规模测算

1. 公共自行车租还需求预测模型

（1）常用的方式划分模型及其适用性分析

方式划分模型大致有三类：转移曲线模型、回归分析模型和非集计模型。转移曲线模型首先要选出影响交通方式选择的因素，然后通过调查与分析，求出不同因素对应各种交通方式的比例，最后绘制出不同交通方式分担曲线。回归分析模型是通过数据的回归分析，求出参数，建立曲线函数以计算不同交通方式的分担率。

以上两种模型均需要大量的实测数据统计分析和标定参数，应用范围有限。近年来，非集计模型逐渐发展起来，为人们所重视。相对于其他研究交通方式划分的模型，非集计模型是以实际产生交通活动的个人为单位，将个体的原始资料直接构造模型，充分利用每个数据，不需要很大的样本量，且预测精度很高。非集计模型中比较常见的是Logit模型，本书将采用Logit模型进行公共自行车租借需求的预测。

（2）Logit模型和算法

①模型结构。

Logit模型的理论基础是建立在个体在选择时总是追求"效用"最大化这一假说。效用是指出行者在做出某项决策之后，综合金钱、费用、时间以及舒适度等多方面考虑后从所选项上获得的满足感。简单来说，效用是指选项令个人的满意程度，效用值越大，满意程度越高。出行者在选择出行方式时，总是选择其所认知的效用最大的方案。假设出行者n的选择方案i的效用用U_{in}表示，则函数形式为：

$$U_{in} = V_{in} + \varepsilon_{in} \tag{5-12}$$

式中，V_{in}为出行者n选择方案i的效用函数中的非随机变化部分，即固定项；ε_{in}为出行者n选择方案i的效用函数中的随机变化部分，即随机项。

效用函数可以有多种不同的形式，但是考虑到参数标定以及结果分析时的方便性，故假设V_{in}与特征向量x_{ink}呈线性关系，即

$$V_{in} = \sum_{k=1}^{K} \theta_k x_{ink} \tag{5-13}$$

式中，x_{ink}为出行者n选择方案i的第k个特征变量；θ_k为待定参数。

假设效用随机项ε_{ni}服从独立同分布的Gumbel分布，可以得到出行者n选择方案i的概率为：

$$P_{in} = \frac{\exp(V_{in})}{\sum_{j \in A_n} \exp(V_{in})} \tag{5-14}$$

式中，P_{in}为出行者n选择方案i的概率；A_n为出行者n的选择方案集合。

②模型求解。

设样本数量为N，δ_{in}为概率变量，若$\delta_{in}=1$，则出行者选择第i种出行方式；否则$\delta_{in}=0$。则个人n的选择结果$\delta_{1n}, \cdots, \delta_{in} \cdots, \delta_{J_n n}$的联合概率可用下式表示：

$$P_{1n}^{\delta_{1n}}, P_{2n}^{\delta_{2n}}, \cdots, P_{in}^{\delta_{in}}, \cdots, P_{J_n n}^{\delta_{J_n n}} = \prod_{i \in A_n} P_{in}^{\delta_{in}} \tag{5-15}$$

因此，个人1，2，…，n，…，N做出选择结果的同时概率（即似然函数）应为：

$$L^* = \prod_{n=1}^{N} \prod_{i \in A_n} P_{in}^{\delta_{in}} \tag{5-16}$$

对L^*取对数得到L^*的对数似然函数L，即

$$L = \ln L^* = \sum_{n=1}^{N} \sum_{i \in A_n} \delta_{in} \ln P_{in} = \sum_{n=1}^{N} \sum_{i \in A_n} \delta_{in} \left(\theta_k' x_{in} - \ln \sum_{j}^{I} e^{\theta_k' x_{jn}} \right) \tag{5-17}$$

由于参数θ_k是在最能反映选择结果的条件下求取的，所以只要求出使L^*达到最大的θ_k即可。要使L^*达到最大即使其对数达到最大，因此，可对L求θ_k的偏导并使其为0，求出使L达到最大时的θ_k，则有：

$$\frac{\partial L}{\partial \theta_k} = \sum_{n=1}^{N} \sum_{i \in A_n} \delta_{in} \left(x_{ink} - \frac{\sum_{i \in A_n} x_{ink} e^{\theta_k' x_{jn}}}{\sum_{i \in A_n} e^{\theta_k' x_{jn}}} \right) = 0 \tag{5-18}$$

因为$\sum_{i=1}^{I} \delta_{in} = 1$，式（5-18）可化简为：

$$\sum_{n=1}^{N} \sum_{i \in A_n} (\delta_{in} - P_{in}) x_{ink} = 0 \tag{5-19}$$

其中，$P_{in} = \dfrac{e^{\theta_k' x_{in}}}{\sum_{j \in A_n} e^{\theta_k' x_{in}}}$，$i \in A_n$。

对关于θ_k的非线性多元方程组，可以通过NR（Newton-Raphson）法求解，得到的解即为最优估计值。

③参数检验。

为了判定标定的参数值与理论数值是否一致，要对所有参数进行t检验。所谓t值，是θ_k除以

其标准偏差得到的值。令 $t = \dfrac{\theta_k}{\sqrt{v_k}}$，$v_k$ 为方差—协方差矩阵中的第 k 个对角元素。根据统计学知识可知，当 $|t_k| > 1.96$ 时，有 95% 的把握认为 x_{ink} 是影响出行者出行方式选择的重要因素；当 $|t_k| < 1.96$ 时，可以有 95% 的把握认为 x_{ink} 对出行者出行方式的选择没有影响，最好去掉该因素，再次标定参数变量。

（3）模型的建立

①选择肢的确定。

出行者 n 的选择方案集合 A_n 的并集 A 定义如下：

$$A = \bigcup A_n \tag{5-20}$$

西安市居民交通出行方式主要有步行、自行车、摩托车（电动自行车）、出租车、私家车、公交车、地铁、公共自行车，确定选择肢为步行、自行车、小汽车、常规公交车、地铁、公共自行车。

可得到选择肢的集合 A 为：$A = \{ i=1$（步行）；$i=2$（自行车）；$i=3$（小汽车）；$i=4$（常规公交车）；$i=5$（地铁）；$i=6$（公共自行车）$\}$。

②影响因素的确定。

从模型的需求角度分析，个人属性方面主要考虑性别、年龄、月收入、是否有小汽车和是否有自行车，出行特征方面主要考虑出行目的、出行距离、出行时耗和出行费用。所选特征变量及相应的取值方法如表 5-17 所示。

Logit 模型变量取值　　　　　　　表 5-17

选择方式			步行	自行车	小汽车	公交车	地铁	公共自行车	未知参数
影响因素		变量	变量取值						
个人属性	性别	x_{in1}	1：男；0：女						θ_1
	年龄（岁）	x_{in2}	1：20以下；2：21~30；3：31~40；4：41~50；5：50以上						θ_2
	月收入（元）	x_{in3}	1：3000以下；2：3000~5000；3：5000~10000；4：10000以上						θ_3
	是否有自行车	x_{in4}	1：有；0：无						θ_4
	是否有小汽车	x_{in5}	1：有；0：无						θ_5
出行特征	出行目的	x_{in6}	1：弹性目的；0：刚性目的						θ_6
	出行距离	x_{in7}	1：0~0.9km；2：1.0~2.9km；3：3~5.9km；4：6km以上						θ_7
	出行时耗	x_{in8}	x_{in8}						θ_8
	出行费用	x_{in9}	0	0	油耗+停车费	车票	车票	0	θ_9

其中，各种出行方式的出行时耗计算公式如下：

$$x_{1n8} = D / v_p \tag{5-21}$$

$$x_{2n8} = D / v_b \tag{5-22}$$

$$x_{3n8} = D / v_{c} \qquad (5-23)$$

$$x_{4n8} = D_1 / v_B + D_2 / v_p + t_{Bw} \qquad (5-24)$$

$$x_{5n8} = D_3 / v_s + D_4 / v_p + t_{sw} \qquad (5-25)$$

$$x_{6n8} = D_5 / v_b + D_6 / v_p \qquad D_5 + D_6 \in [0,3\text{km}) \qquad (5-26)$$

$$x_{6n8} = D_1 / v_B + D_5 / v_b + t_{Bw} \qquad D_1 + D_5 \in [3\text{km},\infty) \qquad (5-27)$$

式中，v_p、v_b、v_c、v_B、v_S分别为步行、自行车、小汽车、公交车、地铁的运行速度；D为出行起讫点的距离；D_1为乘坐公交车的距离；D_2为步行至公交车站的距离；D_3为乘坐地铁的距离；D_4为步行至地铁站的距离；D_5为骑行公共自行车的距离；D_6为步行至公共自行车租赁点的距离；t_{Bw}为公交车的候车时间；t_{sw}为地铁的候车时间。

对于选择公共自行车出行，将3km以内的出行视为短距离出行，只选择公共自行车单一的交通方式出行；而对于3km以上的出行，主要考虑公共自行车换乘公交车出行。

③效用函数的确定。

根据各种方式选择特性，各种交通方式的效用函数定义如下。

步行：$V_{1n} = \theta_3 x_{1n3} + \theta_7 x_{1n7} + \theta_8 x_{1n8} + c_1$；

自行车：$V_{2n} = \theta_3 x_{2n3} + \theta_7 x_{2n7} + \theta_8 x_{2n8} + c_2$；

小汽车：$V_{3n} = \theta_3 x_{3n3} + \theta_7 x_{3n7} + \theta_8 x_{3n8} + \theta_9 x_{3n9} + c_3$；

常规公交车：$V_{4n} = \theta_3 x_{4n3} + \theta_7 x_{4n7} + \theta_8 x_{4n8} + \theta_9 x_{4n9} + c_4$；

地铁：$V_{5n} = \theta_3 x_{5n3} + \theta_7 x_{5n7} + \theta_8 x_{5n8} + \theta_9 x_{5n9} + c_5$；

公共自行车：$V_{6n} = \theta_3 x_{6n3} + \theta_7 x_{6n7} + \theta_8 x_{6n8} + c_6$。

其中，x_{in3}为第n个人的家庭收入，其中$x_{in3} \in [1,4]$；x_{in7}为第n个人本次出行的距离；x_{in8}为第n个人本次出行的时耗；x_{in9}为第n个人本次出行的费用；θ_i为相应特征变量的未知参数，$i \in [1,6]$；c_i为常数，$i \in [1,6]$。

④参数的标定。

根据样本中出行选择方式的选择结果，可用MATLAB进行参数标定。在进行Logit模型的参数标定时，首先采用MATLAB中的符号函数编写需要的极大似然函数，再用优化工具箱中的fminunc（无约束最优化函数）对对数极大似然函数进行参数估计并求解运算。参数标定结果如表5-18所示。

参数标定结果 表5-18

参数	估计值	标准差	t检验值
c_1	4.0206	0.1869	21.0535
c_2	2.0038	0.1915	9.4688
c_3	2.3596	0.1898	12.4274
c_4	4.8644	0.1865	25.0808
c_5	4.3413	0.1735	4.1439
c_6	1.8952	0.2262	8.3828

续表

参数	估计值	标准差	t检验值
θ_3	−0.0004	0.0052	−2.1547
θ_7	−0.0458	0.0408	−2.1155
θ_8	−0.0354	0.0054	−6.7125
θ_9	−0.0243	0.0063	−5.6314

2. 公共自行车租赁系统初期规模测算

公共自行车租赁点基本的停车设施包括公共自行车和停车桩。为了保证能满足借车需求，租赁点必须有空闲的自行车，而为了保证能及时还车，租赁点必须有空闲的停车桩，根据公共自行车系统的规划经验，一般城市通常按照公共自行车数量与停车桩数量比例1：1.2～1：1.5设置。公共自行车和停车桩的周转率与租赁者的租车时间以及自行车、停车桩的数量有关，体现了自行车和停车桩的利用效率，分析租赁点停车桩和自行车的周转率有利于分析公共自行车系统的租赁需求。

（1）公共自行车规模测算

公共自行车周转率是指单位时间内每辆自行车平均被借出的次数。计算公式如下：

$$公共自行车周转率 = \frac{单位时间内公共自行车借出次数}{初始时刻自行车数量}$$

由上式可知，在初始时刻自行车数量一定的情况下，单位时间内公共自行车借出次数越多则公共自行车的周转率越高。单位时间内公共自行车的借出次数与单位时间内归还的自行车次数、自行车被租赁时长有关，若自行车被租赁时间较短、归还及时，则自行车周转率高，反之则自行车周转率低，需要进行适当的调度，满足借车需求。

对杭州市三个租赁点的借车行为进行分析可以得到公共自行车周转率，如表5-19所示。

不同类型租赁点公共自行车周转率（单位：辆/h）　　表5-19

时段	居住点（翠苑一区）	公交站点（公交凤起路站旁）	商业点（恒励大厦）
早高峰	1.83	3.60	1.48
平峰	1.36	5.92	1.14
晚高峰	0.85	3.60	0.93

根据自行车周转率，可以计算每个租赁点初始时刻公共自行车的数量，计算公式如下：

$$A_{jk} = \frac{M_{jk}}{\alpha_{jk}} \tag{5-28}$$

$$A_j = \max A_{jk} \tag{5-29}$$

式中，A_{jk}为k时段初始时刻租赁点j的公共自行车数量，$k=1$、2、3表示早高峰、晚高峰以及平峰时段；M_{jk}为k时段在租赁点j的借车需求；$α_{jk}$为k时段租赁点j的公共自行车周转率；A_j为租赁点j的公共自行车数量。

（2）停车桩规模测算

停车桩周转率是指单位时间内每个停车桩平均停放归还的公共自行车次数。计算公式如下：

$$停车桩周转率 = \frac{单位时间内公共自行车归还次数}{停车桩数量}$$

对于一个租赁点，停车桩的数量是一定的，则单位时间内公共自行车的归还次数越多，停车桩的周转率越大。而单位时间内公共自行车的归还次数主要受到借车次数、自行车被租时长等因素的影响。当公共自行车还车的需求很大而借车的需求很小时，可以通过及时有效的自行车调度来提高停车桩的周转率，进而实现用一定数量的停车桩来满足更多次数的自行车归还行为。

对杭州市三个租赁点的借车行为进行分析可以得到公共自行车停车桩周转率，如表5-20所示。

不同类型租赁点公共自行车停车桩周转率（单位：辆/h）　　　　表5-20

时段	居住点（翠苑一区）	公交点（公交凤起路站旁）	商业点（恒励大厦）
早高峰	0.48	5.08	0.76
平峰	0.90	5.10	0.79
晚高峰	0.62	5.43	0.68

根据停车桩周转率，可以计算每个租赁点停车桩的数量，计算公式如下：

$$B_{jk} = \frac{N_{jk}}{β_{jk}} \tag{5-30}$$

$$B_j = \max B_{jk} \tag{5-31}$$

式中，B_{jk}为租赁点j在k时段需要的停车桩数量，$k=1$、2、3表示早高峰、晚高峰以及平峰时段；N_{jk}为k时段在租赁点j的还车需求；$β_{jk}$为k时段租赁点j的公共自行车停车桩周转率；B_j为租赁点j的公共自行车停车桩数量。

3. 公共自行车租赁系统远期规模测算

公共自行车租赁系统运行一段时间后，通过对其的观察会发现这样一种现象，即有的租赁点严重不能满足市民出行需求，而有的租赁点又存在能力过剩，这种现象不但造成资源的浪费而且大大影响了居民出行。而造成这种现象的原因是在初始确定公共自行车租赁点规模时有一定的盲目性和平均分配性，对于此问题，通过及时有效的自行车调度虽可以缓解，但当市民出行需求与租赁点规模的矛盾较大时，调度便不能很好地解决此问题，为了保证公共自行车高效有序地运营，科学地预测每个租赁点的公共自行车租还需求是实现公共自行车合理调度和后期扩大规模、追加投资的前提条件。

灰色预测模型能对小样本贫信息的不确定性系统做出预测。其主要特点是模型不直接采用原始数据，而是对原始数据进行灰色处理后建立模型，预测效果较好。马尔可夫预测能对随机波动较强的系统做出预测，其主要方式是通过对转移概率矩阵的研究，揭示系统在不同状态间转移的内在规律，从而对系统将来的状态做出预测。本书尝试在GM（1，1）模型的基础上，进一步运用马尔可夫模型对其结果进行优化，用灰色马尔可夫模型预测公共自行车租还需求，从而提高预测精度。

（1）灰色GM（1，1）模型的建立

设原始数据序列 $X^{(0)} = [x^{(0)}(1), x^{(0)}(2), \cdots, x^{(0)}(n)]$，其中，$x^{(0)}(k) \geq 0 (k = 1, 2, \cdots, n)$；为了弱化原始序列的随机性，在建立模型之前，先对原始数据序列进行灰色处理。

构造 $X(0)$ 的1-AGO序列：$X^{(1)} = [x^{(1)}(1), x^{(1)}(2), \cdots, x^{(1)}(n)]$，其中

$$x^{(1)}(k) = \sum_{i=1}^{k} x^{(0)}(i), k = 1, 2, \cdots, n \tag{5-32}$$

构造 $X(1)$ 的紧邻均值生成序列：$Z^{(1)} = [z^{(1)}(1), z^{(1)}(2), \cdots, z^{(1)}(n)]$，其中

$$z^{(1)}(k) = \frac{1}{2}[x^{(1)}(k) + x^{(1)}(k-1)], k = 2, 3, \cdots, n \tag{5-33}$$

则GM（1，1）模型的基本形式为：$x^{(0)}(k) + az^{(1)}(k) = b$，GM（1，1）模型的白化方程为：

$$\frac{\mathrm{d}x^{(1)}}{\mathrm{d}t} + ax^{(1)} = b \tag{5-34}$$

由最小二乘法可估计出参数的值 $\hat{\boldsymbol{a}} = [a, b]^{\mathrm{T}} = (\boldsymbol{B}^{\mathrm{T}}\boldsymbol{B})^{-1}\boldsymbol{B}^{\mathrm{T}}\boldsymbol{Y}$，其中

$$\boldsymbol{B} = \begin{bmatrix} -z^{(1)}(2) & 1 \\ -z^{(1)}(3) & 1 \\ \vdots & \vdots \\ -z^{(1)}(n) & 1 \end{bmatrix} \quad \boldsymbol{Y} = \begin{bmatrix} x^{(0)}(2) \\ x^{(0)}(3) \\ \vdots \\ x^{(0)}(n) \end{bmatrix} \tag{5-35}$$

求解该微分方程可得时间响应序列为：

$$\hat{x}^{(1)}(k+1) = \left[x^{(0)}(1) - \frac{b}{a}\right]\mathrm{e}^{-ak} + \frac{b}{a}, k = 1, 2, \cdots, n \tag{5-36}$$

对时间响应序列累减还原可得原始数据的拟合值为：

$$\hat{x}^{(0)}(k+1) = \hat{x}^{(1)}(k+1) - \hat{x}^{(1)}(k) = (1 - \mathrm{e}^{a})\left[x^{(0)}(1) - \frac{b}{a}\right]\mathrm{e}^{-ak}, k = 1, 2, \cdots, n \tag{5-37}$$

（2）马尔可夫模型的建立

在构造状态转移概率矩阵之前，必须先进行状态划分。对于一个具有马尔可夫链特点的随机序列而言，可将其划分为 n 个状态，任一状态表示为：

$$\otimes_i = [\otimes_{1i}, \otimes_{2i}], \otimes_{1i} = \hat{x}(k) + A_i, \otimes_{2i} = \hat{x}(k) + B_i, i = 1, 2, \cdots, n \tag{5-38}$$

若 $M_i(m)$ 为由状态 i 经过 m 步转移到状态 j 的原始数据样本数，M_i 为处于状态 i 的原始数据样本数，则称

$$P(m) = \begin{bmatrix} P_{11}(m) & P_{12}(m) & \cdots & P_{1n}(m) \\ P_{21}(m) & P_{22}(m) & \cdots & P_{2n}(m) \\ \vdots & \vdots & \ddots & \vdots \\ P_{m1}(m) & P_{m2}(m) & \cdots & P_{mn}(m) \end{bmatrix} \qquad (5-39)$$

为状态转移概率。其中

$$P_{ij}(m) = \frac{M_{ij}(m)}{M_i}, \ i = 1,2,\cdots,n \qquad (5-40)$$

为系统由状态⊗$_i$经过m步转移到状态⊗$_j$的概率。

设预测对象处于k状态，考察P中第k行，若

$$\max_j P_{kj} = P_{kl} \qquad (5-41)$$

则可认为下一时刻系统最有可能由k状态转向l状态。若遇矩阵P中第k行有2个或2个以上概率相同或相近时，则状态的未来转向难以确定。此时，需要考察2步或n步转移概率矩阵$P(2)$或$P(n)$，其中，$n \geqslant 3$。

5.2.3 历史街区公共自行车租赁点选址规划研究

1. 租赁点选址因素分析

（1）租赁点类别

租赁点是停放专用自行车以及安置智能租赁终端和停车桩的地方，租赁者可以在该服务点实现借车和还车等功能。租赁点根据种类、位置的不同，其规模从几十平方米到上百平方米不等，租赁点通常还具有一些附属设施，包括雨棚、广告栏等。根据租赁点布设位置和租用目的，将服务点划分为居住点、公交点、院校点、休闲点、公建点五类。

①居住点：分布于住宅区内部或周边，主要为住宅区居民提供日常出行的自行车租赁服务。

②公交点：设置在轨道交通站点、BRT站点以及常规公交站点等公共交通站点附近，主要为换乘公共交通、形成"B+R"的出行方式服务。

③院校点：院校面积普遍较大，在学校出入口附近设置租赁点，为教师和学生短距离出行及换乘公共交通提供便利条件，也可以设置在校园内部如宿舍楼、教学楼等关键出入口，为教师和学生在校园内的生活提供便利条件。

④休闲点：在旅游风景区内设置，实现旅游、观光、休闲的目的。

⑤公建点：公用建筑附近通常人流量很大，它承担了通勤和休闲等多方面的功能，在公用建筑周边设置公共自行车租赁点，不仅可以满足其功能，集中的人流量也能提高公共自行车的运行效率。

（2）备选租赁点选址原则

公共自行车系统的选址是一个非常重要的问题，选址合理与否直接影响着公共自行车系统的

运营，在规划租赁点选址时首先要确定一些备选租赁点，备选租赁点的选取要结合实际情况，按照以下原则选取。

①租赁点的布局应尽可能分散，应结合居住区社区中心、公共交通车站、高等院校、旅游景点出入口、大型商业区等人流聚集点设立公共自行车租赁点。

A. 在居住小区300m范围内，如果能方便乘坐公共交通工具的，可以不布设租赁点，但可以根据居民的日常短距离出行需求，如买菜、购物、休闲等，酌情考虑布设租赁点。

B. 在居住区比较集中的地方，为了满足更多居民的出行需求，要在居住区的主要出入口处灵活布置租赁点，若居住区面积较大，也可以考虑在居住区内部布设租赁点。

C. 对于旅游景区，要在景区出入口布设租赁点，对于游客人流较大的旅游景点区域，不仅要在出入口处布设租赁点，为了接驳其他交通方式，还要考虑在旅游巴士停靠点、停车场、公交车站等处布置租赁点。

D. 对于各大院校，应考虑在校园主要出入口处布设租赁点，也可以根据实际需求在校园内部设置租赁点。

②公共自行车备选租赁点应尽量避免设置在交叉口与主干路上，减少其对主干路机动车的干扰，保证自行车存取车方便与安全。

A. 宜布设在机动车流前进方向的右侧，对于交通量较大的道路，布设在交叉口的上游。

B. 租赁点最好布设在人行横道附近，这样更加明显易寻。在租车点周边100m之内，应设立醒目的公共自行车系统租赁点的指示标志、标线，使公共自行车使用者能方便、快捷地找到租赁点。

C. 当在有隔离带的自行车道旁边布设租赁点时，应将租赁点沿线单独隔离开，方便出行者转入自行车道。

③公共自行车备选租赁点选址时应考虑土地的经济性。应充分利用空闲土地，尽量减少土地的开发费用，节约土地资源，并要考虑与城市景观相协调。

A. 租赁点通常布设在机动车停车场或广场上，一般不考虑在现有人行道上布设，除非人行道非常宽。对于较宽的人行道，应充分利用道路空间，在平行于道路方向布置，但不得破坏道路原有绿化，且租赁点的设置不应对行人的正常通行造成很大干扰。

B. 需要在名胜古迹附近布设租赁点时，通常布设在建筑物的背面。

C. 租赁点应预留场地，以满足未来公共自行车系统规模扩大的需要。

（3）需求点需求分析

在上面的分析中，将租赁点按照其布设位置和租用目的分为居住点、公交点、院校点、休闲点和公建点五类。公交点可分为公交起讫点和公交换乘点。则可以将公交起讫点、居住点、休闲点、院校点、公建点归类为公共自行车出行起讫点，将公交换乘点归类为公共自行车出行换乘点。分别对起讫需求点和换乘需求点进行需求分析。

①起讫需求点的需求分析。

公共自行车系统需求点与周围用地情况有很大关系，应根据周边主要用地类型进行确定。起讫需求点的需求量确定公式为：

$$F_i^1 = \varepsilon \sum_k a_k S_k \qquad (5\text{-}42)$$

式中，F_i^1为起讫需求点的需求量（人次）；a_k为需求量确定系数；ε为起讫需求点i公共自行车出行比例；k为不同类型的用地性质；S_k为k类用地性质的用地面积（m^2）。

公共自行车需求量确定系数见表5-21。

公共自行车需求量确定系数（单位：次/100m²）　　　　表5-21

性质	住宅	学校	文娱	宾馆	商业	医院	行政
a_k	2.42×10^{-3}	1.40×10^{-3}	2.42×10^{-3}	6.02×10^{-3}	9.47×10^{-3}	6.92×10^{-3}	1.19×10^{-3}

②换乘需求点的需求分析。

换乘需求点的影响因素主要包括长距离出行比例、人口结构分布、换乘站的吸引范围、换乘站旅客运输量、换乘点车速和发车频率等。根据上述因素分析，起讫需求点的需求量可根据以下公式计算：

$$F_i^2 = R\theta\tau \qquad (5\text{-}43)$$

式中，F_i^2为换乘需求点i的需求量；R为换乘站旅客运输量；θ为换乘站旅客换乘比例；τ为旅客选择公共自行车换乘比例。

2. 选址优化模型

自行车租赁站点选址问题属于设施选址问题的范畴，设施选址模型就是资源分配优化模型，模型所解决的问题就是针对不同的目标和约束选择最佳的设施位置。

在选址理论中，覆盖模型是一种研究和应用较广的模型，覆盖模型分为最大覆盖模型和集合覆盖模型两类。集合覆盖问题是研究在保证覆盖所有需求点的前提下，使站点的个数最少或者站点的总建设费用最少。最大覆盖模型或P-覆盖模型是研究在站点的数目和服务半径已知的条件下，如何设立P个站点，使得被服务的需求点最多或者被服务的需求量最大。

（1）集合覆盖模型

集合覆盖模型不限定设施点的数目，只要求出如何用最小数量的设施去覆盖所有的需求点即可。目标函数为使满足所有需求点需求的设施数目最少，如果假设每个设施点的建设费用相等，则目标函数为设施建设总成本最小。其模型表达式为：

$$\min z = \sum_{j=1}^{p} Y_j$$
$$\text{s.t.} \quad \sum_{j=1}^{n} a_{jk} Y_j \geqslant p \quad \forall k \qquad (5\text{-}44)$$
$$Y_j \in \{0,1\} \quad \forall j$$

式中，n为备选地点数目；Y_j为如果备选点j被选中，则其值为1，否则为0；a_{jk}为如果选址点j能覆盖到需求点k，则其值为1，否则为0。

（2）最大覆盖模型

最大覆盖模型的着眼点在于如何在不超过成本预算的前提下，用最少的设施满足最大的需求，Church等提出了MCLP（maximal covering location problem）模型，该模型不要求所有的用户都被覆盖，而是新建立P个设施选址点，使其在规定的距离（时间）范围内，使尽可能多的需求点被覆盖到。模型的目标函数是使系统中被覆盖的需求点的个数最多。其模型表达式为：

$$\max(z) = \sum_{i=1}^{p} a_i z_i$$

$$\text{s.t.} \quad \sum_{j=1}^{n} Y_j = p \quad \forall k \qquad (5-45)$$

$$Y_j \in \{0,1\} \quad \forall j$$

式中，n为备选地点数目；Y_j为如果备选点j被选中，则其值为1，否则为0；Z_i为如果地点i被覆盖到，则其值为1，否则为0；a_i为地点i处的需求量。

在上述设施选址模型中，有一个临界覆盖距离的假设需要思考，即如果需求点在临界覆盖距离内，则需求点被覆盖，否则不被覆盖。可根据实际情况，此假设过于严格，覆盖距离应该有一个可浮动的空间，不同距离的服务设施可以为用户提供不同质量的服务。当租赁点离需求点越远，则租赁点服务水平越低，当此距离远到一定程度，需求点处的居民便会放弃使用该租赁点，则服务水平为零。对覆盖临界距离的界定引入两个概念，即最小临界距离$D_{\min}$和最大临界距离$D_{\max}$（$D_{\min}<D_{\max}$）。

如图5-28所示租赁点1在最小临界距离范围之内，完全覆盖其服务的需求点i，提供高质量的服务；租赁点2在最小临界距离和最大临界距离中间，为需求点i提供基本覆盖服务；租赁点3在最大临界距离范围之外，不能为需求点i提供服务。

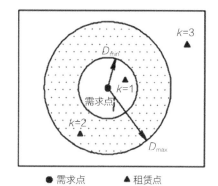

图 5-28　等级的覆盖水平

不同的覆盖距离提供不同质量的服务，该服务用覆盖水平函数来体现，设覆盖水平函数为F_i，取值区间为$[0, 1]$，当租赁点位于需求点最小临界距离之内，覆盖水平函数为1；当租赁点位于需求点最大临界距离之外，则覆盖水平函数为0；当租赁点位于需求点最小临界距离和最大临界距离之间，则覆盖水平函数为一个取值在$[0, 1]$的函数，它可能是连续的或离散的，也可能是线性的或非线性的。如图5-29所示为几个可能的覆盖水平函数。为了计算方便，假设覆盖水平随着租赁点与需求点之间距离的增加而降低，且呈线性关系。则覆盖水平函数表达式为：

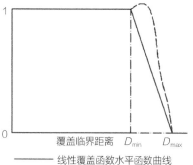

图 5-29　水平函数曲线

$$F_{ik} = \begin{cases} 1 & D_{ik} \leqslant D_{\min} \\ \dfrac{D_{\max} - D_{ik}}{D_{\max} - D_{\min}} & D_{\min} < D_k < D_{\max} \\ 0 & D_{ik} \geqslant D_{\max} \end{cases} \quad (5-46)$$

①模型构建。

令$I(i \in I)$为自行车租赁需求点的集合，$K(k \in K)$为候选租赁点的集合。建立如下数学规划模型。

目标函数为：

$$\max \sum_{i \in I} M_i C_i u_i \quad (5-47)$$

约束条件为：

$$\underline{y} \leqslant \sum_{k \in K} y_k \leqslant \overline{y} \quad (\forall k \in K) \quad (5-48)$$

$$\sum_{k \in K} z_{ik} \cdot y_k \geqslant 1 \quad (\forall i \in I) \quad (5-49)$$

$$z_{ik} \leqslant y_k \quad (\forall i \in I, \forall k \in K) \quad (5-50)$$

$$d_{mn} \geqslant y_m \cdot y_n \cdot d_{\min} \quad (\forall m, n \in K; m \neq n) \quad (5-51)$$

$$F_{ik} = \begin{cases} 1 & D_{ik} \leqslant D_{\min} \\ \dfrac{D_{\max} - D_{ik}}{D_{\max} - D_{\min}} & D_{\min} < D_{ik} < D_{\max} \\ 0 & D_{ik} \geqslant D_{\max} \end{cases} \quad (5-52)$$

$$C_i = \sum_{k \in K} F_{ik} \cdot y_k \Big/ \sum_{k \in K} y_k \quad (5-53)$$

$$u_i \in \{0,1\}, y_k \in \{0,1\}, z_{ik} \in \{0,1\} \quad (\forall i \in I, \forall k \in K) \quad (5-54)$$

式中，M_i为需求点i的交通需求量；F_{ik}为需求点i的覆盖水平函数，$0 \leqslant F_{ik} \leqslant 1$；$C_i$为需求点$i$被覆盖服务水平；$u_i$为若需求点$i$被覆盖，则$u_i = 1$，否则$u_i = 0$；$y_k$为若在候选租赁点$k$建租赁点则$y_k = 1$，否则$y_k = 0$；$\overline{y}$为自行车租赁点建设数目的上限；$\underline{y}$为自行车租赁点建设数目的下限；$z_{ik}$为若需求点$i$在候选租赁点$k$的服务范围内则$z_{ik} = 1$，否则$z_{ik} = 0$；$d_{\min}$为自行车租赁点间的极限间距；$D_{ik}$为需求点$i$与候选租赁点$k$之间的间距；$D_{\min}$为最小临界覆盖距离；$D_{\max}$为最大临界覆盖距离。

在上述所建立的模型中，式（5-47）为目标函数，表示是在不同服务质量水平下，租赁点所覆盖的人口期望最大；式（5-48）为约束自行车租赁点的总建设数目在一定的区间内，自行车租赁点总建设数目太大会造成资源浪费，反之若总数目过小则无法满足出行者需求；式（5-49）约束每个需求点至少有一个租赁点为其服务；式（5-50）表示只有当租赁点被选定时，才能为需求点提供服务；式（5-51）为约束两个公共自行车租赁点之间不能小于一定的间距；式（5-52）、式（5-53）为覆盖水平函数；式（5-54）为u_i、y_k和z_{ik}变量的0-1约束。

②模型部分常量的确定。

在求解模型之前，需要对模型中的常量给出确切的数值来对模型进行约束，本节将给出覆盖临界距离、租赁点建设数目上下限和租赁点极限间距等几个常量的确定方法。

A. 覆盖临界距离的确定。

根据上面的描述，可知覆盖临界距离分为最大覆盖临界距离D_{max}与最小覆盖临界距离D_{min}，对于覆盖临界距离的确定，根据调查可知，出行者对从出发地或目的地到公共自行车租赁点的距离的态度如图5-30所示。

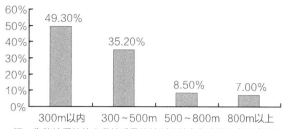

问：您能接受的从出发地或目的地到公共自行车的距离是多少？

图 5-30 出行者对公共自行车租赁点容忍距离统计

根据调查，出行者从出发地或目的地到租赁点的距离有一个容忍范围，300m以内的有49.30%的出行者可以接受；300~500m有35.20%的出行者可以接受；对于距离为500~800m和800m以上的，出行者可接受的比例仅仅只为8.50%和7.00%。根据这一调查情况，为了保证公共自行车租赁点对出行者的服务水平，可将最小覆盖临界距离设为300m，最大覆盖临界距离设为500m。

B. 租赁点建设数目上、下限。

租赁点的建设数目应在一定的范围内，建设数目太大会造成资源浪费，太小则无法满足出行者需求，杭州市的公共自行车系统在我国发展较好，自行车利用率较高，下面根据杭州市目前公共自行车的租赁点情况确定租赁点建设密度。

杭州市公共自行车租赁点情况　　　　　　　　　　　　　　表 5-22

区域名称	面积（km²）	租赁点数目（个）	密度（个/km²）	平均值（个/km²）
拱墅区	87	138	1.59	0.73
江干区	210.22	132	0.63	
西湖区	312	169	0.54	
上城区	18.17	172	9.47	7.44
下城区	31.46	197	6.26	

由表5-22可发现，杭州市公共自行车的分布密度各区差异非常明显，上城区与下城区分布密度较大，而拱墅区、江干区和西湖区分布密度较小。分别将密度小的区域和密度大的区域求密度平均值，可计算出公共自行车租赁点密度范围为0.73 ~ 7.44个/km²，以此值作为参考约束模型的约束条件。

C. 自行车租赁点间的极限间距。

为保证公共自行车租赁系统使用便利，租赁点间的间距应控制在一个合理的范围内，间距过小会增加租赁点的数目，造成资源浪费；间距过大则无法覆盖所有的需求点，满足不了出行需求。参考杭州公共自行车租赁点布置间距，城市中心区为50~100m，商务区为50~400m，居住区为250~700m。随着人流量的增加，租赁点设置间距呈现递减趋势。故在设置租赁点极限间距时，应根据规划区域的用地性质及人流量综合考虑，灵活设置租赁点间距。

③模型的求解。

本模型将采用LINGO软件编程计算。LINGO是Linear Interactive and General Optimizer的缩写，即"交互式的线性和通用优化求解器"，由美国LINDO系统公司（Undo System Inc.）推出，可以用于求解非线性规划，也可以用于一些线性和非线性方程组的求解等。

该软件不需要设计算法，只要将数学模型编写成LINGO可执行的代码，软件便能自动进行智能运算，很快便可以计算出模型的最优解。

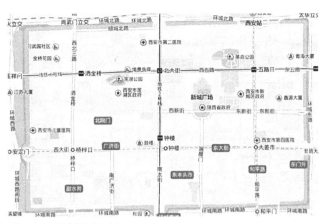

图 5-31　算例研究区域

5.2.4 算例计算与分析

1. 租赁点选址

选取西安明代城墙区域作为研究对象，结合明代城墙区域中的慢行交通规划，在慢行交通规划路网的基础上，给出明代城墙区域公共自行车租赁点的选址方案。

明代城墙区域面积约11.07km²，是西安市的市中心，不仅是商业繁华

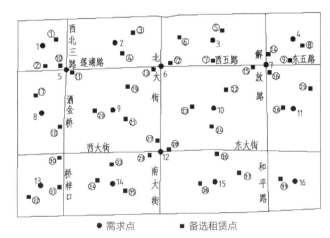

●需求点　■备选租赁点

图 5-32　研究区域需求点和备选租赁点分布

地段，人流量大，自行车需求量大，而且城墙内还包括北院门、三学街、书院门、湘子庙街等多个历史街区及历史风貌区，因此，具有一定的研究意义（图5-31）。

根据道路网和用地性质，将研究区域分为16个公共自行车需求点，公共自行车租赁点的最小覆盖距离为300m，最大覆盖距离为500m，则根据备选租赁点选址原则，综合道路交通条件和空间条件，在距离各需求点500m以内设置备选租赁点。各需求点和备选租赁点布设位置如图5-32所示，部分需求点和备选租赁点之间的距离如表5-23所示。

需求点与租赁点之间的距离（单位：m）　　　　　　　　表 5-23

租赁点 需求点	1	2	3	4	5	…	39
1	206	276	—	—	—	…	—
2	—	—	283	176	—	…	—

续表

需求点＼租赁点	1	2	3	4	5	...	39
3	—	—	—	—	182	⋯	—
⋮	⋮	⋮	⋮	⋮	⋮	⋮	⋱	⋮
16	—	—	—	—	—	⋯	205

根据需求点需求分析，结合用地性质，可知各需求点的交通需求量，如表5-24所示。

需求点的交通需求量（单位：辆） 表5-24

需求点	1	2	3	4	5	6	7	8	9	10	11	12	13	14	15	16
需求量	180	350	442	235	447	526	502	336	620	732	390	463	202	540	450	250

根据软件LINGO11.0的运行结果，可确定公共自行车租赁点选址方案，如表5-25所示。

选址方案 表5-25

序号	是否建设	序号	是否建设	序号	是否建设	序号	是否建设
1	0	11	0	21	1	31	0
2	1	12	1	22	1	32	1
3	0	13	0	23	0	33	1
4	1	14	0	24	1	34	0
5	1	15	1	25	0	35	1
6	0	16	0	26	0	36	0
7	0	17	1	27	0	37	0
8	0	18	0	28	0	38	1
9	1	19	0	29	1	39	1
10	0	20	1	30	0		

注：表中0代表不建设，1代表建设。

如图5-33所示，可以清晰地看到，18个公共自行车租赁点覆盖了16个需求点。

2. 租还需求预测

假设规划区有5个交通小区，其中小区1、2为居住区，小区3为公交站和地铁站，小区4、5为商业密集区，假设小区交通需求集中于一点作为需求点，小区未来年OD交通量已知，如表5-26所示。

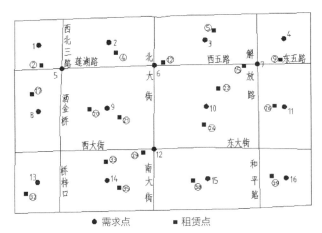

图5-33　租赁点选址方案覆盖图

各交通小区未来年 OD 交通量　　　　　　　　　表 5-26

O＼D	1	2	3	4	5	合计
1	0	2500	4500	5000	6000	18000
2	2000	0	5000	5200	5900	18100
3	4600	5300	0	6000	6800	22700
4	5200	5600	6200	0	7000	24000
5	6500	5500	7200	8000	0	27200
合计	18300	18900	22900	24200	25700	110000

　　假设各交通小区的公共自行车分担率如表5-27所示，根据公共自行车分担率可以得到各小区的公共自行车需求总量，如表5-28所示。

各交通小区公共自行车分担率　　　　　　　　　表 5-27

小区编号	1	2	3	4	5
1	0	0.002	0.010	0.018	0.021
2	0.005	0	0.008	0.032	0.027
3	0.035	0.027	0	0.027	0.028
4	0.023	0.025	0.035	0	0.010
5	0.021	0.023	0.027	0.022	0

各交通小区公共自行车租借需求　　　　　　表 5-28

小区编号	1	2	3	4	5	租车需求总量
1	0	5	45	90	126	266
2	10	0	40	166	159	375
3	161	143	0	162	190	656
4	120	140	217	0	70	547
5	137	127	194	176	0	634
还车需求总量	428	415	496	594	545	2478

高峰小时租车系数是指高峰时段累计租车的次数与全天累计租车次数的比值，高峰小时还车系数是指高峰时段累计还车的次数与全天累计还车次数的比值。假设算例中各交通小区的高峰小时租还车系数满足表5-29的特点，则根据高峰小时租还车系数可以得到早、晚高峰以及平峰时段的公共自行车租借需求量（表5-30～表5-32）。

不同类型租赁点工作日租还车高峰小时系数　　　　　　表 5-29

时段	居住点		公交点		商业点	
	租	还	租	还	租	还
早高峰	0.26	0.11	0.21	0.17	0.22	0.17
平峰	0.50	0.61	0.55	0.61	0.56	0.58
晚高峰	0.24	0.28	0.24	0.22	0.22	0.25

早高峰公共自行车租借需求　　　　　　表 5-30

小区编号	1	2	3	4	5	租车总需求
1						69.16
2						97.5
3						137.76
4						120.34
5						139.48
还车总需求	47.08	45.65	84.32	100.98	92.65	

平峰公共自行车租借需求   表5-31

小区编号	1	2	3	4	5	租车总需求
1						133
2						187.5
3						360.8
4						306.32
5						355.04
还车总需求	261.08	253.15	302.56	344.52	316.1	

晚高峰公共自行车租借需求   表5-32

小区编号	1	2	3	4	5	租车总需求
1						63.84
2						90
3						157.44
4						120.34
5						158.5
还车总需求	119.84	116.2	109.12	148.5	136.25	

假设算例中各交通小区的公共自行车和停车桩周转率满足杭州市三个典型租赁点周转率的特点，现根据公共自行车和停车桩的周转率可以计算公共自行车及停车桩在不同时段的初始时刻需要的自行车数量和停车桩数量，取一天中的最大值，从而可以得到各小区租赁点应设置的自行车数量和停车桩数量，如表5-33所示。

各交通小区初始时刻公共自行车及停车桩数量   表5-33

小区	早高峰		晚高峰		公共自行车数量（辆）	停车桩数量（个）
	自行车（辆）	停车桩（个）	自行车（辆）	停车桩（个）		
2	38	98	47	133	47	133
3	53	95	66	129	66	129
6	21	17	27	21	27	21
9	81	132	105	187	105	187
10	94	122	139	172	139	172

3. 灰色马尔可夫模型的验证

为了检验该模型的预测精度，本书运用西安市某公共自行车租赁点的调查数据作为灰色马尔可夫预测的实证分析。

西安某公共自行车租赁点高峰时间的租还需求差　表 5-34

高峰期	1	2	3	4	5	6	7	8	9	10	11	12	13	14
需求差	23	31	22	27	26	27	25	16	22	29	19	22	21	20

根据表5-34数据可知，原始数据序列为：

$X^{(0)} = (23, 31, 22, 27, 26, 27, 25, 16, 22, 29, 19, 22, 21, 20)$

$X^{(0)}$的1-AGO序列为：

$X^{(1)} = (23, 54, 76, 103, 129, 156, 181, 197, 219, 248, 267, 289, 310, 330)$

$X^{(1)}$的紧邻均值生成序列为：

$Z^{(1)} = (38.5, 65, 89.5, 116, 142.5, 168.5, 189, 208, 233.5, 257.5, 278, 299.5, 320)$

于是可得：

$$B = \begin{bmatrix} -38.5 & 1 \\ -65 & 1 \\ \vdots & \vdots \\ -320 & 1 \end{bmatrix} \qquad Y = \begin{bmatrix} 31 \\ 22 \\ \vdots \\ 20 \end{bmatrix}$$

对参数列$\hat{a} = [a,b]^{\mathrm{T}}$进行最小二乘估计，得：

$$\hat{a} = [a,b]^{\mathrm{T}} = (B^{\mathrm{T}}B)^{-1}B^{\mathrm{T}}Y = \begin{bmatrix} 0.0262 \\ 28.4678 \end{bmatrix}$$

则可确定模型为：

$$\hat{x}^{(1)}(k+1) = -1063.557\mathrm{e}^{-0.0262k} + 1086.557$$

根据上式，计算结果如表5-35所示。

误差检验　表 5-35

高峰期	实际值	预测值	相对误差（%）	高峰期	实际值	预测值	相对误差（%）
1	23	23	0	8	16	23.503	46.89
2	31	27.503	−11.28	9	22	22.895	4.07
3	22	26.792	21.78	10	29	23.303	−19.64
4	27	26.100	−3.33	11	19	21.726	14.35
5	26	25.424	−2.22	12	22	21.164	−1.64
6	27	24.767	−8.27	13	21	20.617	−1.82
7	25	23.414	−6.34	14	20	20.083	0.42

根据相对误差的大小，将整个序列划分为4个状态。

状态一：$\left[\hat{x}(k) - 0.5x^{(0)}(k), \hat{x}(k) - 0.2x^{(0)}(k)\right]$；

状态二：$\left[\hat{x}(k) - 0.2x^{(0)}(k), \hat{x}(k)\right]$；

状态三：$\left[\hat{x}(k), \hat{x}(k) + 0.1x^{(0)}(k)\right]$；

状态四：$\left[\hat{x}(k)+0.1x^{(0)}(k),\hat{x}(k)+0.2x^{(0)}(k)\right]$。

根据表5-35中的数据，可得到原始状态中的样本数分别为：$M_1=2$，$M_2=3$，$M_3=6$，$M_4=2$。

则一步转移矩阵为：

$$P=\begin{bmatrix} 0 & \frac{1}{2} & \frac{1}{2} & 0 \\ 0 & 0 & \frac{1}{3} & \frac{2}{3} \\ \frac{1}{6} & \frac{1}{6} & \frac{4}{6} & 0 \\ \frac{1}{2} & \frac{1}{2} & 0 & 0 \end{bmatrix}$$

高峰期14的状态处于状态二，经过一步转移，高峰期15的状态最有可能处于状态四。

由灰色GM（1，1）拟合出的预测值$\hat{x}(15)=19.565$，由状态划分可得预测区间为[21.739，24.456]，则预测中值为23.10。

由表5-36可知，灰色马尔可夫模型的预测精度要高于灰色模型，说明在灰色模型的基础上引入状态转移有力地描述了序列随机性和波动性，拟合精度较高，且预测数据较为准确。

灰色模型与灰色马尔可夫模型预测结果比较　　　　　　　　　表 5-36

高峰期	实际值	灰色预测		灰色马尔可夫预测	
		预测值	相对误差（%）	预测值	相对误差（%）
15	23	19.565	−14.93	23.10	0.43

5.3 历史街区交通线路布局及改善

5.3.1 历史街区交通空间稳静化设计

交通稳静化（traffic calming）起源于20世纪60年代荷兰的Woonerf计划，旨在使街道空间回归行人使用。随着机动车的普及，国内外对交通稳静化的定义也有了新的诠释，即通过设施降低机动车对人及环境的负效应，提倡人性化驾驶行为，改善慢行交通环境；合理控制非机动车的行驶方式，改善行人的交通空间，达到安全、可居、可行走的交通环境。我国现存历史街区多以慢行交通为主要交通方式，在历史街区的改善和规划中也遵循慢行交通主导的设计思路。为了恢复历史街区传统风貌，延续街区宁静的生活和使用环境，在以人为本和可持续发展的理念下，引入交通宁静化理念，确保慢行交通安全。

（1）交通宁静化理念

美国交通工程师协会（ITE）将交通宁静化技术定义为：本着道路安全、人居环境及其他公共目标施行的，旨在降低车速、消解交通负荷的措施，通常包括改变道路线形、安装隔离设施，以及其他物理性交通工程手段。交通宁静化技术起源于荷兰的"生活庭院道路"，早期仅用于社区，随后在德国、英国等国家得到长足发展，宁静化技术也经历着逐渐从道路几何尺寸控制转变为通过设施强制改变机动车驾驶行为，从单一的设计方法发展至复合化设计，从小区规划延伸至各区域的规划设计。

从历史街区发展的进程来看，街巷和支路构成了历史街区特有的道路空间，不同的街区道路形式也风格迥异，如青岛的里院、北京的胡同等。这类道路在城市道路中等级最低，路面宽度也不大，非常适合开展宁静化交通规划。

交通宁静化实施可通过一系列的手段实现，可大致概括为四种方法，即垂直式、水平式、标志式和景观式策略。垂直式和水平式策略主要利用垂直方向和水平方向的阻力来限制机动车车速；标志式管理方法依靠驾驶者及慢行者自觉行为，达到减速及引导慢行交通流的目的；景观式方法旨在营造良好的街区环境，并保障慢行安全。

国外针对宁静化技术实践效果进行了大量调查，结果表明：增设振动减速带、缩窄车道、交叉口凸起设计和架设标杆及闪光装置，可以有效降低车速，如图5-34所示为国内外宁静化技术应用的范例。但是交通宁静化技术实施的过程不是套用固定的死框，而需根据交叉口的实际情况特殊对待。

（2）历史街区交叉口接入设计

基于历史街区交通流的特点，街区外围交叉口各类交通方式的出行比例及特征也呈现出不同的状态。根据交通宁静化策略和交通安全设施规划方法，对历史街区交叉口的设计方法进行了细化总结，如表5-37所示。

（a）路口缩窄

（b）人行道附近路面变窄

（c）交叉口抬起

（d）交通性环岛

（e）单向禁行标志

（f）景观性隔离

图 5-34　宁静化技术的应用实例

历史街区交叉口宁静化设计方法 表5-37

适用条件	优化措施	优点	缺点
慢行过街距离过长	路面窄化、道路瓶颈、慢行安全岛或非机动车导流带	街道视觉美观度好，能控制速度和交通量，非机动车交通过街安全性高	造价高、需结合水平或竖向控制措施才可达到效果
机动车交通量大，强调慢行安全	水平波形车道、凸起人行道或交叉口、振动减速带	通过车辆的侧向和竖向偏移降低车速	造价高、占用路边停车空间
左转非机动车流量大	停车线提前	实现机非时空分离	需对慢行者进行交通安全教育
左转非机动车流量不大，且有左转机动车专用相位	非机动车等待区	消除左转非机动车与直行车流干扰	适用范围小，当左转机动车交通量大时，影响机动车交通
右转非机动车流量大	右转专用非机动车道结合渠化、距离交叉口进口一定距离设置上下坡道转入人行道	保证右转非机动车安全通行	占用土地较多
保护街区内部交通安全	街道全封闭设施、路口转向半封闭设施	避免机动车驶入，保持街道安宁化	救援车须绕道进入街区
慢行活动频繁，机动车交通量不大	交叉口两侧路缘向中间延伸，减小进口宽度	可降低右转车速，提供路面停车区，改善慢行环境	需配合水平或垂直控制措施，才能达到良好效果
机非共板，且非机动车道宽度富余	机非隔离带	减少机非行驶干扰	占用土地较多
街道景观需求，机动车交通量不大	交通环岛、交通绿岛	可同时控制两个方向的交通速度	大型车不易转弯、绿化部分须定期维护

1. 减速设施

（1）减速路面

减速路面种类较多，有纹理路面、石板路面、波浪形路面、玻璃砂路面等。减速路面的原理是采用不同性质铺面材料、压印图案或其他手段使路面不平整，以达到减速效果。现状历史街区多采用的纹理路面、石板路面能在保障路面风貌美观的同时，较好地在该区域内降低车速（图5-35）。

（2）减速丘和减速台

减速丘是路面上凸起6～10m的区域，而减速台则是纵向拉长的减速丘，一般平顶可容纳一辆小汽车停留，材质为纹理型材料，如图5-36所示。二者一般使用不同铺装或色彩对车辆进行减速提示，相对于纹理路面舒适度较高，但容易导致车辆急刹或通过后急行，一般应结合其他减速设施同时使用。

（3）曲线形道路

曲线形道路是通过道路平面线形S形的设计，使车

（a）

（b）

图5-35 洛阳鼓楼历史街区石板路面与银川胜利街纹理路面

辆连续进行横向偏转来降低车速，适用于道路红线较宽
或扩建历史街区（图5-37）。

2. 减速路面的稳静化分析

针对现状较多历史街区铺装选择的特殊性，减速型
的波纹、石板路面已在历史街区得到广泛应用，因此，
对于此类减速路面的稳静化分析将指导历史街区的现状
交通控制与管理。

图 5-36　减速台铺设形式

（1）机动车行驶稳静化分析

一般的路面状况可理解为复杂的随机波形，很多专
家、学者提出了用波形函数来描述不平整的道路路面。
其中，M.W.Syaers提出了用正弦函数表征不平整的路
面，并得到很好的应用。这样，路面平整度IRI即可用
国际平整度的标准计算程序计算得到。

路面波形可由以下公式模拟：

图 5-37　曲线形道路形式

$$Z_y(t) = A\sin\omega t = A\sin(2\pi\frac{x}{\lambda}) \tag{5-55}$$

式中，$Z_y(t)$为实际路面距路面设计线的纵向距离（mm）；A为正弦波路面的振幅（mm）；λ为正
弦波路面的波长（m）。

根据ISO 2631/CD—1991中的"总乘坐值法"的加速度值与人体的主观感受之间的关系，将
机动车的行驶舒适度的主观感受量化为0到1之间的小数表示，如表5-38所示。

加速度与舒适度的人体主观感受之间的关系　　　　表5-38

加权加速度均方根值a_w（m/s）	主观感受	平均加权加速度均方根值$\overline{a_w}$（m/s）	人体振动舒适度指标a_v
<0.315	没有不舒适	<0.315	1.0
0.315~0.63	有一些不舒适	0.48	0.8
0.5~1.0	比较不舒适	0.74	0.6
0.8~1.6	不舒适	1.15	0.4
1.25~2.5	很不舒适	1.83	0.2
>2.0	极不舒适	2.0	0.0

而人的舒适程度的评价指标为"加速度加权均方根"，计算公式如下：

$$a_w = \sqrt{(1.4a_{xw})^2 + (1.4a_{yw})^2 + a_{zw}^2} \tag{5-56}$$

式中，a_w为加速度加权均方根；a_{xw}、a_{yw}、a_{zw}分别为纵向、横向和竖向轴的振动加速度均方根。

通过回归分析得出机动车振动加速度加权均方根a_w与IRI及行驶速度的关系如下：

$$a_w = 0.01088 IRI + 0.00433 v - 0.106 \qquad (5\text{-}57)$$

IRI一定时，速度和振动加速度方根为线性关系，人的主观感受随着速度的增大而由舒适渐变为极不舒适。以此来确定在该环境下速度v的合理区域。

（2）非机动车稳静化分析

通过对历史街区内道路路面现状的分析，利用便携式振动测试仪对普通自行车、电动自行车在减速路面情况下不同速度下的振动加速度与主观感受进行测试和记录。将试验所得的振动加速度根据（ISO 2631-1 AMD 1-2010）标准的计算方法进行三轴向自功率谱密度分析，再以此计算1/3倍频带加速度均方根谱值，从而求得三轴向加权加速度均方根值。计算公式如下：

$$a_j = [\int_{f_{li}}^{f_{ui}} G_a(f) \mathrm{d}f]^{\frac{1}{2}} \qquad (5\text{-}58)$$

式中，a_j为中心频率为f_j的第j个1/3倍频带加速度均方根谱值（m/s^2）；f_{ui}为1/3倍频带中心频带为f_j的上限频率；f_{li}为1/3倍频带中心频带为f_j的下限频率；$G_a(f)$为等宽带加速度自功率谱密度函数（m^2/s^3）。

$$a_w = \left[\sum_{j=1}^{20} \left(W_j \cdot a_j \right)^2 \right]^{\frac{1}{2}} \qquad (5\text{-}59)$$

式中，a_w为单轴向加权加速度均方根值（m/s^2）；W_j为第j个1/3倍频带的加权系数。

再通过公式（5-56）计算出总振动加速度加权均方根，求得在不同的IRI值路面环境下，非机动车在不同速度v（km/h）时对应的振动加速度加权均方根值a_w。

3. 交通空间容量与稳静化

交通空间容量即在一定的约束条件下，交通设施在单位空间上能够容纳的最多的人或物的数量及车辆数，是针对交通密度这个交通空间需求参数提出的空间供应参数。影响交通空间容量大小的主要因素有两类：①交通载体的结构、布局和规模。交通载体包括路网和停车设施，一般来说，路网规模越大、交通空间总容量也就越大，但受停车设施的局限性影响不能达到线性增长。②交通流特性。交通流中不同的交通方式比例关系也直接影响交通空间容量的大小，这是由于不同的交通工具运送单位乘客或货物占用的道路资源不同所导致。

在交通稳静化的要求之下，应提倡慢行交通出行，减少和限制机动车的出行比例，因此，分析交通空间容量与稳静化需求之间的关系将对历史街区的交通管理和控制起到指导作用。

一般情况下，不考虑折减系数的交通空间容量计算的简易公式为：

$$C = A / \sum P(i) \cdot Q(i) \qquad (5\text{-}60)$$

式中，C为交通空间容量（人次）；A为道路路面面积（m^2）；$P(i)$为第i种交通方式的分担率；$Q(i)$为第i种交通方式人均占用道路路面面积（m^2/人）。

不同出行方式人均占用交通道路路面面积不同，行人为5.8m^2/人，自行车为7.4m^2/人，电动自行车和摩托车为28.3m^2/人，而小汽车则为46.6m^2/人。因此，控制和减小小汽车的出行量将提升交通空间总体容量值。基于历史街区的稳静化要求，合理地减小机动车的交通分担率，提高行人、自行车、电动自行车的交通分担率，满足街区内稳静化需求的同时，极大地改善了历史街区内的交通空间容量，提升了慢行交通的舒适度。

5.3.2 基于风貌保护的历史街区交通空间改善方法研究——以汉中市东关正街历史街区为例

历史街区（historic districts）是历史城市中仅存的能够较完整、真实地体现传统格局和历史风貌，并具有真实生活内容和一定规模的地区。近年来，随着社会的发展和建设，城市规模不断扩张，原有的格局和肌理不断受到冲击。城市建设也因为短期利益和浮躁情绪的影响，为了迎合现代气息的生活节奏而大拆大建，历史建筑被高楼大厦取代，宽阔的道路贯穿整个历史街区；一些历史街区由于设施陈旧、交通通达性差、建筑布局拥挤、改造困难等原因在城市改造中被忽略而逐步衰落，甚至被定位为城市大发展的"绊脚石"。现代城市的建设有的蛮横地切断城市历史文脉，削弱传统文化和风貌特征，城市面貌变得"千城一面"，而历史街区的保护也面临着前所未有的重视和冲击。然而，我国历史街区普遍存在交通空间尺度狭小、新旧空间风格迥异、市政设施老化、景观缺失、交通工具通行不畅等现象，再加上现代社会建设普遍要求重视人的"心理场"、空间感知舒适度，历史街区的交通空间设计显得尤为重要。

在从事有关历史街区改善研究的学者中，李新建在历史街区交通和市政设施的改造方面提出了技术更新的理念，阮仪三在历史名城规划研究中提出了历史内涵保护的原则，郑利军在历史街区保护研究中针对动态保护进行了有益探索。然而，以上研究仅针对交通空间中的道路、交通环境、市政、建筑等某些局部因素进行研究，欠缺统一的全盘考虑，在改善方面仍局限于各专业的技术性研究和讨论，缺乏交通空间内各专业之间相互关系的整合和全面性的研究实践。因此，从交通空间整体性进行把握，以系统工程的视野对历史街区交通空间规划与改善进行全面分析、研究和实践十分迫切与必要。本书以汉中市东关正街历史街区为例，对历史街区交通空间现状形态进行全面剖析，分析现状存在的问题，以历史风貌保护与更新为前提，针对历史街区交通空间现存主要问题的改善方式进行研究，以实现东关正街历史街区的繁荣与发展。

在《中国土木建筑百科辞典·建筑》中，对交通空间有如下解释：交通空间是联系建筑各主要和辅助使用空间，使人或物能够在建筑内流通，以满足建筑物使用功能的空间，有内外之分。赵阳在《长春市交通空间与其他功能空间耦合研究》中有对城市交通空间的详细定义：交通空间由实体空间和功能空间两部分组成。实体空间主要强调保持交通空间内各要素流动所必需的设施，是人们日常出行的过程空间；功能空间是除去交通空间发挥的交通运输职能外，有机联系街区内居住、服务、生产等独立建筑物及构筑物的空间，该空间承担着基础设施建设、公共服务设施布局等物质基础的功能。张红在《城市建筑空间与城市交通空间的整合研究》中提到：建筑空间正突破建筑自身封闭状态而演变为一种多层次、多要素复合的动态开放系统，建筑积极介入城市交通空间，建筑空间穿插城市街道，中庭成为交通集散枢纽，屋面兼顾城市广场，建筑空间已成为交通空间中的有机组成部分。

基于以上学者的理论研究，考虑到历史街区在城市环境中的特殊性，历史街区交通空间可定义为：在历史街区范围内，联系历史街区主要和辅助使用空间，满足人和物按交通规则流通的交通实体及与道路交通直接相关的设施、建（构）筑物外部空间的总和。例如，建筑体外部构造及色彩、道路路面、艺术景观、市政设施、休憩设施、绿化等。

交通空间由底界面、侧界面及顶面构成。底界面即道路路面，路面的结构、长度及分配方式影响着交通空间的视角延伸感及舒适度，同时也是反映历史街区风貌底蕴的重要组成部分；侧界面由道路两旁的建（构）筑物立面集合而成，它的高度、长度、构造形态反映着历史街区的历史与文化，是影响空间比例的重要元素；顶面是指两个侧面顶部的边缘线所勾勒

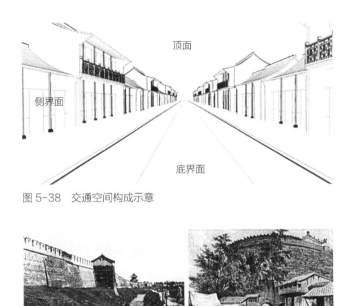

图 5-38　交通空间构成示意

图 5-39　清末时期汉中城东门外与东门外手绘图

（a）　　　　　　　　　　（b）

出的天空形态，是历史街区自然形态的体现面。除了这三个界面之外，还有许多补充和修饰性质的各类设施及装饰，如雕塑、喷泉、树木、花坛等。如图5-38所示为交通空间构成示意图。

1. 汉中市东关正街历史街区概况

（1）东关正街历史街区的发展概况

汉中位于陕西的西南部，1994年被国务院公布为第三批国家历史文化名城之一。东关正街历史街区位于汉中市的老城东门外，西起东门桥，东至东环一路，全长1770m，宽约150m，占地约20hm²，现居住人口3万，街区位置见图2-66。东关正街是自明清时期依靠汉江的水运逐渐发展起来的以手工加工业、商业和家居为主的街区，加之古城的东门是东部入关的必经之路，有利的地理位置带动了街区内各行业的繁荣。街区内存有明代的静明寺、东塔，属省级文物保护单位，民居和商铺多为明清风貌，是汉中市内现存规模最大、集中体现清末民初历史时期汉中地方特色和传统风貌的街区，也是汉中曾为陕南地区经济贸易中心的有力见证。

由于东关正街主要以人力交通和步行交通为主，街巷的断面尺寸都较小，建筑多以土木和砖木结构为主，沿街店铺多为1～2层，与道路宽窄协调一致。其平面布局和院落的基本结构仍保持着原有的风貌形态，以户为单位，铺面经营商业贸易，最窄的地方不足5m，屋后有几进院落，最深的长达50m，一进会客或商用，二三进一般为私有空间，基本为下店上寝和前店后寝的形式。东关正街历史街区内的建筑除了少量为20世纪80年代之后建设的砖混结构的建筑之外，大部分仍为砖木结构的青砖瓦房，建筑密度达50%以上，沿街基本保持了明清时期的形式，是汉中市历史文化的重要体现（图5-39）。

（2）东关正街历史街区的价值体现

①社会文化价值。

东关正街历史街区的形成可追溯到明代，作为记载汉中明清至民国时期的传统历史街区，在现代城市快速发展的大背景之下，依然能清晰地反映这个时期的城市风貌特色，这是许多现代化城市所欠缺的城市资源，而它的不可复制性、不可再生性使其成为宝贵的物质文化遗产，作为现代城市发展的个性化标志，将成为文化发展和竞争中的有力保障。

②历史价值。

东关正街历史街区的历史价值主要包含多个方面：传统的院落布局形式、建筑物风貌特点和传统建筑体现的木作、石作、瓦作以及保留至今的传统商业贸易街道的空间结构形态完整地反映着特定历史时期的交往活动和环境特征，同时也能从这些物质财富中研究和探寻民俗风情、生活方式，梳理地区的历史文脉等。

③艺术价值。

东关正街历史街区的传统民居院落是传统陕南民居的艺术代表之一，是彰显城市面貌的先锋，而历史街区保护成功与否直接决定着城市传统文化能否完整继承。

2. 东关正街历史街区交通空间现状存在的问题

（1）道路交通环境较差

①路面质量差。

东关正街的街面铺装与街区风貌较为协调，但由于防护不当，局部地段石板表面破损较多，给道路交通安全带来影响；街区内的塔儿巷和皮坊街的路面为临时性的碎石铺装，由于巷道较窄，机动车不可通行，加之路面环境较差，非机动车通行也较困难，且雨天路面材料易流失，行人行走也十分困难。街区内的其他街巷均为沥青路面，街面相对较为整洁，但磨损严重，路面保养较差。

②机非混行，通行不畅。

东关正街历史街区内现状交叉口有8个，均无信号控制。东关正街道路路面状况良好，其余巷道均有不同程度损坏。道路均为单幅路，机非混行，道路通行能力低。在东关正街历史街区内，居民出行的主要目的有上班、购物、休闲、接送家人等，由于空间的限制，在上下班高峰时段街区内十分拥挤，行人、电动自行车、自行车和机动车混行，交通十分不便。

③路网结构不完整，形式单一。

由于历史的原因，历史街区内道路路网系统多延续着历史格局，道路路网稀疏，道路分级不明确，一些未经商业开发的老街道甚至低于支路级别，路面状况较差，不能通行机动车，道路两侧由于建筑物的限制难以拓宽，街区外围随着城市的开发建设为街区内带来一部分过境交通，过大的交通量与不完整的路网系统造成较多的交通问题（图5-40）。

（2）历史继承性较差

①交通空间内传统特征损坏较多。

现代化和商业化发展至今，东关正街历史街区内许多传统的特征已经不复存在，历史元素逐

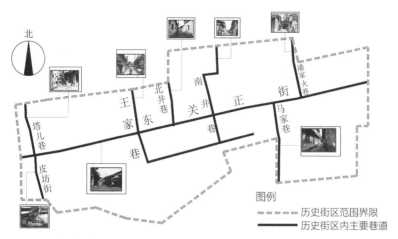

图 5-40　东关正街历史街区现状路网

渐消失没落。道路的铺装、建筑的飞檐以及街区内的基础设施都在一次又一次的改扩建中被忽视和破坏，部分巷道传统石面街道为了迎合机动车交通的需求而改为沥青路面，设施也因为老化损坏被现代化设施替代。

②历史建筑保存不完整。

根据实地调查，东关正街历史街区内的房屋总面积约16万m^2，历史建筑均为1~2层，平均层数为1.6层。其中，有43%保存基本完好，37%整体结构完整但局部发生倾斜或已经过材质更新的改造，见图5-41。

历史建筑由于长期缺少维护，又频繁地变更产权，质量整体偏差（图5-42）。主要表现在以下方面。

A. 私自改造、乱搭乱建现象严重，建筑外表面格调不统一。

B. 材料老化严重。由于历史建筑的材料主要为土坯、木材、砖和瓦且年代久远，耐久性差，结构多为木质结构，其构架、楼板腐蚀严重，屋顶的瓦片破损，屋面漏雨从而导致砖和土质墙体受到侵蚀，在街区中部分历史建筑出现局部坍塌，雨季更加危险。

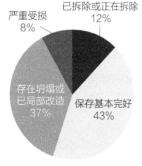

图 5-41　历史建筑保存状况

图 5-42　东关正街历史街区历史建筑现状

C. 外墙面介质材料完整性较差。传统材料破坏严重，水泥、瓷砖、卷帘门等材料取代传统材料现象较多，尤其是临街的铺面。

D. 街区内部分20世纪80年代之后的大体量建筑插入传统历史建筑群落内，影响历史街区内整体的风貌协调感。

图 5-43　现状街区内的架空线缆

（3）基础设施落后

①市政设施严重落后。

东关正街历史街区的居民多为多户集中取水，几年前90%的住户靠街区内的集中供水点解决饮水问题，近两年部分居民私人改造已解决了住户自家饮水问题，但市政给水管网布置仍比较落后；而排水管网及设施在2006年经过政府出资整修之后，解决了主街道东关正街的路面排水问题，但由于居民的排水设施简易，污水随意倾倒，严重影响街区环境；电力和电信均为架空线缆，严重影响街区用电安全和街区美观（图5-43）。设备超负荷严重，陈旧老化，因用电负荷过大曾引发多起火灾；东关正街历史街区中照明系统较不完善，仅在东关正街和潘家火巷两条街巷有单侧照明，设施陈旧。

②交通标识匮乏，乱停乱放现象严重。

整个街区没有明确的交通标志、标线和车辆行驶标志，交通鱼龙混杂，杂乱交织，严重影响行车安全；机动车没有停车区域，非机动车停车区域分布不均衡，街区内机动车及非机动车乱停乱放现象严重，基础设施设置不完善。

③空间环境较差。

街区内绿化较少，基本为行道树及少量灌木，绿化景观严重欠缺；街巷两侧也未设置休憩设施，街区空间吸引力不足；传统道路上几乎没有广场、园林等开敞空间，居民的主要聚集地多为十字路口和丁字路口，严重影响交通通行，加之近两年街区内居民人口结构调整，户数和人数的增加导致住房面积不足，进而住户为了增加建筑使用面积而自行搭建，侵蚀街区的原有空间尺度，影响了街区的基本形态和风貌。

（4）空间舒适度较差

历史街区中的交通空间比例尺度对空间的氛围、形态和界面特点等各方面都有很大影响。空间比例尺度主要指的是两侧建筑物的高度与街道的宽度之间的关系。要使街区的空间舒适宜人，必须使空间界面之间关系符合人的视域习惯，按最佳的视域要求所确定的空间关系才能使人接受。如图5-44所示为对建筑高度和道路宽度比值与视觉感受的分析。

$D/H<1$时，是残余空间，人会有压迫局促感。其中，当$D/H≤0.2$时，属于仅通过不滞留型的交通空间，多存在于住宅型历史街区，此类空间闭合度较强，心理上易产生压抑感，且不愿滞留；当$D/H≈0.25$时属于半滞留型交通空间，多存在于商住型及住宅型的历史街区中，这类空间闭合度稍强，愿短时间内滞留；当$D/H≈0.5$时属于滞留型交通空间，这类空间闭合度适中，愿长时间滞留，在商业型、商住型及住宅型历史街区中均有体现。

东关正街沿街建筑多为低层建筑，建筑高度不高于7m，道路宽度为7m，因此宽高比D/H值

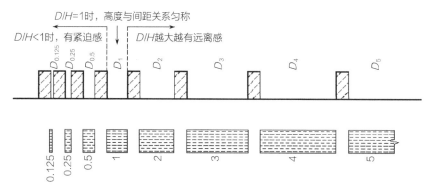

图 5-44 道路宽度 D 与建筑高度 H 之间的关系

大于1，道路紧凑平衡，较为舒适，但部分街巷较窄，宽高比D/H小于1.0，有压抑感，舒适性差。由于原有格局中的建筑多为居住性质，院落相对自我封闭，道路仅提供交通运输的空间，而没有供行人休息、娱乐的场所。而由于用地限制，绿化面积十分欠缺。同时，因为改扩建的需要，也将仅有的少数公共空间侵占，历史街区内的交通空间整体舒适度较差。

3. 东关正街历史街区交通空间改善方法分析

东关正街历史街区交通空间的改善与保护研究是为未来汉中市发展过程中对历史民居保护规划做初步的探索，同时也为汉中市的历史街区交通空间改善方法提出具体可操作性建议。

东关正街历史街区是以居住为主、商业为辅的明清风貌历史街区，保存有相当数量的历史建筑和传统院落，保留了一定程度的这一时期的传统文化、生活方式和社会组织架构。在交通空间的改善中，应着重尊重居住功能这一特性，完善道路系统，提倡慢行交通；保护传统历史建筑外部真实风貌，继承街区内的传统生活和传统文化，开拓街区内的公共活动空间；完善交通基础设施、市政设施，保护和复原部分风貌特征，这是东关正街历史街区交通空间改善过程的基本思路。

（1）延续发展历史街区交通空间现有格局

①在现有道路基础上加强路网建设。

依照汉中市总体规划，东关正街历史街区将打造成以东关正街为主轴线的"东关一条街"，完善道路建设，形成以东关正街为主要通道的棋盘形路网体系。街区内以慢行交通为主，分时段允许机动车通行。慢行交通路网贯通整个街区，为街区居民出行提供便利。由于街区的尺度较小，环境亲切宜人，在路网改善中应注重对稳静化街区形态的维护。道路两侧加宽台阶宽度，增加步行空间，使行人的步行交通与非机动车交通完全分离；步行路面采用青石板铺砌，路两侧种植低灌木，增加绿化元素，且不影响历史建筑的结构展示（图5-45）。

②交通空间的层次性发展。

东关正街历史街区由于空间的限制，道路两侧被建（构）筑物围合，封闭感较为强烈。在街区的高差起伏较大、衔接断头的地势处，为保障正常步行的需求，可通过坡道、台阶及附属建筑

物进行连接，丰富街区的垂直结构，也有利于降低新建
的大体量建筑物给街区视觉上带来的压迫感。同时，建
筑空间与交通空间的融合和渗透，形成半封闭式的公共
空间，使街道变得更具有开放性。另外，从视觉角度也
为历史街区带来不同感受：建筑物的不同高差形成了错
落有致的建筑立面和较为开阔的天际线，台阶的设置可
以丰富视角范围内的景色与画面，空间内的明暗对比、
光影多变的形态也将历史街区变得十分动感。

（a）

（2）发扬历史风貌特色

①历史风貌的保护与继承。

历史街区街道景观、建筑构造、道路形态、空间尺
度等特征是区别和欣赏不同地域文化的重要元素。历史
街区作为一座城市重要的文化集中地，不但包括物质元
素的有机载体（街道形态、建筑风貌、空间色彩），非
物质的文化形态也作为街区的文化传承脉络，丰富了街

（b）

图 5-45　交通空间改善前与交通空间改善后
效果图

区的内涵，如民间工艺、名人轶事、民俗精华、社会群体、文化观念等。而交通空间作为历史街
区的重要展示平台，可通过艺术化基础设施、路面及雕刻等手法具象承载非物质文化，使其成为
了解历史街区的直接途径。其中，传统历史建筑的外部结构是历史环境反映的最主要的载体，在
修缮和改造过程中，应注意以下几个方面。

A. 避免人为因素对历史建筑造成不可挽回的破坏，对完整的历史痕迹完全保存，在此基础
上"修旧如旧，以存其真"，还原街区原有的肌理、空间格局和天际线形态。

B. 建筑体的外立面材料、色彩与主体结构的维护必须采用传统工艺和传统材料，尽可能保
证其功能完整。统一建筑立面元素和基本色调，适当加入古建筑元素。

C. 根据历史建筑的形态状况分层次、分阶段进行改善修复，对结构严重不完整的建筑进行
拆除；对主体仅部分破坏的建筑进行保留并进一步提出修复方案；对主体完整立面完好的建筑进
行常规性维护。施工阶段严格执行方案设计要求，对历史信息只可保存不可破坏。

D. 对建筑立面外临时搭建、加建的部分进行拆除，恢复原有的交通空间尺度。

E. 更新建筑体功能。在东关正街沿街建筑一楼功能以特色饮食和文化零售商业为主，二楼
功能为汉中历史文化展示区域，包含物质文化遗产及非物质文化遗产。例如，汉中历史建筑形态
展览、民歌戏曲、皮影皮偶、东关正街历史发展演变等，沿街以牌匾、幡为招牌，将街区的风貌
和文化完整地展示出来，使街区的改善不作为古董式封存，而是适当地引入商业元素，使其丰富
起来。如图5-46所示为洛阳市西大街店铺用布幔子做招牌，在明清时期建筑风格的沿街铺面经
营特色小吃，随处感受着老街厚重的文化历史沉淀。

②新旧空间的延续与融合。

建筑作为交通空间中重要的历史展现面，真实地记载了各时期城市发展的核心信息，其样
式、色彩、构造、高度均回应着不同时期文化的痕迹。一方面，历史建筑应秉持"有机更新"的

原则，保持其功能性的需求，使其在现代社会中继续发挥作用；另一方面，对于因发展需要而插入历史街区的新建筑，应尊重街区发展的文化传统要素，从建筑外部肌理、色彩、形态构造等方面融入街区空间，并起到延续老街区文化要素，丰富和发展交通空间内涵的作用。在更新手法上，注意传统建筑造型和现代设计相结合、传统审美与现代功能相融合。不能一味地仿古，应通过空间过渡、比例协调、虚实对比等手法将文化融入空间。

图 5-46　洛阳西大街的商业景象

另外，周边的改建、新建部分应与历史街区内部形成内在的统一性，功能性和文脉的统一才能使新建的空间与原始空间相融合，并在原始空间的基础上再创造。

（3）加强基础设施建设

①完善交通标志、标线。

东关正街历史街区内以慢行交通为主，机动车交通为辅，在街区起点和终点设立交通提示牌，分时段允许机动车通行，同时，街区内岔道口处设置指引导向性的标识系统，包括路名标志、导向牌、交通指示牌等，明确标识该地段的方位信息。街区内的交通标志应统一风格，可从自然环境和历史积淀中寻找素材，设计符合风貌特色的标识。在街区的机动车、非机动车及人行空间路面上应标注文字和标线，方便游人识别及车辆通行。

②加快市政设施建设。

A. 外露设施。

东关正街历史街区的电力电信线缆为架空敷设，变电箱挂在外墙，严重影响街面环境。对此应分析街区内的电力和电信电缆的种类与数量，对于市政照明的电缆可与生活电力线合并，或者更新照明设施，采用太阳能照明，取消照明电缆；对于非街区内使用的管线不应占用街区内空间，应从街区周边的道路绕行通过；街区内统一商定某一电信公司提供电信服务，拆除其他代理商的通信线路；采用有线电视宽带网络，与有线电视共用路由；未来大力发展无线通信，继而完全取消电信电缆。地下敷设应充分利用地下空间，发展综合管沟，节省空间，且方便维修。部分取暖设施如煤炉烟道、空调机箱临街摆放，应取缔不安全取暖方式，对空调机箱等设备应统一进行外部掩饰，维持街面统一风格。

B. 停车及环卫设施。

街区内全线禁止停放机动车，东关正街的起点和终点分别设置停车场统一管理。在街区的主要景点和路口附近设置非机动车停放点，并设专人看管维护。公共厕所按间距200m设置一处的原则进行规划设置。垃圾箱按服务半径小于70m设置，分类收集，每日定时送至垃圾回收站。

（4）提升空间感受的舒适度

①加强空间感受者的参与性。

中国民俗学会理事长刘魁立曾指出："从根本意义上说，无形文化遗产的保护，首先应该是对创造、享有和传承者的保护，同时，也特别依赖创造、享有和传承这一遗产的群体对这一遗产的切实有效的保护。"

空间感受者的参与性包含两层意义。一方面，历史街区交通空间的规划与保护需要发动广大群众的参与意识。历史街区作为城市的历史遗产不属于某一个人或某个社会团体，而是社会的共同财富，应注意倾听文化的创造者、享有者和传承者的不同声音，如原住居民、商家、游客、市区市民及管理者等，使社会各阶层参与其中，集民意之思，以民生为本，使人

图 5-47 门楼建筑示意

人参与其中。另一方面，历史街区服务于民众，在交通空间的规划方面应注重尺度宜人、地域特色显著、材料选择人性化等特点，使其更好地服务于空间感受者，注重空间感受者的参与性、可及性，与人互动。例如，街区内部设置依据人体曲线设计的休憩座椅、步行街中供游人嬉戏的水和石、以植物搭建的凉亭等。

②强化道路与建筑的对景关系。

道路和建筑是历史街区交通空间内不可缺少的规划要素，道路是街区的骨架和通道，其形成过程与人的生活方式相适应。建筑作为景观构成之一，对历史街区的形象和文化的建构起到至关重要的作用。有研究表明，道路和建筑围合空间的发展是与人的心理行为有着密切的关系，人对行走空间有导向性的要求。例如，在历史街区内，当人们朝着特定的方向行走时，易受到核心历史建筑物的引导，历史建筑凭借自身的高度、历史体态和体量成为人们的视觉引导物，设计良好的道路与历史建筑的对景关系能使人们易于判断自身所处位置，并产生归属感，这也是人性化设计的重要体现。因此，处理好历史街区内的道路与建筑的对景关系可加强历史街区的整体可识别性。例如，在东关正街起点与终点可设置门楼或门式建（构）筑物作为景区标志（图5-47），不但起到形象宣传作用，还能使人们的观察视线得以延伸，同时也可减轻大体量的建（构）筑物对交通空间带来的视觉压迫感。

以汉中市东关正街历史街区交通空间为研究对象，基于历史风貌保护的前提，通过对历史街区交通空间的形态特征和现状存在问题进行研究，针对历史街区交通空间内的道路、历史建筑、设施等交通空间内各具体方面提出了规划方式和改善措施，历史街区的改善与发展是当代城市历史文化遗产保护、城市建设与改造不可回避的重要内容之一，在风貌保护中寻求更新与发展将成为历史街区复兴的必行之路。

5.3.3　基于空间句法的西安市历史街区交通改善研究

城市在飞速发展，随着城市路网不断向外扩展，城市的交通重心会逐渐转移。历史街区作为老城区路网的重要组成部分，城市路网的演变对街区交通产生了很大影响。可利用空间句法中一系列形态变量来分析不同年代西安市路网的空间布局，通过对城市人流、车流流量和流向的分析，总结明代城墙内历史街区交通网络存在的问题，提出相应的改善建议。

1. 空间句法概念及主要变量

（1）空间句法概念

空间句法是一种通过对包括聚落、建筑、城市在内的人居空间结构的量化描述，来研究空间组织与人类社会之间关系的理论和方法，也是一种基于图论与GIS的新的描述城市空间结构特征的计算机语言。

空间句法中所指的空间，并不是欧氏几何所描述的可用数学方法来量测的对象，而是描述以拓扑关系为代表的一种关系。空间句法关注的也非空间目标间的实际距离，而是其通达性和关联性。它的基本原则是空间分割，根据地理事物的自由空间情况，空间分割分为3种基本方法：轴线分析法、凸多边形法、视区分割法。这里主要采用轴线分析法划分城市空间。

（2）空间句法主要变量

①连接值。

连接值是一个局部变量，表示系统中与第i个单元空间相交的空间数。

②集成度。

集成度反映了一个单元空间与系统中所有其他空间的集聚或离散程度。当一个空间系统是集成的或集聚的时，则该系统中所有单元空间相距较近，彼此之间很少有障碍物影响它们的联系；反之，则系统中单元空间相距较远，彼此之间有较多的障碍物影响它们的联系。全局集成度可以体现某一个空间相对于其他城市空间的中心性，局部集成度可以用来分析行人流量的空间分布。空间句法用颜色分级表示空间单元的集成度值。

③深度值。

深度值指在一个空间系统中单元空间i到其他空间所需经过的最小连接数。深度值并不是一个固定的量，而是随着观察者在城市中视点的不同、视距的由近及远、步距的由小变大，深度值都将随之发生变化。深度值越小，说明该空间的便捷程度越高。

2. 空间句法解析西安市不同年代道路系统

以不同时期西安市地图为底图，在CAD中绘制道路轴线图，将道路轴线图导入GIS，并用模块Axwoman4.0进行空间句法分析。得到的空间句法分析图中轴线的颜色由暖色到冷色，表示全局集成度和连接度由高到低，轴线颜色越接近红色表示该轴线的集成度越高，连接度越好；轴线颜色越接近蓝色表示该轴线的集成度越低，连接度越差。

（1）1965年西安市道路网

从图5-48可以看出，1965年西安市的道路网整体呈棋盘式布置，城墙内道路较密集，以城墙为中心。路网全局集成度较高的道路主要集中在城墙内。

1965年的西安尚处于城市发展的初级阶段，人们活动的主要区域集中在明代城墙内，城墙内道路承载的交通量较其他地区大。由于当时以工业发展为主，西安市工业区大多集中在城东与城西，因此，城东与城西的路网发展较快。以城墙为中心，城东方向的集成核主要是东西方向的长缨路、长乐西路和咸宁路以及南北向的万寿路和幸福路；城西方向的集成核主要为大庆路和西关

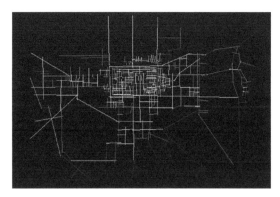

图 5-48　1965 年空间句法分析

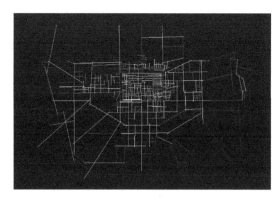

图 5-49　1981 年空间句法分析

正街；城南方向道路发展缓慢，集成度较城东和城西方向低，道路主要服务于通往各文化古迹景点，如小雁塔附近的友谊东路和含光路，以及通往大雁塔的雁塔路等；城北方向与其他三个方向相比，集成度最低，路网几乎没有发展。

（2）1981年西安市道路网

从图5-49可以看出，1981年西安市路网与1965年相比，城西方向的支路增多，同时加强了城西、城南的道路连接，在棋盘式的路网格局下，逐渐转变为"环网+棋盘式"格局。1981年西安市路网全局集成度较高的道路与1965年相比没有较大变化，大庆路全局集成度较1965年有显著提高，集成度较高的道路新增了草滩路、丰镐路、汉城路、友谊西路和友谊东路，城市集成核往南发展，以明代城墙为中心逐渐形成二环。人们活动频繁区域不仅仅是明代城墙内，逐渐往城西和城南方向发展。

（3）1995年西安市道路网

从图5-50可以看出，1995年西安市路网与1981年相比，城市路网在1981年的基础上全面向明代城墙四周辐射发展，城区西南、东南以及城北方向路网发展较快，城东纺织城片区支路增多。

1995年西安市路网集成度最高的在1981年的基础上增加了龙首北路、北关正街、太华路、长乐西路、咸宁西路、雁塔路、丈八东路、昆明路、劳动路、丰镐西路等。可见，西安市全局集成核以明代城墙和二环为中心不断向外扩展，轴线数量显著增多，道路的通达性有了较大提高。图5-49中城南方向与城北、城东、城西方向相比多数轴线偏暖色，全局集成度相对较高，因此，1995年西安市城南片区为次中心，人们活动较其他片区频繁，这与城南片区学校和企业较多也有一定的关系。

从1981到1995的这14年间，西安市依据之前制定的城市总体规划大力发展城市建设，路网以二环为基础，不断向外辐射发展。城东、城西与城南都有片区各自的商圈，将人流分散开，不再集中在城墙内，缓解了明代城墙内道路交通的压力。

（4）2013年西安市道路网

从图5-51可以看出，2013年西安市路网集成度最高的道路与1995年相比有了很大变化。全

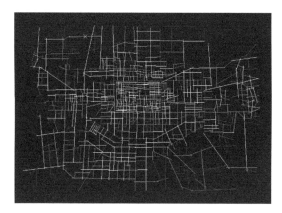

图 5-50　1995 年空间句法分析

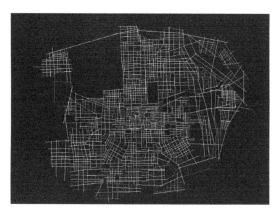

图 5-51　2013 年空间句法分析

局集成度较高的道路不再以明代城墙内道路为主，而是分散开。图中二环线的集成度较高，说明二环线集中了较多的车流量。

明代城墙内道路集成度较高的仍然是几条主要干路，包括东大街、西大街、南大街、北大街、莲湖路、解放路与和平路。从图5-51中可以看出城墙东北角空间中心性明显较高，那里正是西安市火车站的位置，吸引的人流和车流都很大，空间感知度高。

随着市政府北迁，西安市加快了城北方向的发展，虽然路网发展很快，道路较多，但全局集成度高的道路不多，区域内整体道路集成度较低，说明城北方向与整个城区的离散程度较大，相对于其他片区空间的中心性较低。城东方向与1995年相比变化不大，2011年西安市在浐灞举办了世界园艺博览会，其带动了浐灞地区的发展，加快了城区东北方向路网的建设。城南方向在1995年的基础上路网持续向南发展，过了南三环还有继续向南的趋势。城区西南方向道路集成度整体较高，这与政府大力支持西安高新技术产业开发区的发展有很大关联。高新区内的人流量与车流量都很大，人们活动较其他片区频繁，片区空间的中心性很强。城西方向路网在1995年的基础上有了进一步完善，西安市政府一直致力于打造"西咸一体化"，连通西安与咸阳，加快西安的经济发展。

3. 西安市路网演变对历史街区交通网络的影响

从1965年到2013年，西安市路网从最初的以明代城墙内道路交通为主，逐渐以棋盘式向四周扩展形成二环，到如今整个城市形成三环以"环网+棋盘式"格局继续向外扩展。

空间句法中的集成度能够较全面地评价空间网络通达状况，也在一定程度上表明城市人流的空间分布趋势。通过上面分析可知，最早集成度较高的道路主要集中在明代城墙内如东大街、西大街、北大街、莲湖路、洒金桥、东木头市、东新街、西一路、尚德路、尚勤路、尚俭路、解放路、和平路、顺城南路、顺城东路等。随着城市的发展，集成度较高的道路也不断增多，到了2013年北关正街、红庙坡路、长缨路、兴庆路、长乐西路、咸宁西路、咸宁东路、万寿路、幸福路、雁塔路、西影路、长安路、含光路、太白路、沣惠南路、唐延路、丈八东路、昆明路、劳动

路、丰镐西路、大庆路等道路的集成度也都较
高。交通网络向四周不断辐射发展。

西安市的历史街区主要集中在明代城墙
内，如图5-52所示。

20世纪60～80年代初，城市路网发展较为
缓慢，明代城墙内的大部分道路集成度较高，
处于城市中心性最强的区域。因此，历史街区
与其周边地区形成了很强的集聚中心，吸引了
大量的人流，街区外围道路如西大街、南大
街、解放路等都是交通主干路，街区整体吸引

图 5-52 西安市明代城墙内历史街区区位

交通量较大。90年代城市路网发展较快，明代城墙内的道路整体集成度降低，历史街区的集聚性
也相对减弱，大量人流不再集中涌向城内，历史街区的交通压力有所缓解。到了2013年，随着经
济的快速发展，机动车大量普及，城市路网急速向外扩张，明代城墙内除了几条主干路还保持着
较高的集成度，其他道路集成度普遍不高。因此，历史街区外围道路集成度较高，但街区内部道
路集成度较低，说明历史街区周边地区的人流量较大，而内部的人流量相对较小。受路网扩张和
道路路幅受限的影响，历史街区内部机动车交通量不大，街区内大部分道路逐渐不再以机动车交
通为主，而是以慢行交通为主。

选取明代城墙内主干路及部分历史街区内道路，计算其四个时期全局集成度的T分数值，具
体如表5-39所示。

明代城墙内部分道路不同年代 T 分数值　　　　　　　　表 5-39

路名	1965年	1981年	1995年	2013年
东大街	119.43	120.40	120.60	134.89
南大街	109.10	110.78	110.14	111.23
西大街	104.82	118.39	117.97	111.84
北大街	120.99	125.50	121.32	128.55
南广济街	102.99	107.83	108.07	100.64
顺城南路东段	106.48	106.45	108.42	104.47
顺城南路西段	118.55	110.75	118.87	129.35
湘子庙街	99.10	96.90	100.29	101.78
竹笆市	95.76	103.38	105.14	99.20
书院门	101.91	97.81	99.11	107.36
三学街	102.88	98.85	101.04	114.59
尚德路	111.57	105.32	106.68	118.96
北新街	104.20	102.35	106.71	100.10

　　结合之前的分析结果可知，东大街、西大街、南大街、北大街、尚德路、顺城南路东段的全局集成度都较高。从表5-39可以看出，大部分道路的T分数值都有所增加，说明这些道路轴线全局集成度相对值在增长。明代城墙内大部分主干路及部分历史街区内道路仍具有较强的集聚性，很有发展潜力。道路的通达性较之前有所提高，由这些道路构成的城市主要交通网络通达性增加，能够更好地吸引人流量与车流量。西大街、南广济街、北新街、顺城南路东段和竹笆市的T分数值在2013年有明显下降，说明随着城市的扩展明代城墙内西南片区的中心性有所下降，由西大街、南大街、顺城南路西段和南广济街围成的湘子庙片区地位较其他时期有些下滑，对人流的吸引力减弱。

　　（1）西安市历史街区交通网络存在的问题

　　历史街区的道路也是城市道路网的组成部分，因此，分析历史街区的交通网络不能割裂城市路网。以2013年西安市道路轴线空间句法分析结果为基础，截取明代城墙内路网分析结果，如图5-53所示。

　　分析图5-53可知，明代城墙内历史街区交通网络存在以下问题。

　　①单一道路全局集成度较高，但周围道路集成度很低，区域整体中心性不强。例如，西大街、东大街等，道路集成度较高，但其周边道路集成度很低。计算得到西大街的连接值为19，东大街为20，说明这两条主干路的空间连通度很高，道路的可达性很好。西大街靠近钟楼南、北两边分别为湘子庙历史街区和北院门历史街区，东大街的南边有三学街历史街区。这几个历史街区都与可达性很高的主干路相连，但对街区内道路通达性的提高帮助不大，说明湘子庙街区和三学街街区的整体交通网络发展不均衡，不能吸引较多的人流、车流，浪费道路资源。

　　②部分所处空间位置较好的道路实际道路红线较窄，交通状况差。例如，尚勤路、尚俭路和尚德路，集成度较高，道路通达性强，空间位置很好；但实际道路较窄，交通拥挤，道路交通的基础设施承载能力不能适应其实际交通需求，交通拥堵现象严重。该片区靠近火车站，车流量大，虽然附近道路的连接值很高，道路可达性好，但现有的交通条件与理论计算不符，需要改善实际道路状况。

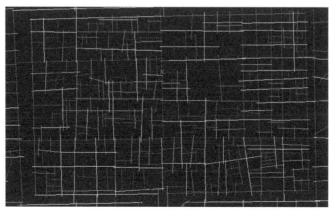

图5-53　2013年明代城墙区域空间句法分析结果

③部分道路交通网络空间位置较差，不能满足其实际承载的交通，如南大街等，全局集成度不高，计算得到其连接值为8，与其他主干路相比，空间句法各变量值都较低，说明从理论上来说南大街的可达性与便捷程度都不高。然而，现实中这类道路交通流量大，与其理论值不符，说明道路交通网络通达性较差，不能承载其交通流。

（2）改善建议

根据空间句法定量分析得出的结果，对西安市明代城墙内历史街区交通改善提出以下几点建议。

①对于街区内机动车交通量较大、道路等级较高但其空间位置较差的道路，应打通其附近的断头路，增加道路连接度，提高道路通达性。以南大街为例，可加强南大街两侧湘子庙片区与三学街片区中与南大街相连的支路直接的联系，打通片区内的断头路，加强片区的可达性，同时也能提高南大街的连接度与便捷程度，改善其交通条件。

②对于重点发展的区域，应加强其中心性，提高区域整体空间感知度。交通网络设计时需注意与通达性高的道路相连通，提高街区的便利性。以三学街历史街区为例，街区内有书院门、碑林等著名文化古迹旅游景点，吸引了大量游客和本地市民前往，片区内大部分街道为步行街，以慢行交通为主。可以通过提高街区外围道路南大街、柏树林等的集成度、深度值等，从而提高片区的空间感知度，提高街区的便捷程度。

③道路集成度较高的片区具有良好的中心性，人流密度大，便捷程度也很高，具有很好的发展潜力。对于这种片区的交通改善在保护原有街区格局的基础上主要以改善交通设施为主，细化完善道路交通设施，使之与街区整体风貌相协调。以七贤庄历史街区为例，该片区主要道路集成度都较高，空间感知度高，道路通达性和便捷程度较好。因此，对该街区交通改善时可以从优化道路横断面各组成部分的宽度、改善慢行交通环境、加强人性化设计、细化完善道路交通设施使之与七贤庄整体历史风貌相协调等方面考虑。

利用空间句法对西安市四个时期的城市道路网形态特征进行了研究分析，结果表明，西安市明代城墙内道路网全局集成度始终较高，城墙内的主干路承担着大量过境交通量。城市路网以明代城墙为中心以"环状+棋盘式"向外辐射扩展，2013年西安市道路网已形成三环。在2013年西安市路网的基础上对明代城墙范围内交通网络进行空间句法分析，提出存在的问题，与实际交通状况进行对比，其结果与现状基本吻合。空间句法在量化研究城市道路交通网络特征方面具有实用性，为路网规划、设计与分析提供了一种新的思路和方法。

参考文献

[1] 任云兰. 国外历史街区的保护[J]. 城市规划，2007（7）：93-96.

[2] NAHOUM COHEN. Urban Conservation[M]. The Mit Press, 1999.

[3] 潘义勇，余婷，马健霄. 基于路段与节点的城市道路阻抗函数改进[J]. 重庆交通大学学报（自然科学版），2017，36（8）：76-81.

[4] IAN STRANGE. Local politics, new agendas and strategies for change in English historic cities[J]. Cities, 1996(13): 431-437.

[5] 王景慧. 历史地段保护的概念和作法[J]. 城市规划，1998（3）：34-36.

[6] UETAKAYA, OKAMOTO K., KAWABATA H., T. Advanced traffic control and management system in Tokyo[J]. Road Traffic Monitoring, 1992: 214-255.

[7] 吴良镛. 关于北京市旧城区控制性详细规划的几点意见[J]. 城市规划，1998（2）：6-9.

[8] 吕蕊. 历史街区景观风貌的保护与再生[D]. 南京：南京林业大学，2008.

[9] 谢丽塑. 呼和浩特市大召历史街区保护与改造设计研究[D]. 哈尔滨：哈尔滨工业大学，2007.

[10] 李孟波，董仕君，王力忠. 历史街区价值构成及其保护的外部性分析——以张家口市堡子里为例[J]. 四川建筑科学研究，2012，38（4）：104-106.

[11] 高林安，刘继生，梅林，等. 历史街区的保护与动态规划研究—以吉林省6大历史街区为例[J]. 干旱区资源与环境，2012，26（4）：81-85.

[12] 常祖领. 商业开发中历史街区保护利用管理研究——以潍坊市场坊子区为例[D]. 天津：南开大学，2011.

[13] WANG Haizhong, LI Jia, CHEN Qianyong, et al. Logistic modeling of the equilibrium speed-density relationship[J]. Transportation Research Part A: Policy and Practice, 2011, 45(6): 554-566.

[14] GOTTSCHALK P G, DUNN J R. The five parameter logistic: a characterization and comparison with the four parameter logistic[J]. Analytical Biochemistry, 2005, 343(1): 54-65.

[15] CHIOU S W. Bi-level programming for the continous transport network design problem[J]. Transportation Research Part B, 2005, 39(4): 362-383.

[16] 杨新海. 历史街区的基本特征及其保护原则[J]. 人为地理，2005，20（5）：48-50.

[17] SISIOPIKU V P, AKIN D. Pedestrian behaviors at and perceptions towards various pedestrian facilities: an examination based on observation and survey data[J]. Transportation Research Part F, 2003: 249-274.

[18] LA GENNUSA M, FERRANTE P, LO CASTO B, et al. An integrated environmental indicator for urban transportation systems: description and application[J]. Energies, 2015, 8(10): 11076-11094.

[19] 曹喆. 汉中市东关正街历史街区保护研究[D]. 西安：西安建筑科技大学，2011.

[20] 王俊，蒋玉川. 基于成都宽窄巷子的历史文化街区改造探析[J]. 生态经济，2012（6）：196-199.

[21] 刘钰昀. 历史性城镇景观（HUL）保护视野下的历史街区保护与更新策略研究[D]. 西安：西安建筑科技大学，2016.

[22] 西安市统计局，国家统计局西安调查队. 2012西安统计年鉴[J]. 北京：中国统计出版社，2012.

[23] 陕西省城乡规划设计研究院. 汉中历史文化名城保护规划（1994—2010年）[R]. 汉中市城乡建设规划局，1994.

[24] 上海同济城市规划设计研究院，汉中市城乡规划市政工程设计院. 汉中市城市总体规划（2010—2020年）的保护规划专篇[R]. 汉中市城乡规划局，2010.

[25] 汉中市城乡规划市政工程设计院. 西汉三遗址历史文化街区保护规划[R]. 汉中市城乡规划局，2015.

[26] 胡润泽. 保护、传承与发展[N]. 汉中日报，2009-04-04.

[27] 徐晓琳. 中国公共管理研究精粹[M]. 武汉：武汉出版社，2003.

[28] 张永桃. 市政学[M]. 北京：高等教育出版社，2006.

[29] 马彦琳. 现代城市管理学[M]. 北京：科学出版社，2006.

[30] 张波. 城市管理学[M]. 北京：北京大学出版社，2007.

[31] 周建琴. 城市慢行交通友好性综合评价研究［D］. 北京：北京交通大学，2011.

[32] FRUIN, JOHN J. Pedestrian Planning and Design［M］. New York. Metropolitan Association of Urban Designers and Environmental Planners, Inc. 1971.

[33] KNOBLAUCH R L, PIETRUCHA M T, M NITZBURG. Field studies of pedestrian walking speed and start—up time[J]. In Transportation Research Record 1538, TRB, National Research Council, Washington, DC, 1996: 27–38.

[34] Transportation Research Board. 2000 Highway Capacity Manual[R]. National Research Council, Washington, DC, 2000.

[35] SISIOPIKU V P, AKIN D. Pedestrian behaviors at and perceptions towards various pedestrian facilities: an examination based on observation and survey data [J]. Transportation Research Part F, 2003: 249–274.

[36] 李晨. 论城市道路对景建筑及空间形象——以南昌市为例[J]. 华东交通大学学报，2005（6）：42–45，82.

[37] 中国土木建筑百科辞典：建筑[M]. 北京：中国建筑工业出版社，1999.

[38] 叶建红. 行人交通行为与交通流特性研究［D］. 上海：同济大学，2009.

[39] 彭丽英. 信号交叉口行人交通特性研究［D］. 长春：吉林大学，2006.

[40] 阮仪三，王景慧，王林. 历史文化名城保护理论与规划[M]. 上海：同济大学出版社，1999.

[41] 单霁翔. 城市化发展与文化遗产保护[M]. 天津：天津大学出版社，2006.

[42] 郑利军. 历史街区的动态保护研究[D]. 天津：天津大学，2004.

[43] 王蓉，张仁陟，陈英. 基于多元回归分析和灰色模型的康乐县城乡建设用地预测［J］. 甘肃农业大学学报，2012，47（1）：134–139.

[44] 刘亮. 混合交通流信号交叉口交通控制优化研究［D］. 西安：长安大学，2008.

[45] 梁春岩，杨文学. 行人交通流模型研究［J］. 吉林建筑工程学院学报，2009，26（3）：15–19.

[46] 汪海波，罗莉，吴为，等. SAS统计分析与应用从入门到精通[M]. 北京：人民邮电出版社，2013.

[47] 彭锐. 基于协同进化论的自行车与城市形态研究［D］. 昆明：昆明理工大学，2008.

[48] 黄海军. 混合行驶状态下机动车对自行车交通影响分析［D］. 北京：北京交通大学，2012.

[49] 蒋海峰. 信号交叉口混合交通流干扰机理研究［D］. 北京：北京交通大学，2007.

[50] 赵春龙. 平面交叉口混合交通流自行车穿越机动车微观行为模型研究［D］. 北京：北京交通大学，2006.

[51] 陈永恒，王殿海，陶志兴. 无物理隔离路段机动车与非机动车速度特性研究［J］. 交通运输系统工程与信息，2009，9（5）：53–56.

[52] 徐杰. 呼和浩特市城市交通环境问题及对策研究[J]. 经济论坛，2011（10）：61–65.

[53] 李晓燕. 基于交通环境承载力的城市生态交通规划的理论研究[D]. 西安：长安大学，2003.

[54] 张开冉. 基于交通环境因子的城市交通规划框架[J]. 交通运输工程与信息学报，2006（4）：71–73.

[55] 卫振林，中金升，徐一飞. 交通环境容量与交通环境承载力的探讨[J]. 经济地理，1997（17）：97–99.

[56] 李晓燕，陈红，胡晗. 交通环境承载力及其定量化方法初探[J]. 公路交通科技，2008，25（1）：151–154.

[57] 周旦，马晓龙，金盛，等. 基于Logistic模型的混合自行车流量–密度关系[J]. 交通运输工程学报，2016，16（3）：133–141.

[58] 徐循出. 城市道路与交通规划[M]. 北京：中国建筑工业出版社，2010.

[59] 李朝阳，王正. 城市道路时空资源供求模型及其应用[J]. 应用基础与工程科学学报，1998，6（3）：241–246.

[60] 罗伯特. 瑟夫洛. 公交都市[M]. 宇恒可持续交通研究中心，译. 北京：中国建筑工业出版社，2007.

[61] GRAEFE A R, DITTON R B, ROGGENBUEK J W, et al. Social carrying capacity: a integration and synthesis of twenty years of research[J]. Leisure Sciences, 1984, 6(4): 395–431.

[62] ALTMAN I. The Environment and Social Behavior: Privacy, Personal Space, Territory, Crowding[M]. Monterey, CA: Brooks/Cole Publishing Company,

1975.

[63] SHELBY B, VASKE J, et al. User standards for ecological impacts at wilderness campsites[J]. Journal of Leisure Research. 1988, 20: 245–256.

[64] CHOI S C, MIRJAFARI A, WEAVER H B. The Concept of crowding: a critical review and proposal of an alternative approach [J]. Environment and Behavior, 1976, 8(3): 345–362.

[65] WALDEN T A, NELSON P A, SMITH D E. Crowding, privacy, and coping [J]. Environment and Behaviour, 1981, 13(2): 205–224.

[66] 王玉萍. 马超群. 公共交通特性分析与发展对策研究[J]. 西安建筑科技大学学报, 2006, 12（6）: 846–850.

[67] FRUIN J J. Crowd dynamics and auditorium management[J]. Auditorium News, 1984, 22(5): 4–6.

[68] AMEMIYA T. Advanced econometrics[M]. Cambridge: Harvard University Press, 1985.

[69] WASHINGTON S P, KARLAFTIS M G, MANNERING F L. Statistical and Econometric Methods for Transportation Data Analysis[M]. Chapman & Hall/CRC press, 2011.

[70] MCKELVEY R D, ZAVOINA W. A statistical model for the analysis of ordinal level dependent variables[J]. Journal of mathematical sociology, 1975, 4(1): 103–120.

[71] TRAIN K. Discrete Choice Methods with Simulation [M]. Cambridge: Cambridge University Press, 2009.

[72] GREENE W H, HENSHER D A. Modeling Ordered Choices: A Primer [M]. Cambridge: Cambridge University Press, 2010.

[73] 陈垚森. 陈文成. 基于空间句法的泉州城区道路网形态研究[J]. 热带地理, 2011, 31（6）: 604–608.

[74] 朱东风. 1990年以来苏州市空间句法集成核演变[J]. 东南大学学报（自然科学版）, 2005, 35（51）: 257–264.

[75] 邵春福. 交通规划原理[M]. 北京: 中国铁道出版社, 2012.

[76] 鲁海军, 刘学军, 程建权, 等. 基于空间句法的城市道路网可达性分析[J]. 中国水运, 2007, 7（7）: 131–133.

[77] 陈仲光, 徐建刚, 蒋海兵. 基于空间句法的历史街区多尺度空间分析研究——以福州三坊七巷历史街区为例[J]. 城市规划, 2009, 33（8）: 92–96.

[78] 沈卓. 顾客满意度模型在政府绩效管理中的应用研究——以台州政府满意度评价为例[D]. 上海: 华东理工大学, 2012.

[79] （日）芦原义信. 街道的美学[M]. 尹培桐, 译. 天津: 百花文艺出版社, 2006.

[80] 五南, 吴明隆. 结构方程模型——AMOS 的操作与应用[M]. 重庆: 重庆大学出版社, 2009.

[81] 李建宁. 结构方程模型导论[M]. 合肥: 安徽大学出版社, 2004.

[82] 关宏志. 非集计模型——交通行为分析的工具[M]. 北京: 人民交通出版社, 2004.

[83] FEILDEN B M. The Conservation of Historic Buildings[M]. Oxford: Architectural Press, 2003.

[84] PEARL J. Fusion, propagation and structuring in belief network [J]. Artificial Intelligence, 1986, 29(3): 228–241.

[85] 盛骤, 谢式千, 潘承毅. 概率论与数理统计[M]. 北京: 高等教育出版社, 1989.

[86] 胡春玲. 贝叶斯网络结构学习及其应用研究[D]. 合肥: 合肥工业大学, 2011.

[87] COOPER G F, HERSKOVITS E. A Bayesian method for the induction of probabilistic networks from data[J]. Machine Learning, 1992(9): 309–347.

[88] COOPER G F, HERSKOVITS E. A Bayesian method for constructing Bayesian belief networks from databases [C]. In Proceedings of the 7th Annual Conference on Uncertainty in Artificial Intelligence. Morgan Kaufmann, Los Angeles, CA, USA, 1991.

[89] HECKERMAN D, GEIGER D, CHICKERING D M. Learning Bayesian networks: the combination of knowledge and statistical data[J]. Machine Learning. 1995, 20(3): 197–243.

[90] JANSSEN D, WETS G, BRUIJS K, et al. Identifying behavioral principles underlying activity patterns by means of Bayesian networks[C]// the 82nd Annual Meeting of the Transportation Research Board, Washington, D. C., 2003.

[91] JIANG J, WANG J, YU H, et al. Poison Identification Based on Bayesian Network: A Novel Improvement on K2 Algorithm via Markov

Blanket[M]. Advances in Swarm Intelligence. Springer Berlin Heidelberg, 2013.

[92] 黄建中. 特大城市用地发展与客运交通模式[M]. 北京：中国建筑工业出版社，2006.

[93] 夏新海. 基于信号博弈的相邻交叉口TSCA交互分析[J]. 公路工程，2014，39（1）：23-27.

[94] 惠英，张玉鑫，杨东援，等. 历史街区的交通规划设计编制框架探讨[J]. 城市规划学刊，2009（5）：101-106.

[95] FRUIN J J. Pedestrian Planning and Design [M]. Metropolitan Association of Urban Designers and Environmental Planners, lnc. New York, 1971.

[96] 郑柯，吴玮. 城市早高峰步行可达范围研究[J]. 公路工程，2013，38（1）：167-168，233.

[97] 王海洋. 旅客行为时间价值确定方法研究[J]. 公路交通科技，2004，21（8）：134-137.

[98] MARRIOTT P D. National Trust for Historic Preservation. Saving Historic Roads: Design and Policy Guidelines[M]. New York: John Wiley&Sons, 1997

[99] CHU C. A paired combinatorial logit model for travel demand analysis [C]// Proceedings of the Fifth World Conference on Transportation Research, 4, Ventura, CA, 1989.

[100] BOWMAN J L, BEN-AKIVA M. Activity-based disaggregate travel demand model system with activity schedules [J]. Transportation Research Part A, 2000, 35: 1-28.

[101] BADR E A. Econometric Modeling of gasoline consumption: a cointegration analysis[J]. Energy Sources, Part B: Economics, Planning, and Policy, 2008, 3(3): 305-313.

[102] NASH J F. Non-cooperative games [J]. Annals of Mathematics, 1951, 54: 286-295.

[103] 雷霖，刘倩. 现代企业经营决策——博弈论方法应用[M]. 北京：清华大学出版社，1999.

[104] 袁媛，徐维波，韦峰. 居住性历史街区保护更新的规划探索[J]. 建筑文化，2012，14（4）：40-43.

[105] 张红. 城市建筑空间与城市交通空间的整合研究[D]. 济南：山东大学，2009.

[106] 李新建，朱光亚. 历史街区保护中的交通和市政工程技术研究[M]. 南京：东南大学出版社，2012.

[107] 赖莉. 成都市"锦里"历史街区人文景观保护与传承研究[D]. 成都：四川农业大学，2013.

[108] 陈丽华. 西安鼓楼历史街区道路交通规划研究[D]. 西安：西安建筑科技大学，2003.

[109] 汉中市档案信息网. http://daj.hanzhong.gov.cn/

[110] DORATLI, NACIYE, SEBNEM ONAL HOSKARA, MUKADDES FASLI. An analytical methodology for revitalization strategies in historic urban quarters: a case study of the Walled City of Nicosia, North Cyprus. Cities 21. 4(2004): 329-348.